中国传统家训文化的思想政治功能研究

吴春红　著

九州出版社
JIUZHOUPRESS

图书在版编目（CIP）数据

中国传统家训文化的思想政治功能研究/吴春红著
. --北京：九州出版社，2022.7
ISBN 978-7-5225-1076-7

Ⅰ．①中…Ⅱ．①吴…Ⅲ．①家庭道德-关系-思想
政治教育-研究-中国 Ⅳ．①B823．1②D64

中国版本图书馆 CIP 数据核字（2022）第 133195 号

中国传统家训文化的思想政治功能研究

作　　者　吴春红　著
责任编辑　杨鑫垚
出版发行　九州出版社
地　　址　北京市西城区阜外大街甲 35 号（100037）
发行电话　（010）68992190/3/5/6
网　　址　www.jiuzhoupress.com
电子信箱　jiuzhou@jiuzhoupress.com
印　　厂　北京市北方华天彩色印刷有限公司
开　　本　787 毫米×1092 毫米　16 开
印　　张　13
字　　数　228 千字
版　　次　2023 年 3 月第 1 版
印　　次　2023 年 3 月第 1 次印刷
书　　号　ISBN 978-7-5225-1076-7
定　　价　78.00 元

前　言

教育是每个时代亘古不变的文化传播手段。对于家庭而言，没有教育，就好比石缝中的枯草，缺乏养分，难以遍地开花。家庭教育是人的启蒙教育，在道德教育中占有极高地位。我国古代非常注重家庭教育对人的影响，且最重要的家庭教育方式就是家训，古人通过家训把思想与意识进行具象的文字记录，并且潜移默化地影响家族的子孙后辈。传统家训在古代家庭教育中具有典型性，是中华传统文化的重要组成部分和经典代表，是传统教育中不可缺少的教育力量，深刻并且持久地影响中国教育史。

家训文化在每个时期都有持续的发展，具有的时代特征。习近平总书记曾提出：要以时代精神激活中华优秀传统文化的生命力，推进中华优秀传统文化的创造性转化和创新性发展，把传承和弘扬中华优秀传统文化同培育和践行社会主义核心价值观统一起来，引导人民树立正确的历史观、民族观、国家观、文化观，不断增强中华民族的归属感、认同感、尊严感和荣誉感。

本书对传统的家训文化展开深入研究，挖掘优秀传统家训中的德育资源，通过对家训相关文献资料的查阅分析、实地走访调研，概括出中国传统家训思想政治教育意义与精髓及中国传统家训的典型特点。家训除了表达中国传统文化的含义，还包含多样的、深刻的思想政治教育内容，儒家思想是我国古代大多数传统家训的基本指导思想，在教育子孙后代的为人处世、治国齐家方面有着非常重要的教育意义，对现代思想政治教育有着非常重要的价值启示。传统家训扩展了现代教育与思想政治教育研究视野，使人们对家庭思想政治教育的理解变得更加多维化，也有助于推进当前社会全民族的精神文明发展与思想道德进步。我们以传统家训的思想政治教育内容和功能作为切入点，探究传统家训与现代思想政治教育的内在联系、辩证关系，从全新的视角分析传统优秀家训思想政治教育的导向、凝聚、协调、激励功能以及优秀传统家训的创新发展和实现策略；进一步挖掘传统家训的现代价值，让传统文化在当代表达中焕发生机，展现新的价值，于传统中筑牢文化自信，促进社会主义核心价值观的践行，加强社会主义道德建设和文化建设，为家庭、学校、社会教育提供理论和实践借鉴。

在全书的撰写过程中，笔者参考和借鉴了大量国内外相关专著、论文等理论研究成果，在此，向其作者致以诚挚的谢意。中国传统文化博大精深，并不是寥寥几语可将其研究透彻，由于时间仓促且笔者能力有限等原因而导致本书出现的疏漏之处，也恳请专家、读者批评指正。

目　　录

绪　　论

传统家训是中华祖先对家庭教育深入思考的智慧结晶，是融化在中华儿女血液里的气质，是沉淀在我国人民骨髓里的品格。优秀的家风和家训作为传承中华文明的微观载体，以一种无言的教育，潜移默化、润物无声地影响着人们的心灵，对涵养社会主义核心价值观具有直接作用。习近平总书记曾在同全国妇联新一届领导班子集体谈话时强调，千千万万个家庭的家风好，子女教育得好，社会风气好才有基础。

进入经济、信息全球化时代，我们面临着社会思想更加多样、社会价值更加多元、社会思潮纷纭激荡，主流意识与多样化社会意识共存，传统思想观念与现代思想观念相互交织，本土文化与外来文化相互碰撞，意识形态领域的较量尖锐负责。为保障意识形态安全，我们应该用社会主义核心价值观体系引领社会思潮，凝聚共识，深入实施公民道德工程建设，弘扬中华传统道德。经过梳理研究，我们发现中国传统家训所蕴含的思想精华和道德精髓，在历史上所承担的思想道德教化功能起到了极大的促进社会发展的作用，传统家训以其独特的魅力和优势应用于我国现代思想政治教育中，对优化、改进家庭教育，促进学校和社会教育仍然具有非常重要的理论和实践价值。

习近平总书记在建党95周年"七·一"重要讲话中提出，要坚定对中国特色社会主义的道路自信、理论自信、制度自信、文化自信。中华儿女在几千年历史中创造和传承的优秀传统文化，是中华民族的根和魂，是提出文化自信的底气和骨气。传承和弘扬我国优秀传统家训，研究其对现代思想政治教育的价值及其应用，是进一步坚定文化自信，凝聚中华民族精神力量的重要路径。

一、选题的目的意义

（一）选题的目的

1. 进一步挖掘传统家训的现代价值，为家庭、学校、社会教育提供理论和实践借鉴。

力求理论研究与社会应用并重，加强传统家训教育和家风营造历史经验的借鉴研究，让传统文化展现新的价值，于传统中筑牢文化自信，促进社会主义核心价值观的践行，加强社会主义道德建设和文化建设，为家庭、学校、社会教育提供理论和实践借鉴。

2. 为推进思想政治教育工作提供新的思路，积极营造传承和弘扬优秀传统家训的社会条件

经济快速发展创造物质财富的奇迹，却也伴随着部分人心理失衡、价值失序、行为失范等问题，而要想矫正价值航向，涵养价值共识，传统家训为我们提供了丰富的思想资源。在当今中国社会，道德的重建、价值的重塑、心灵的重整，都离不开中华传统文化的滋养，本书就如何实现优秀传统文化与现代价值观的融合，积极营造传承和弘扬优秀传统家训的社会条件，为新时代的思想政治教育工作提供新的发展思路展开深入的讨论和研究。

（二）研究意义

1. 理论意义

首先，研究中国传统家训的思想政治教育有助于丰富现代家庭教育理论。传统的家训以一种流行的表达方式和易于接受的交流方式影响着成千上万的家庭。家训的内容也在不断适应时代的创新步伐，对促进当今社会、经济、政治、文化和生态伦理环境的发展起着重要作用。在研究中，传统家训对现代社会的价值主要集中在道德和伦理问题、社会管理、学校教育、家庭教育等方面，为现代家庭教育提供了灵感，与现代社会激荡融合。在新型家庭教育模式的构建下，传统的家庭教育形式融入中国传统家训的参考，从而形成了现代家庭伦理的一部分。这是传统家训文化赋予现代家庭教育理论的新活力。自古以来，"志当存高远"者，皆有所成就。"天行健，君子以自强不息"也体现了传统家训对当代人的影响。

其次，研究中国传统家训的思想政治教育有助于继承中国传统文化的精髓。中国传统文化博大精深，其内涵深深植根于古代。中国共产党十八大报告强调要建设优秀传统文化。传统家训作为一种文化，在文化表达和文化交流中也发挥着重要作用。我国古代传统文化多是以儒家经典为基础，要把过去优秀的儒家思想传达给现代人，必须要克服困难，以易于理解的形式传递儒家经典思想。传统家训蕴含着传统意识形态和文化精神，中国文化的许多本质都是通过家训来体现的。这是一个众所周知的说法，它与每个家庭的教育模式相结合。因此，传统的家训成为深刻理解传统文化的窗口。家训是中国传统文化的精髓，也契合中国传统文化中所向往的道德信仰。因此，家训在传播文化和发展文化中的重要性不言而喻。

2. 现实意义

第一，中国传统家训中的思想政治教育研究有助于实践社会主义核心价值观。习近平总书记指出，不论时代发生多大变化，无论生活格局发生多大变化，我们都要重视家庭建设，注重家庭、注重家教、注重家风，紧密结合培育和弘扬社会主义核心价值观，发扬光大中华传统家庭美德。家庭美德正是社会主义核心价值观在现实生活中的直观体现。家风在一定程度上促进和影响社会风气。如今，崇德向善人们需要受到良好家训的影响，中国共产党十八大报告指出，要大力加强社会主义核心价值体系建设。传统的家训思想"一粥一饭，当思来之不易；半丝半缕，恒念物力维艰"丰富了社会主义核心价值观的内涵，为进一步加强和谐社会建设提供了精神保障。

第二，中国传统家训中的思想政治教育研究有助于加强当代中国的精神文明建设与道德建设。家训的学习和传承与社会道德建设有关。中国传统文化高度重视个体思想道德建设、家庭道德建设和社会道德建设之间的关系。《礼记·大学》里提到："古之欲明明德于天下者。先治其国。欲治其国者，先齐其家。欲齐其家者，先修其身。欲修其身者，先正其心。欲正其心者，先诚其意。欲诚其意者，先致其知。致知在格物。物格而后知至，知至而后意诚，意诚而后心正，心正而后身修，身修而后家齐，家齐而后国治，国治而后天下平。"① 揭示了个人学习、自我修养、家庭道德建设与社会治理之间的关系：从个人阅读理论出发，从培养家庭责任感到培养国家和社会的责任感。我们开展的"三严三实"专题教育严格关系到自我修养，严格使用权利，严格自律，也与个人修养和家训的道德建设有关。社会主义思想道德建设的基本任务是：坚持爱国主义、集体主义、式中重视社会主义文化教育，加强社会公德、职业道德和家庭美德建设，着力引导公民建立共同的理想和社会，建设具有中国特色的社会主义特点。在塑造世界观、人生观、价值观中，传统家训中的许多观点也符合人类价值观的内容，对促进道德建设和精神文明建设产生积极影响。

第三，中国传统家训中的思想政治教育研究有助于促进青少年的健康成长。家训对青少年的健康成长有很大影响，它也是学校教育的补充和社会教育的基础。从本质上讲，家训是教孩子如何做一个好人，这是一个人的良好品质和成功的先决条件。但是，在今天的许多家庭中，作为父母太过重视孩子的成绩，忽视提高孩子的综合能力，尤其是良好的道德品质的培养，以及良好行为作风的培养，严重影响了孩子的学习成绩和健康成长。青少年正处于形成世界观、人生观和价值观的阶段，他们需要正确的指导，将家训中的人格培训内容纳入青少年发展过程，为解决他们生活中的问题提供指导，为年轻人完善人格，促进健康成长提供思想保障。

---

① 高山. 大学［M］. 北京：中国文联出版社，2016：82.

（三）相关概念的界定

1. 中国传统家训概念

传统家训，是指在中国传统社会（主要指中国汉文化地区）里形成和繁盛起来的关于治家教子的训诫，是一种家庭教育形式。传统家训包括家诫、家范、家规、家书，等等。它是古人向后代传播修身治家、为人处世道理最基本的方法。

2. 思想政治教育

思想政治教育泛指人类所有阶级社会共有的培养人的思想政治品德上的活动，特指无产阶级培养人的思想政治品德的活动。一般来说，思想政治教育是指社会或社会群体用一定的思想、政治观点、道德规范来约束其成员，培养他们成为符合自己阶级需要的思想品德的一项社会实践活动①。从严格意义上讲，德育与思想政治教育不能视为等同概念，德育侧重道德素质教育，思想政治教育注重政治信仰教育，两者都属于意识形态教育的重要内容，有机联系，各有侧重。本文将两者统一为思想政治教育（简称思政教育）。

3. 中国传统家训与思想政治教育的关系

中国传统家训的形成以儒家思想为基础，旨在教育和引导子弟在家庭、社会、职业等领域处理政治、经济、道德关系。虽然传统家训教育内容一般涉及家庭、修身、勉学等方面，但其教育的切入点和重点都放在思想品德教育和人生价值教育上。传统家训蕴含着丰富的思想、政治和道德教育精髓，具有强烈的阶级性、政治性和意识形态性，对现代思想政治教育同样有着重要的推进作用。

二、国内外研究现状述评

优秀的传统家训是中国传统文化的精髓，也是现代学者研究历史的重要基础。家训的传承已经持续了数千年，相关的工作和材料已经保存并留传下来。《颜氏家训》《帝范》《温公家范》《袁氏世范》《了凡四训》《庭训格言》《圣谕广训》《朱子家训》《曾国藩家训》等为研究提供了重要依据。学者们为优秀传统家训的历史根源和内容的研究做出了一点贡献，并在此基础上撰写了大量书籍，但将优秀的传统家训与社会学、心理学、教育学和其他学科相结合的研究目前仍处于起步阶段，研究成果尚未成熟。因此，有必要对每个时期的家训研究成果进行综合分析。

---

① 张耀灿，陈万柏. 思想政治教育学原理［M］. 北京：高等教育出版社，2001：5.

（一）国内研究现状

中国传统的家训是中国传统文化中极为重要和独特的组成部分。中国的传统文化是深刻的，随着社会的发展，传统家训在现代家庭生活中的作用越来越明显。思想政治教育理论为学者探究家庭教育的方法提供了新的思路。目前，中国传统家训的研究主要集中在以下几个方面。

1. 关于中国传统家训起源的研究

从目前可以收集到的信息来看，最早在中国从事家庭教育活动的是大约3600 年前的伊尹，在夏末，伊尹为成汤的孩子提供教育服务。根据可以参考的相关结果和分析，对于中国传统家训的研究一般分为专著和论文。对于家训内容的研究，前人取得了相当大的成就，各种有关家训的书籍层出不穷。但是当谈到家训起源于何时的问题时，答案却是不同的。从中国知网中国期刊数据库中，笔者找到了有关中国传统家训起源的文章。曾凡贞从两个方面论述了家训的起源①。一方面，曾凡贞认为，"家训"这个词最早见于《后汉书》中，《颜氏家训》不是家训出现的标志，而是一本拥有系统性和完整内容的家训。另一方面，曾凡贞并不认为家训是伴随着家庭同时产生的，中国最早的家庭形式是"血缘家庭"，那时，人们仍然在原始群体中共同生产和生活。因此，产生家训的机率是不大的。根据《尚书·周书》中的记载，认为家训正式出现的时间在周代，周公则是我国家训的奠基人。林庆认为《颜氏家训》并不是中国传统家训的开端，他从多个层面多个角度来说明中国传统家训的起源。从家训的内容与功能性进行解读，林庆通过《尚书·舜典》的记载，判断出中国传统家训追溯于上古尧舜之时，并且来源于上古时父亲与孩子之间口口相传的生活实践。林庆也从时间上判断，家训伴随着血缘家庭关系而形成②。从书面记载的历史来看，早在尧舜时期就有家训，至殷周时期，家训已经相当丰富。由此，林庆得出结论：尧舜为中国家训的创始人。

2. 关于中国传统家训思想的研究

从中国知网的检索内容来看，对中国传统家训思想的研究大多分为：中国传统家训中的德育思想研究、中国传统家训中的家庭伦理思想研究、中国传统家训中的孝道思想研究。关于中国传统家训中的德育思想研究，现阶段学术界的研究

---

① 曾凡贞. 论中国传统家训的起源、特征及其现代意义 [J]. 怀化学院学报（社会科学），2016（4）：1—4.

② 林庆. 家训的起源和功能——兼论家训对中国传统政治文化的影响 [J]. 云南民族大学学报（哲学社会科学版），2004（3）：72—76.

重点是整理和编制著名的传统家训内容。王长金在《传统家训思想通论》中系统且深入地解释了传统家训的起源和衍变，同时，他还深入探讨和分析了中国传统文化的优秀内容，如孝道和善行。此外，作者还对比了过去和现在的新方法，进一步研究植根于中国传统文化的修身养性、勤勉和诚信的理念，并总结出传统家训文化的精华。作者认为，中国传统家训文化的重要伦理教育功能为促进儒家政治伦理和建立理想人格模式提供了中国封建社会实施具体实践的现实可能。徐少锦、陈延斌在《中国家训史》中对传统家训的萌芽产生与在此之后的成熟、繁荣进行了阐述，追溯其从繁荣到衰落的过程，并分析和梳理了每个时期的历史，总结了特点和要点。最后，探讨了传统家训的发展规律。作者高度重视幼儿的启蒙教育和培养教育，进一步强调"家训"的重要性。他认为，这是"治国""平天下"的必要基础。

笔者认为，家训的内容应不断更新和发展，遵循社会政治、经济和文化的现实。家庭作为学校和社会之外的第三大教育体系，应强调家庭教育的社会作用。张君、欧雨云对传统家训德育内容与传统家训德育方法做了详细讨论①。首先，作者总结了中国传统家庭培养德育的内容：以德为本，修身养性；勤勉好学，立志成才；齐家以德，振兴家族；为官勤政，施德于民。同时指出，理想教育与道德教育的教育重点并不一致，最终目标也不尽相同。所以在研究传统家训内容时，作者认为有必要分别讨论这两方面的教育内容，而是否把为官道德教育纳入进来也值得思考。其次，在对传统家庭教育德育方法的研究中，通过对其他学者的道德教育方法的研究，将德育方法归纳为以下几个方面：重视早教，养正于蒙；顺其天性，循序渐进；树立家风，环境熏陶；榜样示范，言传身教；日省月俭，奖惩结合。作者认为，现有的研究还不够深入，有必要逐一研究传统家训中的优秀道德教育方法，结合现代道德教育的需要进行开拓创新。魏雪玲通过对传统家训文化内涵的深入研究与挖掘，论述了传统家训的德育内容②。

关于中国传统家训中家庭伦理思想研究，袁时萍从教子、治家、治学、做人层面对《颜氏家训》中所包含的家庭伦理思想内容进行了进一步阐述，她主张终身教育③。她认为要从孩子处于胎儿状态时就要开始对其进行教育，重视幼儿时期的教育，晚教亦应存在；同时着重加强素质和道德教育；家长要以身作则，为孩子树立榜样，不可过度溺爱，孩子犯错时要有惩罚措施，加以惩戒。焦唤芝④就《袁氏世范》中的睦亲、处己、治家三方面的内容展开研究。作者首先阐述了如何处理好家庭中父子、夫妇、长幼、兄弟等主要的人伦关系，并就协调好这些

---

① 张君，欧雨云. 中国传统家训中的德育思想研究述评［J］. 船山学刊，2015（6）：104－106.

② 魏雪玲. 传统家训文化中的德育思想研究［D］. 重庆：重庆师范大学，2013.

③ 袁时萍.《颜氏家训》家庭伦理思想及其现代启迪［D］. 重庆：西南大学，2011.

④ 焦唤芝.《袁氏世范》家庭伦理思想及其现代价值［D］. 南京：南京大学，2015.

人伦关系提出具体的道德要求和行为规范；其次，作者提炼出《袁氏世范》中许多有建设性的治家原则，特别是详尽论述其在消费观、安全观、管理观、经营观上许多实用性的伦理观念；最后，作者把家庭伦理建设的立足点放在了个人的修身之为，系统论述个人在待人、交友、生存以及修养等方面应该秉持的道德原则，强调家庭德育、读书学习、环境熏陶等都是提高个人修为的重要途径。

关于中国传统家训中孝道思想的研究，陈延斌①从立身之本、敬为孝先、扬名显亲、慈孝相应、俭以祭亲的几个方面进行简略叙述。在中国传统家训孝道教化的途径上，作者总结了以下几点：第一，家庭日常训练与奖惩相结合；第二，良好的家庭环境；第三，朝廷典型倡导；第四，官僚积极传播；第五，从小地方开始，注重实践；第六，编写易记、易循的歌诀箴语进行潜移默化的孝道熏陶。朱冬梅②将中国传统家训中蕴含的孝道思想概括为以下八个方面：存身惜名，勿让亲忧；奉养父母，尽心竭力；孝敬父母，尊重长者；父慈子孝，慈孝相应；父母有错，委婉劝谏；薄以葬亲，诚以祭亲；秉承遗志，显亲扬名；移孝忠君，报效国家。

3. 关于中国传统家训思想政治教育功能的研究

朱文彬③主要从以下几个方面阐述中国传统家训的现代价值：第一，指导思想的现代价值。作者认为，要充分发挥自我完善、维护家庭、治国的思想，发挥家庭道德教育的作用，提高个体家庭的道德素质。第二，应该指出教育现代化的意义。充分发挥传统家庭教育的积极作用，营造良好的家庭伦理。第三，教育方法的现代价值。作者认为，当代家庭教育应借鉴古代家庭教育中的一些重要思想和观念。张君、欧雨云④讨论了中国传统家训中的德育思想研究。他们认为，传统家训德育的本质在当代社会主义核心价值观的培育和实践以及公民道德建设中发挥着重要作用。道德教育内容丰富，可以指导德育实践；道德教育方法多样化，以此提高了道德教育的有效性；注重家庭道德教育，能够提高个人道德修养；第四，构建和谐家庭，树立良好的社会潮流。岳丽丽认为传统家庭文化具有和谐文化家庭的伦理价值以及和谐社会的伦理价值等⑤。

（二）国外研究现状

当前，从整体来看关于中国传统家训的研究略显单薄。很多专家学者只是对

① 陈延斌. 中国传统家训的孝道教化及其现代意蕴 [J]. 孝感学院学报，2011（1）：11—16.
② 朱冬梅. 中国传统家训中的孝道思想及其当代价值 [J]. 理论导刊，2016（2）：105—108.
③ 朱文彬. 中国传统家训对当代道德教育的启示 [D]. 齐齐哈尔：齐齐哈尔大学，2014.
④ 张君，欧雨云. 中国传统家训中的德育思想研究述评 [J]. 船山学刊，2015（6）：108—109.
⑤ 岳丽丽. 我国传统家训蕴意及其现代伦理价值 [D]. 长春：长春工业大学，2010.

中国家训思想从整体上进行探究，如孔子家训和严氏家训等。同时，有许多国外专家对家庭教育进行了探究。例如，日本的一些专家学者认为家庭首先是私生活的大本营。"如果过于刻意追求家庭教育，它将回归各种缺陷。这在日常生活中是很自然的。"它不是一种教育，而是一种社会化更为合适。强调家庭教育的沉默和潮湿效应。日本深受儒家思想的熏陶。在"家"中，日本对家庭的社会阶层划分十分重视，贵族、武士和普通家庭都有自己的家庭风格，各阶级的独特特征体现在日本著名的武士家训风格上。"家"的概念不仅包括与血液有关的家庭成员，还包括无血缘关系的家庭成员和领事。因此，家训的作用远远超过简单管理家庭的功能。它在国民政府的规范和管理中发挥着重要作用，《东照宫御遗训》《家训十五条》都是其中很有代表性的作品。关于家训方面的研究，韩国也受到了中国传统家训的熏陶和影响。例如，《韩国历代文集丛书》内容丰富完整，汇集了从公元 7 世纪起至现代的大约 3500 种汉族藏品，包括 100 多个完整的家庭培训文件。韩国家训文学出现于 14 世纪，主要集中在 15 世纪和 19 世纪。其中较为明显的一点是，韩国受到中华民族家训和中国儒家思想的极大影响。

综上所述，在家训研究方面日本和韩国的研究成果略显单薄。尤其是在思想内涵和编纂方法上，大多数都是模仿和借鉴中国的家训，与中国历史上大量的传统家训文献相比，还存在一些差距。

（三）研究现状综述

自古以来，许多上层人士经常为家庭的学习制订一些规则，特别是《颜氏家训》的出版，使中国的家训文化走上了一个新的台阶，它们体现了中国传统家训的经验和教育思想。其中一些家训至今仍保留下来，成为我们未来研究和参考的范本。国内对中国传统家训文化的研究总的来说分为两大类别。首先是研究传统家训文化的基本情况，包括其起源、发展历史、内涵、内容和特征，这种研究主要回答了传统家训文化相关情况及其演变。历史书籍和期刊主要关注传统家训文化的起源、思想内容和特征。一些学位论文主要是对经典家训内容等进行进一步研究，这些论文以扎实的理论为基础进行充分论证。专家学者对传统家训文化的进一步探究和分析使读者对传统家训文化的基本情况有了更准确的了解。然而，对于这个课题，不同的人从不同角度出发，产生了不同的看法和认识，因此对同一问题会有不同的理解，所以在基本问题上也很难形成统一的观点。其次是传统家训文化的当代价值研究，此研究是对当代传统家庭文化中教育思想和教育方法的特殊意义和价值的深入探讨和分析。此类研究以论文为基础，提出了社会中经常出现的伦理问题，同时对创新和发展新时期中国传统文化的家庭教育具有很大的实用价值。

综上所述，我们可以看到中国传统的家训文化仍然拥有大量的研究成果。大量的家训书籍是普通父母和教育者或文学爱好者阅读的历史资料和参考。然而，目前的研究仅限于对传统家训的概述和解释，而且从表面上看，传统家训在提供思想政治教育方面的作用还缺乏深入的研究，缺乏创新和应有的深度。家庭教育的理论研究相对片面。大多数研究都采用特定的家庭教育方法，并为今天的家庭教育提供特定的经验。关于中国传统家训的研究要把握整个家训的教育过程，分析家训的教育目的、教育内容、教育形式、教育方法等，并将家训作为一种可以定期遵循的教育。中国一直重视传统的家庭培训，特别是自十八大以来，习近平总书记多次谈到家训家风。在此基础上，对中国传统家训的研究逐渐增多，未来中国传统的家训也在不断发展，并将在个人、学校、家庭和社会中发挥主导作用。

综上所述，"中国传统家训的思想政治教育功能研究"这一课题在当前社会新形势下，具有极大的研究必要性和紧迫性。

三、研究思路与方法

（一）研究思路

本书以中国传统家训文化的内涵厘定、发展流变、基本特质以及核心思想为出发点，对中国传统家训文化展开阐述，基于马克思主义教育观、道德观、价值观并运用传统向现代社会转换的动态视角，对传统家训思想中所涉及的思想教育、政治教育、道德教育等多个方面的价值理念进行深入的分析、探讨；揭示传统家训内容、特点、方法与现代思想政治教育的同一性和差异性，以继承和发扬传统家训教育思想的优秀成果；然后以遵循适应社会的时代发展为原则，吸取其传统家训思想的合理性，促进现代思想政治教育的发展；最后构建与社会主义现代化相适应的家庭、学校、社会思想政治道德教育科学可行的路径，提出中国优秀传统家训文化融入高校思政教育的实现策略，贯彻以人为本的全面发展方针。

（二）研究方法

辩证分析法：用马克思主义辩证法、教育观、道德观等探讨传统家训的一般特征、功能和作用条件以及传承规律，解析中国传统家训中的优秀文化德育功能以及部分文化瑕疵，在进行分析和比较研究的基础上，对传统家训的形成、接受、践行、传承、发展进行路径分析，结合当前思想政治教育工作的现状，得出启示，提升理论、总结经验，从而指导实践。

文献研究法：对我国传统家训的经典著作、名篇名训、学术论文等进行文献分析，以此为基础，确立研究框架及主要内容。同时，根据实际需要，借鉴参考社会学、政治学、教育学等相关领域研究成果。

矛盾分析法：马克思主义认为，任何事物都有两面性，都是矛盾的对立统一体。在分析传统家训的发展特点时，要辩证地看待其积极方面和存在的缺陷，批判地继承传统家训的合理部分，使其成为家庭幸福、社会和谐的重要力量。

比较研究法：在不同时代环境背景下探索传统家训的思想政治教育功能，进行比较研究。传统家训毕竟是封建社会发展的产物，思想不免带有时代的局限性，在对待传统家训时需要进一步地发展和创新，借鉴传统家训的精华部分来创新新形势下的思想政治教育工作。

四、主要内容与创新

（一）主要内容

通过对不同历史时期传统家训经典进行深入挖掘、整理，从中提取传统家训在思想、政治、道德教育等方面的精髓，挖掘传统家训的现代价值，古为今用，并加以分析、整合、运用，为我国现代思想政治教育实践所借鉴，构建在现代社会传承和弘扬优秀传统家训的条件和路径。

1. 中国传统家训的形成发展和内容特点

这部分主要是论述我国传统家训的发展历程，分析家训的教导对象、内容特点、形成的时代原因以及我国传统家训的积极作用和不足之处，从而在整体上把握传统家训的基本内容。

2. 中国传统家训思想政治教育的功能属性

这部分主要是从教育性、政治性、阶级性、意识形态性等维度，探究传统家训与现代思想政治教育的内在联系，分析传统优秀家训的导向、凝聚、协调、激励等教育功能。

3. 中国传统家训与现代价值观的比较研究

这部分主要辩证分析传统家训和现代价值观的异同，通过比较研究，从内容、手段、方法、载体等方面积极构建实现优秀传统家训和现代价值观融合有效路径，为进一步促进家庭关系的和谐，推进中华文明发展进程，提供有效借鉴。

4. 中国传统家训对现代思想政治教育的价值启示

这部分主要对我国传统家训在思想政治教育的价值作用方面进行研究，论证传统家训思想在现代仍具有的合理性和实用性。主要包括以下几个方面：一是塑造正确的价值观；二是采用正确的教育方法；三是把握正确的教育规律等。

5. 中国传统家训在现代思想政治教育中的应用研究

这是本专著研究的落脚点，重点在于将我国的传统家训思想运用于现代思想政治教育当中，为其提供新的工作方法和思路。构建与社会主义现代化相适应的家庭、学校、社会思想政治道德教育的科学路径，特别是提高高校思想政治教育工作水平。

（二）创新之处

1. 研究视角创新

本专著旨在用马克思主义教育思想、伦理道德观念、价值观解析传统家训的优缺点，进行传统家训形成、接受、践行、传承的路径分析。进一步挖掘我国传统家训文化思想政治教育的功能属性。这部分主要是从教育性、政治性、阶级性、意识形态性等维度，探究传统家训文化与现代思想政治教育的内在联系、辩证关系，从全新的视角分析传统优秀家训思想政治教育的导向、凝聚、协调、激励以及发展等功能。

2. 研究内容创新

本专著以实证研究为主，重在通过传统家训对思想政治教育的有益启示论述，阐述传统家训对社会主义核心价值观和思想道德建设的浸润作用；通过现代子女对家训的态度和观念调查，分析当前社会教育中存在的问题，将家训融入现代社会思想政治教育中，构建传统家训传承和弘扬的新条件和路径。进一步挖掘传统家训的现代价值，为家庭、学校、社会教育提供理论和实践借鉴。当今中国道德的重建，价值的重塑，心灵的重整，都离不开中华传统文化的滋养，本专著就如何实现传统优秀文化与现代价值观的融合，积极构建传承和弘扬优秀传统家训文化社会条件，为新时代进行深入研究的思想政治教育工作提供新的发展思路。

第一章　中国传统家训文化概述

第一节　中国传统家训文化的内涵厘定

一、家训与家训文化

1. 家训

家训是指家庭对子孙立身处世、持家治业的教诲。家训是家庭的重要组成部分，对个人的教养、原则都有着重要的约束作用。家训或单独刊印，或附于宗谱。家训之外，其他名称还有：家诫、家诲、家约、遗命、家规、家教。

家训在中国形成已久，是中国传统文化的一部分，对个人、家庭乃至整个社会都有良好的作用。

2. 家训文化

中华文化博大精深，家训文化犹如一颗明珠，镶嵌在华夏文明悠久历史的长河中，历经岁月的打磨至今仍熠熠生辉。通过家训，抚今追昔，古圣先贤、仁人志士的生平事迹，力透纸背，遗留于故纸堆中斑驳的墨香里。学习家训，传承家风。周公家训、诸葛亮《诫子书》、颜氏家训、唐太宗《帝范》、柳玭叙训、司马光《家范》、朱子家训等帝王名人家训，流传于世，激励了一代又一代后来人。

二、中国传统家训文化

中国传统家训文化，作为中国传统文化的一个极具特色的重要组成部分，曾经对中国社会产生了极其重要而深远的影响。探讨传统家训文化对中国封建社会的影响，或许对于了解中国古代的社会生活特别是家庭生活的纵横层面，了解儒家思想文化何以对中国社会民众心态具有强大的渗透力和约束力是极为必要的。

虽然早在距今三千年前的西周时期，就有周公教诫儿子伯禽注重德行修养、礼贤下士等有文字资料记载的家训，然而，作为真正意义上的居"家"之"训"的全面而系统的家训则是进入封建社会以后才出现的。而对中国社会生活真正开始产生影响的家训应该说是汉代统治者"罢黜百家，独尊儒术"，即儒家思想占统治地位以后，后世几乎所有有影响的家训著作中无不贯穿着占"独尊"地位的儒家思想观念。因此，在这个意义上我们甚至可以说，中国古代的家训文化实际上是儒家的家训文化。

经过两千多年的发展、流传，中国古代的家训卷帙浩繁，资料十分丰富。从家训的作者看，既有君王帝后、达官显宦、硕儒士绅，也有农夫商贾、普通百姓。从家训的内容看，几乎涉及家庭生活乃至社会生活的方方面面。其中既有家长治家处世的经验传授，也有其亲身经历的教训之谈；既有历代先贤大儒语录教导的汇编，也有名人模范事迹、美德懿行的辑录。从家训的形式上看，更是多种多样，既有帝、后训谕皇室、宫闱的诏诰，也有教导幼童稚子的启蒙读物；既有家训、家范、家诫等长篇专论，也有家书、诗词、箴言、碑铭等简明训示；既有苦口婆心的规劝，也有道德律令性质的家法、家规、家禁等。

中国传统家训尽管涉及领域极其广泛，但核心始终是围绕教子立身、睦亲治家、处世之道三个方面展开的。这些内容既有积极的方面，也有消极的方面。但不论是积极方面还是消极方面，都对中国社会尤其是封建社会的发展和社会生活的各个方面以及国民的心态产生了极为重要而深远的影响，同时，我们不难窥见传统家训在传播儒家学说中的强大文化功能和文化辐射力。

1. 拓展了儒家思想社会教化的视角和领域

作为家庭教育的教科书，传统家训拓展了儒家思想社会教化的视角和领域，加速了儒学的社会化过程。

虽然，汉武帝采纳董仲舒的建议，实行了"罢黜百家，独尊儒术"的文教政策，宣布了儒学的正统地位，然而，这远不能使文化水平极其低下的广大社会成员能够诵读语意深刻、论证缜密的儒家典籍，也未能使他们领悟其蕴涵的丰富玄奥的思想理论，儒家思想还只能囿于统治者和读书人的狭小圈子里，儒学的传播受到了很大的制约。而且，在以家庭为中心的封建社会，师友所传授的儒家思想，未必能像父母亲人的教诲那样潜移默化、入耳入心。这是因为父母与子女亲密无间的血缘关系和父母在孩子心目中的崇高位置，使得孩子容易接受这种教化。正如颜之推在谈到他为何撰写家训时所说的那样："夫同言而信，信其所亲；同命而服，行其所服。禁童子之暴谑，则师友之诫，不如傅婢之指挥；止凡人之斗阋，则尧舜之道，不如寡妻之诲谕。"

不仅如此，还由于家训的作者在撰写家训的时候所针对的是自己的家人子弟，不必板着面孔说教，也不要太浓郁的理论色彩，甚至在语言表达上也尽量避免晦涩难懂的词句，以便于他们的理解接受。陈继儒《安得长者言》开篇就说："余少从四方名贤游，有闻辄掌录之……时，弋一二言拈题纸屏上，语不敢文，庶使异日，子孙躬耕之暇，若粗识数行字者，读之了了也。"将深奥的儒家思想深入浅出地表达出来，变成通俗易懂的语言文字，对儒学的普及无疑起了相当大的作用。特别是宋明以来许多大家族竞相刊行本族家训及历代名士的家训范本，通过家训载体使得儒学得到了更大社会范围的传播。

还应该强调指出的是：自宋代始，一些学者自觉地将治家教子的训诫与儿童的开蒙教育结合起来，甚至有些家训著作本身就成了私塾蒙馆对儿童教育的启蒙读本，如朱柏庐的《治家格言》等，这也在一定程度上推动了儒学的社会化。

2. 家训文化的伦理教化功能

家训文化的伦理教化功能为儒家"修齐治平"的政治伦理思想和理想人格模式在中国封建社会的实现提供了现实的基础。

早在先秦时代，孟子就提出："天下之本在国，国之本在家，家之本在身。"《大学》更进一步把家庭教育提高到关系国家兴衰存亡的高度，强调"所谓治国必先齐其家者，其家不可教而能教人者无之，故君子不出家而成教于国……一家仁，一国兴仁；一家让，一国兴让。"身修才能家齐，"家齐而后国治""国治而天下才能太平"。显然，这一链条的根本环节在于"修"与"齐"，这两者的问题解决好了，一切都好办了。因为在儒家看来，社会关系是家庭血缘关系的简单放大，社会不过是家庭的扩展。而家训文化最基本的功能实质上是伦理的教化功能，它所要实现的目标正是家人、子弟通过道德等方面的修养而达到的自律和家庭的和睦，这就为"治国""平天下"提供了实现的前提和基础。正像有人在评价《颜氏家训》一书的价值时所言："家训流传者，莫善于北齐之颜氏……是皆修德于己，居家则为孝子，许国则为忠臣。""颜黄门学殊精博。此书虽辞质义直，然皆本之孝悌，推之事君上，处朋友乡党之间，其规要不悖《六经》，而旁贯百氏。"

3. 家训文化对封建社会的延续和发展起了重要的作用

家训文化作为封建意识形态的家庭化，对封建社会的延续和发展起了重要的作用。

从中国传统家训文化基本内容中，我们可以清楚地看出家训是如何较为全面地体现了占统治地位的封建地主阶级的意识形态。作为封建意识形态体现的家训，对于漫长的中国封建社会的存在和发展至少起了三个方面的作用：

首先，它为封建制度存在的合理性进行宣传和辩护。我们可以看到，汉代以来，历代封建君主几乎无一不在践行儒家"以孝治天下"的治国方针，封建法律中也把"不孝"作为十恶不赦的重罪来严惩。之所以如此，根本的原因在于封建制度下"家"与"国"之间的紧密关联，不可分割。家是国的缩小，国是家的扩大，封建君主对国家的治理不过是宗族的组织、管理形式的应用，这样一来，调整两方面关系的道德规范"孝"和"忠"也就没有了本质的差别，"资父事君，忠教道一"，"孝"是"忠"的前提，"忠"是"孝"的结果，"忠臣出于孝门"。这种封建统治者所需要的移孝作忠、忠孝一本的观念，在自然经济下的家庭中找到了滋生和培植的土壤，而封建家长从维护其绝对权威和家族的兴盛考虑，也把向子弟灌输孝亲敬长、"父为子纲"提到至高无上的位置。历代家训中，这一内容都占了相当的篇幅，"孝"成了家庭伦理和国家伦常的核心，而且，由于亲情的感化和自幼的熏染，这种宣传教育及辩护是相当有效和有力的。

其次，它促进了宗族共同体的稳定和发展，对封建社会的延续起了极为重要的作用。由于中华民族长期聚族而居的生活方式和长久以来受宗法文化的熏陶，在传统农业经济基础上建立的宗族共同体也就成了封建国家对国民政治、经济及文化生活实施统治的一个重要组成部分，许多家训也就是一个个大家族的族训。家长、族长凭借着在家庭中的无上权威，对家庭成员进行训教。《宋史·陆九韶传》记载："九韶以训诫之辞为韵语。晨兴，家长率众子弟谒先祠毕，击鼓诵其辞，使列听之。子弟有过，家长会众子弟贵而训之，不改，则挞之；终不改，度不可容，则言之官府，屏之远方焉。"《庞氏家训》也说："子孙有违家训，会众拘至祠堂，告于祖宗，重加责治，谕其省改。"严肃的训诫、直接的控制加上通过"义庄""义学"等对家族成员的恩威并施，保持了宗族共同体的稳定和延续。封建政权的统治又通过宗族共同体深入了乡间基层，许多矛盾都化解于家庭内部，这一切都使得封建社会的延续得到了可靠的保证。不仅如此，几乎论及家政管理内容的家训都还对家人、子弟进行奉公守法的教育，要他们按时完成国家赋税的上缴，这也给封建国家以经济上的支持。

再次，它有助于家庭生活的健康进行和家业的兴建。传统家训的内容涉及家庭生活的各个方面，既向子弟、家人进行讲德修身、待人处世的教育，又传授了家政管理的具体经验方法，这就使家庭生活的正常进行有了可以遵循的规条。如司马光的《家范》就从理论和实践上提供了处理家庭成员及亲属关系的范本。再如被称为"世之范模"的《袁氏世范》中，关于持家兴业的经验就涉及防火拒盗、房屋起造、役使仆隶、雇请乳母、假贷钱谷、植种桑果、养畜饲禽等几十个方面，详尽具体。

4. 家训文化对世风和社会成员的影响

作为传统文化组成和体现的家训文化对世风和社会成员的感情心态产生了较为深远的影响。

家训将封建统治的精神支柱——儒家伦理纲常注入了家庭这一社会的细胞，家庭成员在家训的约束规范和长期熏陶之下，形成了符合社会需要的良好的家风、门风，这种家风再经过统治者的倡导，又影响到整个社会风气。如江州义门陈姓家族，以33条《家法》作治家之本，曾创造了十九代聚族而居、3700多口人共食的世界奇迹，宋至道三年（公元 997 年）皇帝赐"玉音"匾，题"真良家"赠之。再比如曾被明建文帝赐以御书"孝义家"的浦江郑氏家族，自宋建炎初开始累世同居，同灶而食，维持了十五世，历经宋元明三代。该家族的家训《郑氏规范》在社会上产生了极大的影响。像这些举家和睦相处、恪守封建伦理的大家族，不能说不依赖于长期形成的良好家风。封建统治者正是通过树立这些典型样板，来达到所谓"正风敦俗"的目的。

家训文化对世人心态的影响主要体现在三个方面：一是培植了浓郁的安土重迁的乡土意识和重农抑末观念。在自给自足的自然经济条件下，广大社会成员的生活圈子世世代代围于闭塞的乡村，极少有机会去外地或城市，而且封建家长还通过家训、家规对子弟进行约束，认为"足迹不至城市，大是佳事"（陆游语）；要求"早晚不时稽查，不许远离膝下"；有的硬性规定家人"累世乡居"，"子孙不许移家入城"，以免将来"不知有宗族"。封闭式的经济和管理培植了浓郁的乡土意识和重农观念。二是加剧了家族认同心理和加剧了家庭认同心理和排外意识的积淀。宗法制度是形成家族主义的基础，而家训文化又促进了家族主义在世人心中的沉积。不少家训族规都要求族人患难相恤，团结互助，这有积极的一面，也有导致排外及宗族冲突甚至械斗的可能。如同治年间《东阳潘氏宗谱》的族规就明确提出："族属同气，休戚与共，凡遇水火、盗贼、诬枉，一切患难，须协力相助。"三是强化了国民缺乏自信的盲从心理。长期的封建专制制度对人性的压抑在强调卑幼绝对服从尊长的家训文化的氛围中得到了强化，自幼生活在封建家长耳提面命、动辄惩罚的环境里自然容易形成片面服从尊长的盲从意识。

中国传统家训文化实际上是吸收占统治地位的儒家文化的基本内核，在农业—宗法社会的沃土中生长出来的伦理型的文化，这种植根于中国血缘宗法式的农业社会里的特有文化现象，对中国古代社会的影响既有积极的一面，也有消极的一面，这些方面又是交织、渗透在一起的。

中国传统家训文化积极的一面主要在于：它以自己别具特色的教化功能和教化方式促进了家国整合机制的形成和巩固，保证了家庭生活、社会生活的稳定，一定程度上推动了中国农耕社会的进步和发展；卓有成效地在家庭、宗族乃至全社会倡导和推行了进德修身、睦亲齐家、治家兴业、待人处世等各个方面的伦理道德准则；熏陶和养育出了品德高尚、为国为民、清正廉洁、坚持操守、宽厚谦恭的一代代名臣贤士、谦谦君子。

中国传统家训文化消极一面主要在于：它以封建地主阶级的纲常礼教轨物范世，稳固了剥削阶级的反动统治秩序，某种程度上延缓、滞阻了中国社会的发展进程；塑造出了一批批唯封建伦常是从，甚至"愚忠""愚孝"的庸碌之辈和"贞女""烈妇"等牺牲品；它宣扬的明哲保身的处世哲学和守分安命的宿命论思想，禁锢了人们的进取精神，麻醉了人民的革命意识；它的长期濡染所积淀下来的重农轻商、家族认同、盲目顺从、固守忍让等民族心理至今仍在对社会政治、经济生活产生着消极的作用。

作为与封建社会相伴而生的特有的文化现象，儒家家训文化随着封建制度的瓦解而衰落了，然而我们并不因此而否认它的文化价值和在历史上所起过的重大作用。今天的家庭依然是社会的细胞，治家教子、立身处世仍是每个人的必修课。传统家训的内容现在看来虽不再是"篇篇药石、言言龟鉴"，但总体上仍不失先人们留下的一笔丰厚宝贵的文化遗产，尤其是伦理文化遗产。扬弃这笔遗产，研究、借鉴它曾对中国社会所产生的影响，对于创立具有时代精神的新的家训文化，并发挥其教家立范、家国整合等功能，为社会主义精神文明建设服务，显然具有重要的意义。

第二节 中国传统家训文化的发展及基本特质

传统家训是父祖长辈对后代子孙的训教，是家族先人为后人制定的立身处世、居家治生的原则和规条。它是借助尊长的权威加之于子孙或族众的道德约束，甚至具有法律效力，现代学者也称之为"宗族法"。根据其自身的发展演变，传统家训的发展大体可分为四个阶段。

一、中国传统家训文化的发展流变

（一）传统家训的"起始期"——先秦时期

中国传统家训文化的源头可以追溯到上古尧舜时期，一般认为家庭雏形产生之后，就有了传统家训文化产生的痕迹。在这段时期，长辈们对晚辈及家人们的教导一开始是仅凭耳提面命、口耳相传，而后逐渐出现了文字记录的方式。尽管对传统家训文化的记录相对来说比较零散，而且可供考证的文献记载中并没有明确出现"家训"的相关字眼，但是依据许多史料，还是能够从中发现上古尧舜以及先秦时期的人们已经萌生了家训思想。

这一时期的传统家训文化并没有非常明显的形式，主要是以某些思想形态融于文字记载之中，没有独立成为专门的传统家训文化形态，但是这些蕴含了传统家训思想的文献，同样具有正式的传统家训文化所具有的教化功能，这也是后人将这段时期的这些文献基本等同于传统家训文献的重要原因。其内容一般是围绕处理家庭关系、培养个人品德和能力两个方面，同时又蕴含了帝王君臣之家怎样治理朝政的一些思想方法，其内容是隐含有一定程度的政治因素的。

仔细查阅文献资料，我们能够发现，先秦时期的《尚书》是这个时期收录中国传统家训文化相关文献比较多的一部典籍，这本典籍由后人整理归纳，大多记载周武王对子女的教导思想，由于身份的特殊性，其教导内容基本全都围绕如何成为一名合格的君主、如何治理国家等，属于帝王家训。

先秦时期，还强调任何人都应该勤劳有为，不能自求逸乐。例如，春秋时期，鲁国人公父文伯坐享其成、好逸恶劳，其母敬姜训诫他："劳则思，思则善心生；逸则淫，淫则忘善，忘善则恶心生。"又如，楚国令尹子发的母亲以越王勾践伐吴的事例，教诫其子要与士兵同甘共苦，从而激发士气、克敌制胜。再如，孔子教导其子孔鲤要学诗学礼，孟母断机教子等。

（二）传统家训的"发展期"——秦汉和三国两晋南北朝时期

在经历了上古尧舜及先秦这一时期的家训思想的孕育之后，中国传统家训文化到了汉魏六朝时期已经基本形成。"家训"这一词语就出自汉代，所以通常情况下，汉魏时期一般被认为是中国传统家训文化正式形成的时期。在这个时期，人们已经开始意识到应该通过一些规范劝诫的方式来改善子女的行为，完善子女的品格，对子女做事做人给予一定的指导，他们逐渐发现了家训这种形式对于子女的教育作用，因此，在平日里就将自己的生活经验、处世思想做以记录，收集成文，以便于子女研读和传承。这种有意识的记录传承在此之前是没有过的。而且，在这个时期，很多家书的字里行间都蕴含了长辈对子女的教育思想，这种现象可以说明在这个时期人们对家训文化已经开始重视。

汉魏六朝时期的传统家训文化的思想内容多以儒家经典思想理念为主，虽然家训文献篇幅不长且一般是针对某些具体事件，一般没有经过长期的构思，制定的时间较短，但就汉魏六朝这一时期的总体来看，其家训文化的思想内容还是比较多样的。人们制定家训文献一般涉及对子女道德品质的修养和如何与人相处，"君子居必择乡，所以防邪僻而近中正也。"这是在讲子孙后代应当怎样修养自身，怎样规范自己的行为，在社会当中如何正确选择身边的朋友。这一时期人们在家训文献记载中也提到了"慎"的思想，还涉及对女性的教育。另外，值得我们注意的是，相较于此前，汉魏六朝时期格外重视对"孝"思想的宣扬，这与当时的统治者以孝道统治国家的治国策略是分不开的。

在汉魏六朝时期，产生了许多蕴含名句的家训文献。三国时期刘备的遗训《遗诏敕后主》中"勿以恶小而为之，勿以善小而不为"在现如今仍常被用作教育晚辈的名言；诸葛亮在名篇《诫子书》中关于淡泊明志、宁静致远的名句流传了数千年；这个时期还有女训史上非常著名的《女诫》，其作者班昭在其中对女子应该遵守的规范做了比较有体系的研究；此外还有东汉学者张奂著的《诫兄子书》等。

秦汉以后，大量有关家训的文本文献开始出现，通过三国两晋南北朝的发展、完善，传统家训开始形成体系，许多家训故事传为美谈。西汉太史令司马谈的家训《命子迁》成就了其子司马迁的历史巨著《史记》，于是便有了"没有《命子迁》，就没有《史记》"的说法；三国蜀相诸葛亮既有《诫子书》，又有《诫外甥书》，于是这位"智慧化身"的"双诫"也被人们视作他的"家训智慧"；南北朝思想家、教育家、文学家颜之推的《颜氏家训》，是传统家训的集大成者，被后人誉为家教典范，广为征引，反复刊刻，有人赞叹"古今家训，以此为祖"。这也标志着中国传统家训真正走向了成熟。

（三）传统家训的"繁荣期"——隋唐和宋元时期

隋唐时期的家训文化继承并发展了先前家训文化的思想和形式，内容更加丰富，形式更加多样，尽管其训诫内容和家训文献的数量并不是历史上最蔚为大观的，但是这个时期的家训形式已经是非常全面的了。

在家训文献的字数上，之前的家训文献通常来说字数较少，但隋唐时期的家训文献相对来说文字是比较多的，思虑周全、规范全面、较成体系的家训文献逐渐取代了一事一议、有感而发式的训诫；在传统家训文化的内容方面，也不再只是针对一个方面，而是从治家到修身、从治学到处世、由主要遵循儒家经典对晚辈进行教诫，转向以儒家的文化价值观为依据，对现实生活中的各个方面进行规范。而且，制定这些教诫内容的长辈们有着不同的身份地位，他们分别从自身所处环境，针对各种不同的情况和古代社会对这样身份的人有着怎样的要求等角度，对子孙后代加以具有针对性地教育指导。思想更为深刻，涵盖面更加广泛，内容更加丰富，形式更为多样。

只要提到隋唐时期的家训著作，就一定会提起颜之推的《颜氏家训》。作为隋唐时期最著名的家训文献之一，有着"古今家训之祖"这一称谓的《颜氏家训》的教诫内容极其丰富，全文共有二十篇，无论是对于后代子孙修养自身，还是对于管理家庭要务，又或者是讲述怎样在社会中安身立命，都有着详尽完备的描述与指导，可以说是历朝历代家训文献的集大成者，后世历代学者趋之若鹜，广为研究。除此之外，这个时期比较著名的还有唐朝君王李世民的《帝范》，虽然是站在皇家帝王的角度上对后代帝王做出的规范，但在内容上，也包含了传统家训文化所具有的内容，也被视为家训之作的代表。中国传统家训文化发展到隋唐这一时期，对子孙后代的教诫内容、思想主要还是关于如何修身自处、尊老爱幼、管理家庭、与人为善、重义轻利、心系国家等方面。

这一时期家训在逐渐发展成熟的过程中走向繁荣。如韦世康家训、唐太宗的《帝范》与《诫皇族》、欧阳修的《诲学说》与《与十二侄》、包拯家训、朱熹的《家训》、袁采的《袁氏世范》、司马光的《家范》等各具千秋，各有特色，成就了中国家训的繁荣景象。北宋时的包拯有"包公""包青天"之美誉，刚直不阿、执法如山，他的家训只有 37 字，却字字千钧，掷地有声。南宋时的袁采，虽只是个小县令，但他同样廉明刚直，而且很重视教化。他撰写的《袁氏世范》是中国家训史上可以与《颜氏家训》相提并论的一部家训著作，被称为"亚训"。

（四）传统家训的"鼎盛期"——明清时期

传统家训文化发展到宋代以后，出现了前所未有的繁荣景象。宋代印刷术的蓬勃发展，为家训文化的传播创造了十分便利的条件，使传统家训文化的思想更加深入到人民大众。具体有如下表现：首先，家训文献的篇章数目达到了新的高峰，此前传统家训文化的各种内容在被继承的基础上，得到了更加丰富的发展；其次，家训文献形式愈发丰富，如家训集、格言、警句、诗训等，更便于受训者充分理解铭记于心，家训文化更加深入到平民百姓的家庭中；第三，这时的传统家训文化已经具有了充分的实用价值，不但利于受训者个人品格的完善、能力的发展，还有利于统治者管理国家，因此，即便只是站在国家和社会的角度，传统家训也更加被重视，被完好地继承传扬下来；第四，宋代以后，家族意识不断增强，家族正式且规范地形成，家族的大家长们意识到对于家族的管理需要有制度化的文字规范或是口头约束，而传统家训文化当中包含了一定的规范条例和惩戒办法，能为家族的管理提供效力；第五，民间已有的类似于家训文献的风俗、民俗类的文字记载，受成熟的完备的家训文化的影响，也被人们拿来使用，这使得原本的家训文献在数量、内涵、外延等意义上更加丰满。

这一时期家训文化的代表作有宋代袁采的《袁氏世范》，司马光的《温公家范》，包拯的《包孝肃公家训》，郑太和的《郑氏家范》，郑泳的《义门郑氏家仪》，清朝的《曾国藩家书》《朱柏庐治家格言》等等。在这些著作当中，较为著名的《袁氏家范》共分三卷，上卷是"睦亲"，中卷是"处己"，下卷是"治家"。"睦亲"中分析了古代家庭中父子、兄弟不和的原因，以及论述了父子应如何相处；"处己"中阐述了很多有价值的立身处世经验和原则，还告诫子孙注意日常的言行举止和服饰小节；"治家"中详尽完备地讲述了长辈的治家经验，几乎涵盖家庭日常生活的各个方面。

明清两代的家训风气更为浓盛，数量超过以往，内容更加丰富，形式更加多样，领域更为扩大。既有一般的家训，也有专门训诫商贾的家训，作者既有帝王显宦、学究宿儒，也有普通百姓。形式上既有长篇鸿作，也有箴言、歌诀、训词、铭文、碑刻；方式上既有说理教化，也有家规条文，等等。中国家训的发展历史由此达到顶峰。这一时期的家训代表作有庞尚鹏的《庞氏家训》、袁黄的《训子言》、姚舜牧的《药言》、杨继盛的《杨忠愍公集》、朱柏庐的《朱子家训》、李毓秀的《弟子规》等。其中的《朱子家训》和《弟子规》，堪称明清家训的扛鼎之作。而在清代后期开始，家训开始走向衰落，不过在衰落的过程中也涌现出了一些经典家训，备受推崇。如《曾国藩家书》在对家人子弟的教育指导上，倡导的修身方式，成为学习的典范。

二、中国传统家训文化的基本特质

家训的具体形式很多，有遗嘱、家规、家范、书信等，内容十分广泛，涉及如何处理家庭关系和家庭事务的治家之道，为人处世、待人接物之道，读书治学、立身成材之道等。

任何一种文化体系的出现和存在，都有它各自的理由和特征。

（一）结构上的等级性

传统家训是伴随着宗法制度而产生的，推行严格的等级制度，家族中长者与国家君主一样，都呈现高度的权威。这种等级性是由血缘关系决定的，家庭教育中表现为"父父子子"的管理秩序，后来逐渐表现为一种社会关系，在国家治理上强调"君君臣臣"的统治机制。费正清作为一名在西方文化下生活的学者，对此有深切感受，他在分析中国社会家庭的结构时说道，在大家庭里，每个孩子一生下来就陷在一个等级森严的亲属关系之中，他通常有哥哥、姐姐、舅母以及姑母、姨母、婶母、叔叔、伯伯、舅舅、姨夫、各种姑、表、堂兄弟和姐妹，各种公公、婆婆、爷爷、奶奶乃至种姨亲堂亲，名目之多，非西方人所能确记，这些关系不仅比西方的亲属关系名义明确、区分精细，而且还附有随其地位而定的不容争辩的权利和义务。由此发展而来的父为子纲、夫为妻纲更明确表达了其中的等级思想。从家训的历史作用来看，称它是维护家长的族内法并不过分。几乎所有的家训，无不确认族（家）长对族产的支配权、对族众的惩罚权、对族众婚姻的干涉权、对天地神灵及祖先的祭祀权，借以维护宗法家长制的统治。不少宗法家族组织都设有功过簿，以便对族众和家人起到记功劝惩的作用。中国传统家训在结构上也是自上而下传的，权威者将自己的观点留给了后人。

（二）内容上的封闭性

由传统的自给自足的农业经济出发，必然导致家训文化的这一特征。

传统家训是中华民族文化的重要组成部分，它不同于其他民族和国家的家训，也不同于现代社会的家训，在内容上，主要反映了儒家仁、仪、礼、智、信的文化精神。传统家训作为中华民族优秀文化的组成部分，对于当前道德教育具有重要的现实意义。但同时也应看到，传统家训文化作为封建社会的产物，带有宗法等级的印迹，不可避免地存在着一些封建消极的思想，如鼓吹愚忠愚孝、男尊女卑，子女对父母绝对顺从，等等，所以我们要摒弃糟粕，吸取精华。

随着社会与时代的发展进步，特别是资本主义生产关系的出现和建立，人类家庭模式、家庭观念等方面已从整体上发生了根本性的变化。但在我国，这种变化的影响却是微乎其微。尽管家庭模式发生了变化（如东汉魏晋以来形成的世家大族式的家庭在宋朝时已经瓦解，取而代之的是由个体小家庭组成的聚族而居的封建宗法家族组织和累世同居共财的大家庭），但在家庭观念等方面却始终没有真正地走出传统。因此我们可以得出这样的结论：正是家族（庭）共同体的长期以来的封闭性，才造成了家训文化的封闭性。

（三）形式上的多样性

文化的多样性被定义为各种群体和社会借以表现其文化的多种不同形式。文化多样性体现在人类文化遗产通过丰富多彩的文化表现形式来表达弘扬和传承的多种方式。传统家训采用的多是对话、语录、格言、家规等形式，形式简明并不单一，语言浅显易懂，具有很强的现实针对性，容易为广大社会成员所把握。

传统家训在发展上的多样性。在教育对象上，家训具有从贵族向平民发展的特点，体现了家族教育向平民化发展的趋势；在教育内容上，家训由从轻视道德到重视道德，治生并重的发展特点，体现了家族教育的社会化趋势；在表达形式上，家训具有从只言片语到成文成系统发展的特点，体现了家族教育向规范化发展的趋势；在表现形式上，家训具有从粗糙到细腻发展的特点。

（四）对象上的血亲性

由于传统的自给自足的农业经济特点，传统家训的基础是血缘性。传统家训的教育由于关联着血亲伦常关系。家长对子女的教育形式，有家规的强制，也有亲情的感化，通过"正身"来"率下"。

家训文化存在的前提就是宗法家族和家庭共同体的存在。宗法家族和家庭共同体存在的前提是所有成员以相同的血缘关系为基础，并从这一血缘关系出发来联结其他亲属关系。所有家族和家庭共同体的成员都凭着血缘关系的身份证相互认同，组成一个紧密的整体，没有这一血缘关系的内在网络，这个群体也就不可能存在。宗法家族和家庭共同体切不断的联系就是血缘关系。自然而然，以宗法家族和家庭为基础的家训文化便具有血缘性。无此，无家训文化可言。

优秀传统家训是一个不断创新的过程，具有发展的连续性，在不同地域、不同文化之间实现家训的不断丰富和创新。每个时代的社会主流思想不同，家训内容也体现了相应的时代特点。

（五）思想上的一致性

传统家训，作为一个文化范畴，特征之一是与儒家思想一致。即它是以儒家"修身齐家治国"说为蓝本，主要反映了儒家文化精神。这是历代家训纂修者所遵循的一项基本原则。他们视家训为国之政理，家政不修，是没有资格言天下事的。从中国家训文化的发展中看，先秦时期的家训就直接体现在以孔孟为代表的儒家对话语录中，反映在《书》《礼》《论语》《孟子》等典籍中。汉代以后出现的诸葛亮《诫外甥书》，隋代成书的颜之推的《颜氏家训》及其后的各种家训著作，体现的也是儒家文化精神。再从家训著作中的戒规、戒律看，大多使用的也是儒家术语，诸如"忠孝仁爱""修身养性""乐其名分""存心尽公"等等。可以说，中国传统家训文化始终是以儒家文化为指导，是在家训层面上对儒家文化进行的阐扬。

第三节　中国传统家训文化的核心思想

一、修身立命之道

传统家训强调对老人、孩子、妻子、兄弟以及与亲族的相处之道，齐家是治国的前提。一是注重言传身教。如《颜氏家训》中讲"人生小幼，精神专利；长成已后，思虑散逸；因须早教，勿失机也。""居家务期质朴，教子要有义方。发财不如成才：积财千万，不如薄技在身。"《增广贤文》中说"富若不教子，钱谷必消亡；贵若不教子，衣冠受不长。"二是注重和睦孝悌。"和睦孝悌"是中国传统伦理道德的核心内容，也是传统家训中所包含的基本内容。如《颜氏家训》讲"父不慈则子不孝。""幼少之日，既有供养之勤；成立之年，便增妻孥之累。"《司马光家训》中说"养父母而不恭敬，何异于养犬马。"王昶《家诫》中则强调"为子之道，莫大于宝身全行，以显父母。"西汉史学家司马谈《命子迁》训诫儿子说"且夫孝始于事亲，中于事君，终于立身。扬名于后世，以显父母，此孝之大者。"《曾国藩家书》则强调"肥家之道，上逊下顺。不和不可以接物，不严不可以驭下。"三是注重勤奋节俭。勤俭是家庭管理的重要组成部分，传统家训非常注重教育子女要有勤俭节约的生活习惯。诸葛亮在《诫子书》中讲"静以修身，俭以养德"，司马光《训俭示康》告诫子孙"由俭入奢易，由奢入俭难"。《颜氏家训》中强调"习闲成懒，习懒成病。"《朱子家训》讲"一粥一饭，当思来之不易；一丝一缕，应念物力维艰。""黎明即起，洒扫庭除，要内外整洁。"

二、读书治学之道

传统家训中非常强调学习的意义、目的，学习内容、学习方法。《颜氏家训》中讲，"自古明王圣帝，犹须勤学，况凡庶乎"，突出强调学习的重要性，主要包括学以利生和学以利世两个方面。一是强调好学乐学，不学无以修身。孔子教育儿子"不学诗，无以言；不学礼，无以立"《颜氏家训》讲"幼而学者，如日出之光；老而学者，如秉烛夜行，犹贤与瞑目而无见者也"；诸葛亮《诫子书》则强调"非学无以广才，非志无以成学。"二是强调读书可以改变人的气质。《曾国藩家书》中讲"人之气质，由于天生，本难改变，唯读书则可以变其气质。"吴麟征《家诫要言》说"多读书则气清，气清则神正，神正则吉祥出焉，自天佑之；读书少则身暇，身暇则邪间，邪间则过恶作焉，忧患及之。"三是读书要注重格物致知，知行统一。刘沅《豫诚常家训》中讲"私欲去而聪明始开，致知故先格物；念头好而是非明，实践乃为诚意。"张之洞《致儿子书》中讲"民情不知，世事不晓，即学成归国，亦必无一事能力。晋帝之'何不食肉糜'，其病即在此。"

三、齐家睦亲之道

（一）孝

"孝"是中国的传统道德中重要范畴。《尔雅·释训》说："善父母为孝。"《礼记·祭统》说："孝者，畜也。"这些说法虽然不同，但其精神是一致的。杨想懋先生解释"孝"的含义：孝是延续父母与祖先的生命，有三层意思：其一是延续父母与祖先的生物性生命，这一层面孝道的实践就是结婚、成家、生育子女；其二是延续父母与祖先的高级生命，即具有社会、文化、道义等内容的精神生命，要实践这一层面的孝道，就必须教育子女，使他们的生活与生命具有社会、文化、道义等方面的见识与修养；其三是子女能实现父母或祖先在其人生中未能实现的某些特殊愿望，或补足他们某些重大而特殊的缺憾。杨先生的这个见解无疑是深刻的，它表明"孝"还具有继往开来的意义。《礼记·中庸》说："夫孝者，善继人之志，善述人之事也。"这里的"志"和"事"，就是前辈的遗愿（志），前辈的经验（事）。中国古代思想家往往把"孝"看成是人类的天性，与生俱来的。《孝经·圣治章》说："父子之道，天性也。"《吕氏春秋·节丧篇》说："孝子之重其亲也，慈亲之爱其子也，痛于肌骨，性也。"应该说，"孝"既有道德规范，也有其自然或血缘基础，归根到底都是当时的社会经济状况的产物。

随着人类社会从原始社会向奴隶社会、封建社会的演进，"孝"的功用也从原本的家庭道德规范，扩大成社会道德规范。《礼记·祭义》说："居处不庄，非孝也；事君不忠，非孝也；在宫不敬，非孝也；朋友不信，非孝也；战陈无勇，非孝也。"这样就把"孝"扩大成人的基本道德规范。《孝经·开宗明义章》说："先王有至德要道，以顺天下，民用和睦，上下无怨。"一语破的，道出了"孝道"的目的是治理天下，把"孝"作为建立良好社会秩序的指导思想。

"孝"不仅是人的行为的根本法则，而且是维系家庭的感情纽带，甚至是治理天下的核心理念。封建经济的基础是以家庭为单位的自然经济，男性家长在生产活动中起着主导作用，而家庭又是靠父传子承的宗法制度来维系的。因此，家庭的权力自然集中于家长手中，家长通常是家庭中辈分最高或年龄最大的男子。家庭生活中父亲的绝对权威性以及父子之间权力、财产、地位的转让与继承关系，要求父亲完全支配儿子，儿子无条件地服从父亲。这种道德关系就是孝道。为人子者，生者养，死则祭。如《孝经》上所说："孝子之事亲也，居则至其敬，养则致其乐，病则致其忧，丧则致其哀，祭则至其严。五者备矣，然后能事亲。"此外，封建统治阶级的思想家还出于维护统治者治国的政治需求，宣扬"国之本在家"的思想，将国家的精神命脉系于家庭。孟子说过："尧舜之道，孝悌而已矣。"《大学》讲得更明白："家齐而后国治。""一家仁，一国兴仁；一家让，一国兴让。"在他们看来，推行孝道可使宗法制的家庭稳固，在宗法制家庭基础上建立起来的宗法制国家政权也就有了稳固的基础。

孝是分层次的：

其一，养亲。在中国古代，赡养父母被视为儿女的家庭义务和道德责任，强调子女应报答父母的养育之恩。《诗》云："父兮生我，母兮鞠我，抚我畜长，长我育我，顾我复我，出人腹我，欲报之德，昊天罔极。"《诗经》的这段话用最朴素的血亲报恩思想论证了"孝"所规定的子女家庭义务的合理性。孔子认为，做子女的不但对父母尽赡养之责，还应以父母的疾病为忧，对父母精心照料。孟子在谈到世俗之孝时，把在物质上侍奉双亲作为"孝"的重要内容。他说："世俗所谓不孝者五，惰其四肢，不顾父母之养，一不孝也；博弈好饮酒，不顾父母之养，二不孝也；好货财、私妻子，不顾父母之养，三不孝也；从（纵）耳目之欲，以为父母戮，四不孝也；好勇斗狠，以危父母，五不孝也。"

孟子所列的"五不孝"中与奉养父母相关的就有三项。《孝经》对孝道中赡养父母的规定也有专门论述："用天之道，分地之利，谨身节用，以养父母。此庶人之孝也。"在中国传统社会里，对奉养父母甚至祖父母者都受到社会舆论的褒扬。如《后汉书·虞诩传》记载，诩"年十二，能通尚书，早孤，孝养祖母。县举顺孙，国相奇之，欲以为吏，诩辞曰：'祖母九十，非诩不养。'相乃止。"反之，不养父母者则要遭到社会舆论的谴责，如"高阳侯薛宣有不养父母之名"，尽管他官位显赫，也为人们所不齿。赡养父母作为传统孝道中一个很重要的内容，表明在家庭成为社会基本经济单位的状况下，子女对父母应尽的道德义务。诚然，当子女没有独立生活能力时，父母有义务抚育他们；而当父母年老体衰，丧失劳动能力时，子女则应尽赡养扶助的义务。这符合发展社会生产力的客观需要，反映了人生从小至老的自然规律，是积极合理的。

其二，敬亲。在"孝"的道德规范里除物质供养外，更强调精神方面的敬爱。孔子就极力倡导敬亲之孝，抨击当时流行的"能养为孝"。他说："今之孝者，是谓能养。至于犬马，皆能有养。不敬，何以别乎？"孔子认为"能养"是人与动物的共性，如果孝行只停留在"养"的层面，与动物没有什么区别。孔子还说："有事，弟子服其劳；有酒食，先生馔，曾是以为孝乎？"在孔子看来，有要做的事，儿子替父母去代劳；有了酒和饭，父母去吃喝，这就能叫作"孝"了吗？真正的"孝"是"敬"。"敬"要求子女在侍奉父母时应怀有一种发自内心敬仰之情，《礼记·祭义》认为："养可能也，敬为难。"因此，"故孝之于亲也，生则有义以辅之，死则哀以在焉，祭祀则莅之以敬；如此，而成于孝子也"。人们就应当"事父母，能竭其力"，就应当"生，事之以礼；死，葬之以礼，祭之以礼。"

在家训中，对父母的敬是教育的重要内容。作为晚辈，对父母的吩咐要记在心上，立即完成，完成后要告诉父母。"敬亲"，体现了人的文明和教养，是孝道中比"养亲"要求更高的一种孝行。

其三，广敬。由敬爱自己的父母、祖先扩大到尊敬所有的长辈和老人，这是"敬亲"又引申了一步的含义。《孝经》说："爱亲者，不敢恶于人（博爱也），敬亲者，不敢慢于人（广敬也）。"这里提出了在敬爱自己双亲的前提下，"广敬"和"博爱"的主张。明确要求人们不但要敬爱自己的父母兄长，而且要用同样的情感去敬爱别人的父母兄长，即所谓"老吾老以及人之老，幼吾幼以及人之幼。"这种由敬爱自己的双亲，推广到敬爱所有长辈老人的道德观念，体现了中华民族扶困济危、尊老爱幼的民族精神和人道主义精神，可以说是封建孝道中更具有积极进步意义的成分，应该批判地继承，加以弘扬。

（二）和顺

《易·乾》曰："乾道变化，各正性命，保合太和，乃利贞。"天道变化使得万物获得生命和属性，也就是"万物资始""品物流行"，万物在保持自身生命与特性的同时，又能促进阴阳协调，万物和谐相处，方能顺利贞固。可见，"太和"便是指阴阳矛盾双方处于均衡统一的态势，也是后世推崇的最和谐、最圆满、无矛盾、无缺陷的理想状态。以"和"的态度用于社会人事中，会形成良好的社会关系，如《易·兑》卦云："初九，和兑，吉。"即要求人们为人和蔼可亲、处世和颜悦色、交往和善谦逊，如此就会获得吉利的结果。在家庭关系中，《周易》也注意到"和"的重要性。"夫妻反目，不能正室也"。只有夫妻和睦，才能振兴家室。

俗话说，"家和万事兴"，这在现在仍具有巨大的意义。家庭只有和谐，才能把全家人团结起来，把力量凝结起来，齐心协力把家庭建设得更美好温馨。同时家庭和谐对子女的教育，对维护社会安定团结均有不可忽视的作用。

和顺是治家之道。和顺是家庭关系融洽的基本要求，传统家训所关注家族内部的人际关系不仅仅是夫妇、父子、兄弟等"三亲"关系，还涉及几乎所有与血缘有关的亲属关系，如祖孙、外祖孙、叔侄、婆媳、翁媳、妯娌、姑嫂、堂兄弟、表兄弟等。如何处理好这些复杂的关系，传统家训中不乏精辟之见解，值得我们去认真地研究和总结。家庭关系中首先是夫妻关系，传统家训认为："夫妇之道，天地之义，风化之本原也。"夫妇和顺，要求为夫要守义，见色而不忘义，处富贵而不失伦，为妻要节俭、勤劳等。如果"夫不义，则妇不顺矣。"夫妇只有相敬如宾，才能和睦美满，"夫妇之际，以敬为美"；其二是兄弟关系，"兄弟者，分形连气之人也。"即说兄弟之间是一种血气相通、天然形成的骨肉亲情关系，互相之间应友善相处，做到"友兄弟恭"；其三是妯娌关系，妯娌之间没有兄弟、父子之间那种血缘亲情关系，家庭矛盾可能大多由此而起。处理好妯娌关系是家庭和顺的重要因素。家庭和睦，夫妇、父子、兄弟、妯娌怡怡其乐，成为家道兴盛、光耀门楣的基础和保证，也是古代家训要着力解决的伦理问题之一。家庭人伦关系主要是夫妇、父子、兄弟之间的关系，正所谓"家之亲，此三而已矣。自兹以往，至于九族，皆本于三亲焉，故于人伦为重者也，不可不笃。"

1. 夫义妇顺

在《周易》看来"一阴一阳之谓道"。阳代表着健动、刚劲，阴代表着柔静、顺从。一部《周易》就是乾、坤（阴、阳）相辅相成的体现。《易·系辞下》云："乾，阳物也；坤，阴物也。阴阳合德，而刚柔有体，以体天地之撰，以通神明之德。"为使天道有秩序地运转，《周易》赋予天地阴阳以人性，对其进行伦理价值评判，"天尊地卑，乾坤定矣，卑高以陈，贵贱位矣。"由"天尊地卑"推演出"阳尊阴卑"，这些是自然的法则。与尊卑贵贱相应，乾坤刚柔的功能与作用也是不同的，天至刚至健，焕发雄奇之魄力，故曰："夫乾，天下之至健也。"；地至柔至顺，故曰："夫坤，天下之至顺也"。乾健坤顺，乾以健统坤，坤以顺承乾，此乃自然本性所然，不可移易。《周易》借天道而言人道，认为天道与人道是统一的，人道即是模拟天道而成。

传统家训十分强调夫妻合义而顺，男女婚配要考虑双方的性情和修养是否般配。追求"夫妇和顺，相敬如宾"，主张"夫妇之际，以敬为美"。

夫妻是组成家庭的核心要素，夫妻关系在家庭关系中处于首位。在夫妻关系中，"义"和"恩"是增进夫妻感情的关键："夫为夫妇者，义以和亲，恩以好合。"对于妻子的要求则更严格："敬顺之道，妇人之大礼也。末敬非他，持久之词也；夫顺非他，宽裕之谓也。持久者知止足也，宽裕者尚恭下也。"

2. 父慈子孝

传统家训所强调的是父慈子孝，既注重子女对长辈行"孝"道，也强调长辈对子女的抚养、关心和爱护。"慈"德的内涵很丰富，主要包括养子、爱子、教子等方面。"孝"的内涵也同样十分丰富，主要有孝养、孝敬、孝顺、孝谏等。《袁氏世范》认识到"兴盛之家，长幼多和谐"。在儒家家庭伦理中，父慈子孝是对父子伦理的根本要求，它是家庭道德规范的最主要方面。只有在家庭道德中修以慈孝，才能真正建立起一个有序的和睦家庭。

慈的基本含义是爱，《说文解字》称："慈，爱也。"但慈之爱不同于一般的爱，慈是一种由上对下的爱，父母对子女的爱。在家庭伦理中，父母慈爱子女具有道德表率的示范作用，因而儒家十分重视父之慈。那么，如何才能做一个真正的慈父呢？在儒家看来，"慈"主要有三方面的道德责任，首先要生儿有养，当子女还没有独立的生活能力时，父母有义务抚养他们，所谓"子生三年，然后免于父母之怀"。其次要慈爱得法，不溺爱，不偏宠。溺爱子女，实为祸害，如《颜氏家训·教子》所言："有偏宠者，虽然以厚之，更所以祸之。"再次是要重视家教，这是父之慈最根本的方面，所谓"养不教，父之过"是也。在儒家心目中，父母必须自身言行端正，以身作则。子女年少，神情未定，容易为周围环境所感染熏陶，因此，父母还应注意子女成长时所处的环境。近朱者赤，近墨者黑，当年孟母三迁择邻的故事就是这个道理。

3. 兄友弟恭

在兄弟关系上，传统家训所强调的是兄友弟恭。兄弟是父母生命的延续，因此，可以说他们之间虽然身体是分开的，但血气却是息息相通的，他们之间的关系应该是友善团结的。那么，兄长对弟弟友爱，弟弟对兄长恭顺，也就自然成为了维系双方和睦关系的道德规范。《颜氏家训》特别强调兄弟相爱对于巩固家族的重要性："兄弟者，分形连气之人也。方其幼也，父母左提右挈，前襟后裾，食则同案，衣则传服，学则连业，游则共方，虽有悖乱之人，不能不相爱也。二亲既殁，兄弟相互照顾，当如形之与影，声之与响。"

兄弟之间从生理上说，血脉气息相通，从感情上讲，从小就同甘共苦，风雨同舟，比其他人多一份感应与默契，所以应该存"亲厚之恩"。

组成家庭始于夫妇，夫妇是父子关系的前提，三亲中的兄弟关系，除了血缘之外还有游处伙伴之意。比起父子，尤少禁忌，故其亲密程度，又较父子为甚。

兄弟之爱是子侄关系、妯娌关系的基础。如果兄弟不睦，就会淡漠以上各种关系，影响整个家庭的和谐，所以尤需着力维护。颜之推说："兄弟不睦，则子侄不爱；子侄不爱，则群从疏薄；群从疏薄，则童仆为仇敌矣。如此，则行路皆蹈其面而蹈其心，堆放之哉！"

有的人广交天下之士，对他们尽显亲爱，却失敬于兄弟；有的人能将数万之兵，使他们为自己效力，但却不能恩及于兄弟，这在人伦关系上不能不说是有缺憾的。

家庭是社会的细胞，只有家和，社会才能安定。因此，家庭和睦对社会发展有重要影响，就家庭内部来说，曾国藩认为："夫家和则福自生。若一家之中，兄有言弟无不从，弟有请兄无不应，和气蒸蒸而家不兴者，未之奋也；反是而不败者，亦未之有也。""兄弟和，虽穷之氏小户必兴；兄弟不和，虽世家宦家必败。"那么，怎样才能做到家和呢？首先，对于家人之间的豪情要极为珍视。"澄叔待兄与嫂极诚极敬，我夫妇宜以诚敬待之，大小事丝毫不可瞒他，自然愈久愈亲。"其次，家人之间要互荣共耻。兄友弟悌作为兄弟相处的原则，对兄弟双方都作了各自的道德要求。在很大程度上对弟悌作了强调，只有这样家庭伦理好能实现维护社会秩序的特殊功能。对于"悌"，儒家是把它上升到与"孝"并列的高度来加以重视的。《论语·学而》说："其为人也孝悌，而好犯上者，鲜矣；不好犯上，而好作乱者，未之有也。君子务本，本立而道生。孝悌也者，其为仁之本歟！"孝悌是维系家庭关系的主要纽带，因此，悌之强化就成为建立兄弟之间的有序和睦关系，进而维护社会秩序的必然选择。悌的规范由兄弟关系进一步护大延伸，就是所谓尊长顺上。既然悌的规范可以由兄弟关系扩大到其他社会关系，因而修行悌德就显得至关重要。

兄弟相亲具有先天的血缘基础，是合情合理的事情。那么为什么又会发生兄弟反目为仇以至相残相杀之事呢？具有强烈儒家思想倾向的《颜氏家训》认为，其根本原因在于兄弟成家立业自立门户以后，"各妻其斐，各子其子"。妯娌之间的情义比之兄弟，那就疏薄多了，兄弟处身于其间，要想保持友爱，就必须不惑妇人之言。在财产分配与继承问题上要强调轻利重义，以消除因财产分配不均而引起的兄弟相战事件的发生。总之，在处理兄弟关系时，就是要以同胞情义为重，强调兄友弟悌的道德原则。

4．姑慈妇听

姑妇关系即现代社会的婆媳关系，也是一个家庭的基本关系之一，儒家对姑妇道德修养的要求是"姑慈妇听"，即要求为婆者慈爱，为妇者顺从。关于姑慈的基本道德要求，大致包括不强儿妇之劳、不扬儿妇之过、耐心教育儿妇、等等。儿妇再勤劳能干，也要使她有所休息；儿妇如不孝不敬，先应对她进行教育；教而不改，怒而无效，则由儿子出之，但也不要张扬其违礼之过。应该看到，在古代社会的家长专制家庭中，婆婆虐待儿媳的现象还是普遍存在的。著名古诗《孔雀东南飞》就记述了年轻的儿媳刘兰芝，由于婆婆的不喜欢和百般虐待，不得不与恩爱的丈夫离散的故事。可见，在家庭中婆媳不和是影响家庭和睦的重要因素。

公婆的言行是儿媳的榜样，但是，由于家训主要是训诫晚辈的，因此，训词中对晚辈的要求就很繁复，给人以不平等的感觉。

在家庭关系中，父子、兄弟的关系有着先天的血缘纽带，夫妇的关系有着男女性情之爱的纽带，而姑妇兼系既无血缘的纽带，又无性情的牵连，这就使建立和保持家庭的良好关系显得相对困难。儒家所倡导的"姑慈妇听"的家庭伦理道德规范，为姑妇之间的相处提供了基本的原则和要求，这对于整个家庭的有序和睦，无疑具有一定的积极意义。当然，为了维护家庭的专制权威而片面强调妇听的倾向是应该予以否定的。

四、处世交友之道

"家训"的主要内容是为人处世，注重修身立德，强调"成人"比"成材"更重要。"家训"提出要正心、修身，讲礼仪，举止有度，懂规矩，进退有据。要学会做人，有志向，严格要求自己，善待社会和他人。一是要明礼仪。袁仁《训子语》强调礼仪是一种涵养："凡言语、文字，与夫作事、应酬，皆须有涵蓄。"李绿园《家训谆言》中讲站有站相，坐有坐相："与人并坐，不可倒身后靠，摇腿颤脚。二者既惹人生厌，亦非后福之相。对尊长，则尤为不可。张浚《遗令》强调礼仪在于心诚："祭礼重大，以至诚严洁为主。"二是仁者爱人。中国儒家文化的终极思想和追求，就是强调仁义，仁者爱人。古代家庭教育里面是非常强调这个友爱、仁爱思想的。袁黄《训子言》讲"和气能育万物，爱为生生之本。"强调人与人之间要相互友爱俱能自得。苏瓀《中枢龟镜》讲"同列之间，随器以应之，则彼自容矣。"高攀龙《高忠宪公家训》说"爱人者，人恒爱之；敬人者，人恒敬之。"而反过来，独夫而亡，李世民《帝范》讲："不亲其亲，独智其智，颠覆莫恃，二世而亡。"三是正直诚信。传统家训强调做人要正直，讲诚信。《颜氏家训》中讲"巧为不如掘诚。"《曾国藩家书》说人生三不原则："不贪财，不失信，不自是，有此三者，到处人皆敬重。"王昶《家规》中讲"见利不能产生贪取心。待人不能产生漠视心、欺诳隐瞒心、徇情心、更不能产生自私自利占便宜心。"葛守礼《葛端肃公家训》说"做官，做人，事事念念，为义为公。成败利钝，便无足计。大凡人能请约，即能秉正，事无不可为。"四是注重做事要专注投入。《曾国藩家书》强调"办事之法，以五到为要。五到者，身到、心到、眼到、手到、口到也。"徐媛《训子》说"应事以精，不畏不成形；造物以神，不患不成器。"还强调要谨慎处事。《颜氏家训》强调"与善人居，如入芝兰之室，久而自芳也；与恶人居，如入鲍鱼之肆，久而自臭也。"

第二章　中国传统家训文化
与思想政治教育的关系

家庭是社会的细胞，是人类社会最基本的组织形式，家训则是家庭的产物，显现着一个家庭的整体性精神风貌。家庭作为社会有机体的细胞，一方面，它要在社会有机体中生存与发展，就必须适应社会的要求和规则。另一方面，社会有机体的发展，离不开家庭细胞的功能发挥。家庭在维持其生存与发展的过程中所呈现出来的要求、规则，实际上是社会所提出的要求和规则，尤其是占社会主导地位思想的要求和规则。而思想政治教育是按一定社会所要求的思想观念、道德观念、政治观念，对其社会成员施以影响，从而形成一定社会所需要的思想品德的社会实践活动。而家训则是一个家庭对社会所要求的思想观念、道德观念、政治观念的家庭表达。正是在这个意义上，我们说，家训与思想政治教育有着内在的统一性，它们都是社会的要求，尤其是社会主导思想要求的体现，两者的中心任务都是做人教育与思想道德教育，家训实乃家庭化的思想政治教育。家训与思想政治教育的内在统一性与内容的一致性体现出家训文化中所蕴含的思想政治教育功能。我们对于家训文化中思想政治教育功能的探讨离不开家庭这个最基本的场域。因此，我们有必要厘清对家训与思想政治教育二者间的关系。

第一节　中国传统家训与思想政治教育的内在联系

一、二者立德树人的教育目标相同

传统家训文化既包含修身、齐家的"小德"，也包含治国、平天下的"大德"。既有期盼家族和睦、子孙贤达的"小目标"，也有着崇尚内圣外王、家国情怀的"大追求"。思想政治教育子系统目标的确立，必须以社会总系统实现共产主义的最终目标为依据，实现党和国家发展的阶段性需求。因此，高等教育要明确新时代高校思想政治教育的历史使命，发挥其立德树人的独特优势，努力培养担当民族复兴大任的时代新人，培养拥护中国共产党领导和我国社会主义制度、立志为中国特色社会主义事业奋斗终身的有用人才。具体的教育目标应包括：增强对青年大学生的理想信念教育，把实现中华民族伟大复兴的"中国梦"教育作为大学生理想信念教育的重要组成部分；加强和巩固马克思主义的指导地位，坚定大学生的政治意识和政治立场；增强大学生对社会主义核心价值观的情感认同，并引导其自觉遵循和积极践行；凸显高校思想政治教育时代性的文化意蕴，提升大学生的文化自信意识。从道德教育的本质来看，传统家训文化力求使子孙后代成为明道且具有德性之人，为传统社会伦理生活共同体的实现提供规训，最终实现人之为人的使命。传统家训文化的合理内核决定着其能为高校思想政治教育的目标实现提供助力。

首先，传统家训文化中的家国情怀与中国梦的目标追求相融合。齐家治国是传统家训文化的根本目标。《周易·家人》卦辞中就已经提出了"教先从家始""正家而天下定"的主张。《大学》有言："一家仁，一国兴仁；一家让，一国兴让。一人贪戾，一国作乱。"传统家训通过家训、家语、庭训、家书等训诫规约来教导子孙心正意诚、家齐国治而天下平。高校思想政治教育要培育中国梦的助推者和践行者，就应发挥家训文化中家国情怀的导引作用，激发大学生的责任意识和担当精神，使其积极投身于实现中国梦的伟大事业中。

其次，传统家训文化与社会主义核心价值观相契合。任何一个时代的家训文化都凝结着其所处时代的主流价值取向和人生理想，社会主义核心价值观亦不例外，它是在中国特色社会主义建设的实践过程中，立足于中国优秀传统文化而凝练出来的产物。传统家训一方面普及了孝悌仁爱的家庭伦理和道德观念，将具体的道德原则和价值观念上升到社会普遍的道德原则和价值观念。另一方面，传统家训也从修身、求知、治生、处世等层面对子孙反复进行劝诫，将儒家核心价值观下移到个体的具体道德原则和观念中。24字社会主义核心价值观的每一条目都可在传统家训文化中找到依托。此外，传统家训文化的表达方式通俗易懂，容易引起大众的情感共鸣，为社会主义核心价值观的大众认同架设了桥梁。

最后，中华优秀传统文化是社会主义先进文化的重要源泉。中华优秀传统文化是中华民族五千年历史长河中积淀而成的思想根基，更是中国人民价值追求的集中体现，并与当代社会的优秀思想理念相结合，成为社会主义先进文化的重要组成部分。具体而言，中华传统文化与优秀家训文化就是整体与部分的关系，且二者相互依存、相互制约。中华传统文化是优秀家训文化产生和存在的背景，决定着优秀家训文化的内容与实现目的。传统家训文化的思想源泉和道德根基是促进社会主义先进文化不断发展壮大的有益滋养，并成为中华民族坚定文化自信的重要来源和基础。

二、二者促进个体社会化的教育内容相通

思想政治教育活动的有效开展离不开思想政治教育的内容，这一介质包括思

想、政治、道德、人格教育等方面，这些教育内容有着共同的指向就是实现人的社会化。

中国传统家训文化所体现的价值理念和道德要求，主要表现在个人与自我、个人与家庭成员、个人与社会以及人与物的价值理念与规范上。二者在教育内容上有诸多相通之处。

在个人与自我层面，"修身为本"是传统家训文化遵循的教育逻辑。长辈通过戒子读书、治生、立志、守信等教育内容培养子孙的道德品质，方法上提倡笃静思心、慎独自省、持之以恒等，体现了对家族后人追求"内圣外王"之道的期盼。

在个人与家庭层面，传统家训文化在家庭伦理关系中强调孝悌。将最亲近的家庭成员作为传统社会处理人际关系的着力点，本立而道生，孝友之家才能绵延长久。这种家庭伦理关系扩展到亲属、邻里之间，便是强调仁爱宽厚、乐善好施。在个人与社会层面，传统家训文化注重责任担当、互助济难。其所秉持的价值理念往往也不局限于家庭或家族自身利益，而是把家庭作为通向社会和国家的中间单位，强调兼济天下。如《钱氏家训》告诫为官子孙"利在一身勿谋也，利在天下者必谋之"。

在人与物层面，传统家训文化强调对物的价值观念与规范是节约爱惜，不贪恋物，不为物所役。这些伦理道德教育内容在今天同样具有重要的教育指导意义。

高校思想政治教育中个人价值和社会价值的辩证统一和目标实现，决定了其在教育内容上可以融合传统家训文化，教育、引导学生处理好上述各层面的关系，助力大学生实现全面发展。

三、二者关注生活世界的价值取向相合

传统家训是一种生活化的教育，寓教育于家庭生活是传统家训的内在要求。家训家风是中国人道德养成的原始场域，形成了深植于人们内心深处和精神层面的道德基因，影响和塑造着一个人的世界观、人生观和价值观。这不仅反映在教育内容上要注重生活所需的基本修养，还体现在教育方式上注重父母长辈对受教者的以身作则、典型示范以及同辈之间的对比监督，而不是强行灌输和空洞说教，主张对受教者施加潜移默化的影响。传统家训在育人时因材施教，对受教者随时随地遇物而教、因时而教、因事而教，让子女在一定的情景中产生体验和共鸣。

现代思想政治教育同样注重通过对个体成长环境的熏陶，使其逐渐养成良好的思维和习惯，从而塑造其品格。习近平总书记在中央政治局第十三次集体学习

会上强调:"一种价值观要真正发挥作用,必须融入社会生活,让人们在实践中感知它、领悟它。"高校思想政治教育的主体不是抽象的大学生,而是受一定家庭文化、校园文化、地域文化、社会文化熏陶和影响的大学生个体。高校思想政治教育不仅要指向学生的生活世界,还要扩展传统家训文化中"家"的含义,利用生活情境的教育功能,既发挥核心家庭的育人作用,还要发挥班级之家、社团之家、学校之家、社区之家、乡镇之家等的育人功能,优化高校思想政治教育育人空间。

四、二者知行合一的教育理念相融

现代思想政治教育学认为,人的道德品质是一个知行统一的完整体系,理想人格所蕴含的道德品质不是与生俱来的,而是在不断学习和社会实践中培养造就出来的。高校思想政治教育不仅是知识教育,更是一种文化熏陶、实践践履。传统家训文化同样是将知与行摆在同等重要的位置,强调知和行的有机统一。诸多传统家训都告诫子弟只有将学习到的知识身体力行,付诸实践,才是真知。陆游向子孙们传授了许多学习方法,亦强调要力行。"人人本性初何欠,字字微言要力行""学贵身行道,儒当世守经""纸上得来终觉浅,绝知此事要躬行"。左宗棠反对子弟只读死书,告诫子弟"识得一字即行一字,方是善学。终日读书,而所行不逮一村农野夫,乃能言之鹦鹉耳。纵能掇巍科、跻通显,于世何益?于家何益?非惟无益,且有害也"。不仅如此,传统家训还将知行统一贯彻到家庭教育的言传身教之中。包拯一生为官清廉,执法严峻,不畏权贵。据《宋史》记载,包拯"虽贵,衣服、器用、饮食如布衣时"。他在仅有几十个字的家训中告诫家族子孙:"后世子孙仕宦,有犯赃滥者,不得放归本家;亡殁之后,不得葬于大茔之中。"由此可见,传统家训文化与思想政治教育在知行合一教育理念上的契合,也为二者的进一步融合奠定了坚实的基础。

第二节　思想政治教育是弘扬优秀传统家训文化的有效路径

从理念上看,家训是家风形成的基础,是家教效应即家庭或家族道德伦理风范和文明教养水准的显现。家训作为我国古代家庭教育的瑰宝,其形式也是多种多样诸如《颜氏家训》《朱子家训》《曾国藩家书》《温公家范》等,而家风作为一个家庭在长期的延续过程中形成的自己独特的风习和风貌,以一种隐性形态存在于特定家庭的日常生活之中,家庭成员的举手投足之间,无不体现出这样一种习性。从这层含义来理解家训和家风完全是一个中性概念，但从帝王祖制、士大夫家训家书、普通百姓的家规家教，虽然都传承着相同的价值观念。随着我国现代化和城镇化进程的加快，家庭的职能和社会地位随之改变。家庭教育在育德功能方面式微，传统家训文化的传承也面临着困境。习近平总书记在十九大报告中提出，要"推动中华优秀传统文化创造性转化、创新性发展"。思想政治教育是社会或社会群体用一定的思想观念、政治观点、道德规范，对其成员施加有目的、有计划、有组织的影响，使他们形成符合一定社会所要求的思想品德的社会实践活动。因此，无论是思想道德还是社会实践，思想政治教育对个体的影响都是深远持久的。因此，我们可以借助思想政治教育来弘扬优秀传统家训文化，进一步深化中国传统家训文化中的价值理念和道德观念。

从内容上看：思想政治教育涵盖了以下主要内容，即马克思主义指导思想、中国特色社会主义共同理想、以爱国主义为核心的民族精神和以改革创新为核心的时代精神、社会主义荣辱观在内的社会主义核心价值体系，以及富强、民主、文明、和谐、自由、平等、公正、法治、爱国、敬业、诚信、友善的社会主义核心价值观为基础的全部内容。总的来讲，思想政治教育的内容包括了世界观教育、政治观教育、人生观教育、法治观教育和道德观教育等内容。其中富强、民主、文明、和谐是国家层面的价值目标；自由、平等、公正、法治是社会层面的价值取向；爱国、敬业、诚信、友善是公民个人层面的价值准则。而传统家训家风从修齐治平的维度强调价值理念和家国情怀。习近平总书记指出："中国古代历来讲格物致知、诚意正心、修身齐家、治国平天下。从某种角度看，格物致知、诚意正心、修身是个人层面的要求，齐家是社会层面的要求，治国平天下是国家层面的要求。"传统家训家风中"修身"蕴含着"公正""文明"的民族基因，"齐家"蕴含着"和谐""平等""公正""法治"的民族基因，"诚信"是思想政治教育中"诚信"的民族基因。由此看出作为"社会细胞"的家庭之家训家风在内容上与思想政治教育具有历史继承性。因此，新时代思想政治教育是弘扬优秀传统家训文化的有效路径。具体而言，体现在思想政治教育工作的不同主体、文化建设以及社会实践等方面。

一、优秀家训文化与高校教学活动相结合

1. 发挥高校思想政治理论课的主渠道作用

优秀家训文化的传播途径单一和局限，以至于优秀家训文化中的精华鲜为大学生所深入了解。针对当前的情况，发挥高校思想政治教育理论课对优秀家训文化的主渠道作用，将是促进优秀家训文化继承和发扬的重要途径。优秀家训文化生动形象，在高校思想政治教育理论课程中融入优秀家训文化内容更容易为大学

生所接受。思想政治教育理论课是高校促进大学生思想政治教育发展的主渠道，是高校教师和学生进行沟通的主要方式。在当前的教育背景下，应将优秀家训文化与大学生思想政治教育理论课教学相结合。高校的思想政治教育理论课程一共有五门，即"马克思主义基本原理概论""毛泽东思想和中国特色社会主义理论体系概论"、"中国近现代史纲要"、"思想道德修养与法律基础"、"形式与政策"。这些课程的学习助力大学生立德树人，将个人发展与社会发展相结合，为中国特色社会主义培育德智双全的人才。将优秀家训文化与高校思想政治教育理论课相结合，有利于大学生提升个人修养和锻造健康人格，进而提高大学生思想政治教育的实效性，使大学生牢记自身肩负的使命，将个人利益与国家利益相结合，为实现中华民族伟大复兴的中国梦而不懈努力。

高校在进行大学生思想政治教育的过程中，一方面可以开设关于优秀家训文化的专题讲座和大学生实践课程。高校邀请知名专家和学者进行优秀家训文化的专题讲座，对具体的事例和经验进行讲解，并充分融入社会主义核心价值观建设，使大学生认识到思想政治教育中包含优秀家训文化的相关内容，继承和发扬优秀家训文化是他们应该肩负的责任和应该主动承担的任务。另一方面，高校应开设有关优秀家训文化的德育课，方便大学生辅修和选修。设立与优秀家训文化相关的通识类课程以及与高校思想政治理论课相对应的专题讲座、大讲堂、公开课等，主要是通过高校教师传授理论知识，从而启发大学生对优秀家训文化的理解和认同。因此，优秀家训文化选修课可以开设历史名人故事、家训人物大家谈、家训作品赏析等课程。通过课程学习，挖掘家训人物、家训作品背后的思想政治教育资源，加深对人物、家训的情感体验，从而认识到优秀家训文化的深邃，进而培养学生的高尚情操和品行道德。

我国优秀家训文化历史悠久，内容丰富。家训典籍浩如烟海，蕴含着修身之本、治家之道、处世之要、为学之宗等内涵，包含着热爱国家、立志高远、诚实守信、孝悌为先、勤俭节约、谦下恭敬、待人和善、勤学自爱、明理识礼等道德规范。高校应组织有关专家、学者充分挖掘优秀家训文化的精神内涵，在前人研究的基础上，从文化典籍中进一步筛选出适合当今大学生运用的优秀家训文化内容，制定出较为完善的教学大纲和编写规范化的教材作为大学生思想政治教育的教科书。当然，在编辑和整理文本的过程中，并不是照抄照搬古人的思想，而是要和当今社会的实际情况相结合，从实际出发。一是将中国优秀家训文化与大学生特定群体相结合，在优秀家训文化成果体例的安排、内容的选择上，注意对提升大学生思想道德修养和锻造健全人格的需求。同时，应注意实际运用，让大学生在实际生活和课后练习中，真正地贯彻执行下去，深入感受优秀家训文化的魅力。二是将优秀家训文化与中国特色社会主义核心价值观相结合，立足经典、立足史实、深入浅出、融会贯通，深入挖掘和阐述优秀家训文化的当代作用。

当代中国，在大学生这一特殊群体中，之所以缺失优秀家训文化，一定程度上是因为高校缺少关于中国传统文化方面课程的设置。随着社会环境的变化，部分大学生求学的目的越来越功利。所以，对于学校要求的科目会主动去学习，而学校未设置的科目，很少有大学生会主动去学习。而大多数高校都将公共英语课和公共政治课列为大学生的必修科目，占有较大分值的学分和较高的绩点，而优秀家训文化只是作为选修课甚至没有开设，并没有列入思想政治教育课程体系中。随着我国对外开放深化和世界经济全球化加速，英语作为一门国际语言在对外交往中发挥着巨大作用，但它不能取代优秀家训文化对大学生思想政治教育的作用。优秀家训文化中包含的爱国、廉洁、立志、诚信、孝悌、勤俭、谦下、和善、勤学、明理、识礼等优秀品质，有助于大学生成长成才。高校只有加强大学生对于优秀家训文化的认知，设立优秀家训文化课程并将其纳入思想政治教育课程体系中，才能使大学生深入了解我国的优秀传统文化，不至于丧失中国人的本性，丢失中华民族的根。

2. 以创新性教育方法传递优秀家训文化

当代大学生作为年轻的一代，极易接受新鲜事物，求知欲和好奇心都比较强。因此，大学生思想政治教育应采用多样化的方法，如榜样示范法、案例教学法、情境讨论法、课外研修法等，以创新性教育的方式传承优秀家训文化，通过多种途径拓展大学生对于优秀家训文化的应用。根据马斯洛的需要层次理论，人只有在最低的生理需求得到满足后才会有更高的需求层次，这也为榜样示范法奠定了基础。

在优秀家训文化中有许多值得我们学习的榜样。如在《钱氏家训》中，钱镠告诫子孙应该莫纵骄奢、兄弟相同、上下和睦。钱镠也是身体力行，给子孙后代树立了良好的榜样。钱氏后人秉承祖训、传承家训、绵延文脉，成就了吴越钱氏世代家风谨严和人才兴盛的传奇。"子孙虽愚，诗书须读。"这种好读书的家训影响深远，钱基博、钱钟书父子，钱穆、钱伟长叔侄等钱氏名人都是勤奋好学的典范。如果高校教师充分发挥榜样的激励作用，则可以使思想政治教育的内容变得生动且具有说服力，且能提升思想政治教育效果，因此教师在教学过程中应根据课程的主要内容，结合实际情况，增加优秀家训文化中的经典人物和经典故事，树立榜样、提升思想政治教育效果。

高校教师在教学过程中，可采用案例教学的方法，将优秀家训文化中的经典引用到思想政治教育理论课的教育引导中，有助于提升课堂效果，促使学生快速掌握本节课的主要内容。高校教师在教学过程中，应坚持正面灌输，充分利用优秀家训文化对大学生进行精神滋养，引导大学生注重爱国主义、孝亲敬长、崇德向善、诚实守信、勤学自爱等品质的培养，提高大学生对于优秀家训文化的重视。另外，教师还可以将正面教育与对话交流相结合，多与学生沟通、交流，在交流中增进对彼此的认识，从而激发学生对教师的喜爱，同时在理论讲授时，穿插历史人物和经典影视等内容，加强与学生的互动，及时听取学生的反馈效果，在双向交流中加深学生对知识的理解，进而提升学生思想政治教育理论课的时效性。

二、优秀家训文化与校园文化建设相结合

校园文化是学校在长期的教育教学实践中形成的物质文化和精神文化的总称。校园文化环境为开展大学生思想政治教育工作提供客观基础，能让大学生在潜移默化中接受优秀家训文化，从而促进优秀家训文化融入大学生思想政治教育。

1．营造富有优秀家训文化要素的校园物质文化环境

校园物质文化环境是学校进行教育活动的基础和条件，包括校园的硬件设施（如校园建筑、教学空间、班级布置、路牌、锻炼器材、宣传语等）和环境布置（如花草树木等绿化设施）。所以，高校应营造一个充满优秀家训文化要素的校园物质文化环境。

高校应将硬件设施与优秀家训文化相结合。

首先，高校可以将教学楼、宿舍楼、图书馆、食堂乃至校园道路以仁、义、礼、智、信等优秀家训文化要素来命名。

其次，高校应充分利用教室的空间，在教室的两旁墙壁上粘贴爱国、忠孝、立志、诚信、孝悌、勤学、谦敬、和善等优秀家训文化要素，使学生在教室中受到优秀家训文化的滋养。高校也可将优秀家训文化的内容做成屏风和展板，摆放在教学楼的走廊和展厅中，使其成为充满文化气息的走廊和展厅。

再次，高校应组织相关工作人员在图书馆、自习室、阅览室的书桌和食堂的餐桌上张贴具有思想政治教育意义的家训名句如："道德是立身之本""为学中最要虚心，切不可恃才傲物""一粥一饭，当思来之不易"等宣传标语，潜移默化地影响学生，使学生能够在空闲之余学习优秀家训文化。高校如果要新建教学楼，在建造之前就做好规划，可以将优秀家训文化要素融入设计构想之中，在小细节上展现优秀家训文化的魅力，使学生能在潜移默化中感受优秀家训文化的价值，从而提升思想政治教育效果。

最后，在校园环境布置中，可以融入优秀家训文化要素。高校还可以在校园内摆放古代哲人雕塑，比如孔子雕塑、孟子雕塑、董仲舒雕塑等。可以在校园内种植一些具有象征意义的树木，如：苍劲耐寒的松柏、虚心有节的竹子、不畏严

寒的梅花、洁身自好的莲花等，都具有值得学生学习的良好品质。

2. 营造含有优秀家训文化要素的校园精神文化环境

校园精神文化环境是校园文化环境的重要组成部分，包括学风、教风等。学校只有拥有浓厚的学习氛围和深厚的文化底蕴，才能培养出品学兼优的好学生。

良好的校园文化环境有助于提高大学生的科学文化修养和思想道德水平。所以，高校要发挥校园精神文化的作用。

首先，高校应树立良好的学风，促进优秀家训文化发展。《钱氏家训》的核心是读书。一个人想为社会做贡献，光有力气不行，光说不干也不可，必须要有真才实学，真才实学就要从小打好基础。在《钱氏家训》中，钱镠告诫子孙："子孙虽愚，诗书须读。"钱氏主要靠家训诫后，家训要像一条线一样地一脉相承，代代相传。学校应严谨治学，为学生营造良好的学习氛围，形成人人积极向上的学习风气。这样，不仅可以在学风形成过程中融入优秀家训文化，而且可以促进大学生思想政治教育的发展。

其次，高校应充分利用学校报刊、校园广播、教室黑板报、橱窗广告栏、校园网站等多个平台宣传优秀家训文化。文艺交流、文艺比赛、书画作品展览、参观名胜古迹、红色基地等众多活动都可以有意地将优秀家训文化内容加入其中。尤其在校旗、校徽、校歌、校训等方面应注入优秀家训文化要素。高校应组织安排一些有关优秀家训文化的名师名家专题讲座和文化沙龙，介绍某一家族家训、某一主题家训、某一朝代家训或者是综合研究的家训，可以让学生不仅仅了解到当时作者写这一训诫的背景，更能深切地体悟到这一家训在家族发展的历史长河中所起到的作用。高校还应定期组织专门的活动，号召学生积极参与，提升其对优秀家训文化的整体印象。另外高校也可组织学生参观名胜古迹，例如孔庙、钱氏旧居、武侯祠等，还有图书馆、档案馆、博物馆等。参观浏览可以让学生耳濡目染地了解这些人物背后的家训文化，从而提升学生自身的品德修养，提高学校思想政治教育的效果。最后，高校应充分发挥社团的作用，促进优秀家训文化发展。高校有众多的学生社团，形式多样，内容丰富。学生社团在开展各类活动时，可以将优秀家训文化中的精华部分通过研讨会、演讲比赛、征文比赛、辩论会、艺术节、学术讲座、学术沙龙等活动渗透给每一位学生，提高学生思想素质，加强优秀家训文化中先进理念的理解和学习。这样既可以锻炼学生组织能力、社交能力，又可以促进大学生思想意识的提高，让优秀家训文化思想以更快、更有效地方式融入学生的思想政治教育当中。

三、优秀家训文化与社会实践活动相结合

"社会实践活动是提高德育实效的有效途径"，优秀家训文化在校园中需要借

助活动载体传达给学生，在实践活动中传播优秀家训思想可以使学生在精神文明活动中陶冶情操，提升思想道德修养。因此，在对学生进行思想政治教育的过程中，必须要举办关于优秀家训文化的实践活动。知行结合，才是教育和宣传的根本目的。

1. 深入挖掘利用节日资源

中华民族的传统节日形式多样，内容丰富，具有独特的文化内涵，对传承中华文明和中华民族精神具有重要作用。传统节日文化是对学生进行思想政治教育的重要载体，蕴含着丰富的内容和宝贵的资源，对学生的成长成才具有较强的教育意义和效果。

我国的传统节日，是中华儿女情感的寄托，饱含着人们的信仰。其不仅内容丰富多彩，而且蕴含的节日主题内涵深刻，蕴藏着丰富的思想政治教育资源。而且，传统节日一年四季、周而复始，不间断的为学生提供了思想政治教育的时机。春节、清明、端午、中秋、重阳是我国的重要传统节日，都蕴含着丰富的优秀家训思想，通过对传统节日寓意的挖掘，进而促进优秀家训文化在学生思想政治教育中价值的实现。

春节是喜庆团圆的节日，不管身在何处，人们都会尽力在新年到来之前，赶回故乡，和家人一起通过放鞭炮、贴春联、吃饺子等活动庆祝春节，辞旧迎新、祈福纳祥、传递亲情。春节寓意着团圆，蕴含着孝悌为先、尊老爱幼、兄友弟恭、夫妻和睦、家和万事兴等优秀家训思想，具有深深的思想道德观念。清明节始于周朝，距今已有两年五百多年的历史，主题是"扫墓祭祖、踏青郊游"。清明时节雨纷纷，清明是一个悲伤的节日，对个人而言，是使人们能够祭祀先人、慎终追远、铭记祖训。对一个国家或一个民族而言，是要缅怀先烈和英雄，使学生思想上接受革命的洗礼，增强历史使命感和责任感，肩负起身上的责任，进而增强爱国之情。每年的五月初五是端午节，人们通过吃粽子、赛龙舟、祭屈原等方式庆祝节日，目的是怀念先贤，祈求幸福。端午节是为了纪念于五月初五投汨罗江的爱国诗人屈原。屈原具有伟大的爱国主义和自强不息的精神，在推动中华民族的统一和团结方面具有重大贡献。通过端午节所蕴含的寓意对学生进行民族精神教育，进而提高思想政治教育的有效性。中秋节花好月圆，是人们期盼团圆、喜庆丰收的日子，以此突出阖家团圆，营造家庭和睦、社会安定和国家富强的节日气氛。重阳节期间，人们赏菊花、登高处，既突出敬老孝亲的主题，又大力弘扬尊老敬老的传统美德。通过深入挖掘传统节日文化资源，开展学生的爱国主义教育、学会感恩、秉承孝道，从而全面提升学生的品行道德。同时还可以使学生思想政治教育工作贴近生活、贴近实际，增强了学生思想政治教育的针对性。

2. 学习先进典型楷模事迹

中国古代家训文化中有众多值得学习的榜样，他们身上有着值得学习的品质和精神。如吴越钱氏被公认为是"千年名门望族，两浙第一世家"。名望的由来，源于好读书的家训，而且影响深远。朱伯庐在《朱子家训》中教导子孙后代要饮水思源，勿忘本心，朱子是勤俭节约的典范。通过《曾国藩家书》，可以看出曾国藩的人生观就是一心成为一个有学问、有道德的人，曾国藩的为人处世为当代学生树立了做人的典范，等等。当代社会也有众多值得学习的先进典型，他们都有值得当代学生学习的先进事迹。如：中国的核潜艇之父黄旭华，为了核潜艇事业，隐姓埋名几十年，甚至被家人误解为不要家的儿子，但他这一生为了核潜艇无怨无悔；著名地球物理学家黄大年，在国家的召唤下，义无反顾地放弃国外优厚的待遇，怀着一腔爱国热情返回祖国。回国后，黄大年带领团队在航空地球物理领域取得重大成果。高校应广泛开展向先进典型学习的活动，将古代和现代社会中的先进典型，树立为学生学习的典型楷模，让学生学习典型楷模身上以德立身、诚实守信、勤俭节约、谦下恭敬、勤奋好学、孝亲敬长等优良品质，见贤思齐、规范自身的行为，从典型楷模的感人事迹中汲取力量。

学校可以组织学生深入到模范家庭中，发挥榜样作用，学习优秀家训文化，提升其自身的个人修养。高校树立可学、可尊、可敬、可信的模范，能够激发学生学习的热情和积极性，塑造良好的品质，进而促进社会的和谐稳定、国家的发展。学校可以通过举办一些有关学习典型楷模的团日活动，激发学生学习的积极性。如：结合优秀家训文化中典型楷模的经典著作解读，如《朱子家训》《颜氏家训》《钱氏家训》《林则徐家书》等，开展"读书周"、经典家训文化知识问答、小型话剧表演等系列活动，激发学生学习优秀家训文化的兴趣和热情；学校图书馆结合"经典作家家训典籍阅读"活动，开展"优秀家训文化伴我行""优秀家训文化与社会主义核心价值观"教育等活动。通过这些活动，不仅促进优秀家训文化的传播，而且帮助学生在学习中促进价值观念的养成、品格的塑造和精神的历练。

3. 充分发挥基层组织作用

思想政治教育实践活动源于群众，扎根基层。基层组织主要是村民委员会和居民委员会，基层组织能够更距离地接近群众，走进群众生活，获得群众的认可。基层组织教育是对学校教育系统的补充，能够为高校思想政治教育创造良好的社会氛围。淳朴的乡村文化和社区文化有利于促进人们形成良好的世界观、人生观和价值观，学校外部环境的改善，有利于提高大学生思想政治教育的实效性。高校可以和村民委员会和居民委员会的有关工作人员商量在街道橱窗和广告牌中展示"百善孝为先""欲齐其家者，先修其身""道德是立身之本"等宣传标语，耳濡目染地影响人们，促使人们成为明礼宽人、孝亲敬长、宽厚谦恭的人。高校也可通过学生志愿者服务团组织学生去农村和社区参加志愿者活动，鼓励学生去照顾孤寡老人，服务社会、关心他人，提高学生的社会责任感。同时，基层群众自治组织可以开展以"传家训、树新风"为主题的创建文明乡村、文明社区的系列活动，如"传承好家训、培育好家风""中华好家训"等活动，从而促进优秀家训文化的发展；村民委员会或者居民委员会也可以开展文明家庭评选活动，评议"书香家庭""文明家庭""最美家庭"等；民间公益组织开展"蓓蕾计划""幸福工程""希望工程"等公益活动。通过这些活动可以促进人们亲近社会、关心社会、奉献社会，继承中华民族的传统美德，弘扬中华民族的优秀家训文化。

4. 大学生须加强自我实践

部分高校在进行学生思想政治教育时，大多停留在知识的传授，从而忽视了对于道德品质的践行。部分高校学生将课堂上学习到的理论知识背得滚瓜烂熟，但在实际生活中却出现道德素质滑坡的现象，也就是说学生并没有将学习到的理论运用到实践中，理论和实践出现了脱节。"社会实践不仅是人们形成品德的客观基础，而且是人们改变自己已经形成的品德的基础。"只有在社会实践中，个人品德才能逐渐养成。所以，大学生应加强自我实践，提高思想政治修养。曾国藩在《曾国藩家书》中以自己的经验告诫弟弟"为学中最要虚心，切不可恃才傲物。"这不仅仅是简单的经验传授，而是以自己的亲身经历劝诫弟弟读书要虚心，真正地做到虚心学习。孙奇逢教育子孙道："尔等读书，须求识字。"也是告诫子孙，读书不是停留在对字面的理解，而是真正去实践，将书本上的知识，运用到实际生活，将懂得的道理，在现实生活中亲身实践，才算真正识字。在优秀家训文化的课堂上，大学生应该积极地和老师进行互动，参与到课堂讨论中，配合老师完成课堂教学。课下，大学生应该发挥主观能动性，温习知识，完成课程复习；同时，大学生应该积极地参与优秀家训文化活动，在活动中加深对优秀家训文化的感受。优秀家训文化为个人品德的提高提供了精神支撑，为个人的修身立德提供了衡量标准。学习优秀家训文化不仅有利于个人优秀品质的养成，也为社会的和谐稳定提供了保障。

在社会生活中，大学生要把知行合一、学思并重的理念，投入到优秀家训文化的践行中，感悟优秀家训文化的精髓，并将其内化于心，外化于行，真正达到道德践履。例如，在清明节时到烈士陵园扫墓；在重阳节时到敬老院关爱慰问老人；在日常生活中，注意待人诚信、与人为善等高尚品德的培养。优秀家训文化具有丰富的历史沉淀，对优秀家训文化的学习与践行不是一蹴而就的，而是一个循序渐进、潜移默化的过程。大学生不仅要在学校学习阶段、校外实践阶段多了解、践行优秀家训文化，更要在未来的工作和生活中自觉地把优秀家训文化理念作为自身人格培养和待人接物的指导，切实内化为自身的行为。

第三节　中国传统家训是思想政治教育的重要载体和基本内容

传统优秀家训文化作为思想政治教育的重要载体和基本内容，集中体现了其传承功能。家训是主观过程，家风是客观存在，正如麦金太尔所说："德性必定被理解为这样的品质将不仅维持实践，使我们获得实践的内在利益，而且也将使我们能够克服我们所遭遇的伤害、危险、诱惑和涣散，从而在对相关类型的善的追求中支配我们，并且还将把不断增长的自我认识和对善的认识充实我们。"家风家训是家庭生活的规范，社会上待人接物的道德标准以及国民的文化素养和道德风尚，家庭美德教育的水平影响和决定着整个社会道德风尚的养成。

思想政治教育从某种角度来看又无不体现着新时代背景下家训家风的具体要求。新时代的家训家风注重个性的张扬，富于激情而充满创新，讲求民主、平等、和谐。同时其影响范围渗透到夫妻、子女、代际、邻里、群体等之间的关系，包括责任、感恩、包容、宽容、平等、自由、独立、民主、自律等。其内涵在继承传统美德的基础上，契合时代发展的需要，包括责任、感恩、包容、宽容、平等、自由、独立、民主、自律等也都潜移默化地被纳入了一些家庭的教育中、家训的规范中。具体来讲，具有实现高校思想政治教育目标、丰富思想政治教育内容、提供多样思想政治教育方法等三方面的价值。

一、传统优秀家训文化有助于实现高校思想政治教育目标

我国思想政治教育的根本目的是要全面提升大学生的思想政治素质，促进大学生德智体美劳全面发展。优秀家训文化中的"修身齐家治国平天下"的朴素理想可以为其提供有效的借鉴。优秀家训文化中蕴含的诚信为本、明礼宽人、以德立身、慎独自省、勤学自爱等思想有助于我国培养"四有"合格新人、端正大学生的治学态度、提升大学生的个人修养、锻造大学生的健全人格。

（一）有助于培育新时代"四有"新人

1. 有理想

理想是人们在现实生活的日常实践中形成的对于未来的憧憬和向往，是人们

奋斗的目标。我国注重将个人理想与共产主义理想相结合，将共产主义理想内化为个人理想。优秀家训文化中有众多规劝子孙树立个人理想的例子。明代文学家汤显祖写给儿子的诗《智志咏》中写道："有志方有智，有智方有志。"汤显祖告诉儿子志与智相辅相成的道理，只有具备智与志两种品质的人，才能有所成就。汤显祖通过《智志咏》这首诗，希望儿子能够珍惜青春年华，树立人生志向，增长才智，从而为国效力。清代良臣汪辉祖告诫子孙"必先有定志，始有定力"，做人要先立志，而且立志要早，人只有确立人生目标，才不会迷失方向。关于立什么志，汪祖辉列举了范仲淹、文天祥、欧阳修、杨邦乂等榜样的例子，以楷模的经历劝诫子孙要以天下为己任。古人通过家训规劝子孙要树立人生理想，并为此顽强拼搏。

2．有道德

培养具有高尚道德情操的人是思想政治教育的重要任务之一。社会主义道德强调个人利益和国家利益在根本上是一致的。社会主义道德的要求在优秀家训文化中也都一一体现。"爱国"是指维护国家统一、国家安全、国家主权、国家政权，反对任何情况下的分裂割据。东汉末年汉灵帝时期的辽西郡太守赵苞在攻城破敌之时，听闻母亲和妻子被鲜卑人劫掠的消息，赵苞为此陷入忠义两难全的困境。而赵母虽遇害牺牲，但仍鼓励儿子要顾全大局，以国家利益为重。"诚信"是指诚恳交友、诚信做事。明代王汝梅在《王氏家训》中言："万事须以一诚字立脚跟，即事不败。"诚信是立身之本，做人应该讲诚信。"友爱"指的是朋友之间、兄弟姐妹之间乃至陌生人之间，都应该互相尊敬、以和为贵。三国时期蜀国的向郎把孟子"富贵不能淫，贫贱不能移"当作实践"以和为贵"的前提，并以自己的亲身经历告诉儿子，即使身处贫寒，也要坚持"惟和以贵"。"勤俭"即勤劳俭节，东汉班固告诫子孙"贤而多财，则损其志；愚而多财，则益其过"，而应"勤力其中"自食其力。优秀家训文化有利于促进个人品行道德的养成，成为德行兼备之人。

3．有文化

培养有文化的人是思想政治教育的重要方面。古人对文化的造诣颇深，十分注重自身的文化修养和品德修养，追求很高的人身境界。古人认为想要达到自己所追求的高度，只有通过读书学习。好读书，读好书，特别是读古人所著的文学经典，感受五千年来中华民族的悠久历史和人文精神，从而提升自己的内在修养。优秀家训文化蕴涵的修身之本、治家之道、处世之要、为学之宗等内容，通过家庭教育，在大学生的日常生活中内化为一种文化心理和内在修养，外化为个人的自觉意识行动，从而提升大学生的科学文化素质和思想道德素质。所以说，优秀家训文化更能增加大学生的文化素养。

4．有纪律

纪律，是维系人们之间关系的规则之一，要求成员必须遵守的行为规范。订立纪律的目的是维护集体利益、保障日常工作有序开展。家庭是一种以婚姻和血缘关系为基础的社会生活组织形式，是社会的组成细胞。最初的家是以氏族、贵族等形式存在的，家族成员众多。优秀家训文化为维系家庭的正常生活，起到了重要的作用。优秀家训文化中的孝亲敬长、睦亲齐家、治家严谨、勤劳节俭、宽厚谦恭、谨言慎行等要求，有利于家庭的和谐与安定。明清时期还有众多要求人们遵纪守法的家训。姚舜牧在《药言》中写道"若要宽，先完官，钱粮切不可拖赖，吾家世来先完钱粮"，要求子孙要依法缴纳粮税。古人视保护山林，《魏氏宗谱》中要求族人要保护农业生态环境，春天护苗，秋天防火，否则会以"重责三十板，验价赔还"受到惩罚。这些家训，都有利于子孙养成遵纪守法的好习惯，成为有纪律的好公民。

（二）有助于端正大学生的治学态度

古语有云"君子之泽五世而斩"，但曾氏家族却世代有英才，例如：化学家曾昭抡、考古学家曾昭燏、诗人曾广钧等。即使到了六七代，也不曾出现纨绔子弟。之所以会出现这种情况，是因为从曾国藩祖父开始，就十分重视治家之道，尤其在曾国藩这一辈形成了良好的家风。曾国藩十分重视对子女的教育，在给儿子曾纪泽、曾纪鸿的信中说："尔曹惟当一意读书，不可从军，亦不必做官"。曾国藩告诫子孙想要成为君子，首要的就是读书，而读书是为了明白事理、立身处世，而不是为了追名逐利。曾世家族，正是因为后辈子孙记住要做读书明理的君子的家训，才会才人辈出。优秀家训文化特别强调认真严谨务实的治学态度与为学教育思想。

优秀家训文化中一个十分重要的内容就是"勉学"，这与优秀家训文化中"立德"几乎是同等重要的家教理念。优秀家训文化在其发展的各个不同时期，都对规劝后代勤勉治学有过精辟的论述。南北朝时期的颜之推重视早期教育和主张人人都应学习，以自己的亲身经历告诫子孙通过学习可以了解到更多知识，增长见识、开阔视野，尤其强调学习要有自觉性和主动性。明代著名思想家王阳明专门写了《示弟立志说》来勉励其弟王守文要通过勤学来树立"为圣人之志"。明清时期的王夫之在《与我文侄》中言："读书教子，是传家长久之道。"清代焦循则教育子弟读书要专要严，不能泛泛而读、不求甚解、得过且过。清朝朱伯庐主张读书"志在圣贤，非科第"，强调读书的目的在于懂得义理、以书为镜、对照自己有所获益。这些思想对于大学生的学习而言有很大作用。通过对优秀家训文化的学习，有助于大学生端正学习的态度，树立认真严谨务实的治学态度。

（三）有助于提高大学生的个人修养

优秀家训文化中蕴含的高贵品德和崇高精神对于提升大学生的个人修养，具有重大价值，尤其在经济社会飞速发展的今天，社会生活中出现了一些不和谐的音符，在这种状况之下，高校作为优良社会风气的引领者当代大学生亟需吸收借鉴优秀家训文化中积极的人生价值和文化精华，提高其自身的思想道德素质和个人修养，矫正自身的价值取向和言行举止，进而促成道德品质的完善和提升。从个人品德的角度来看，优秀家训文化历来强调以德律己、以德待人。颜之推在《颜氏家训》中言"君子当守道崇德"，将德作为立身处世的起点。"君子"是古人育人的最终目的，但只有将学习和德行修养结合起来，德才兼备才可能成为真正的君子。大学生是践行优秀家训文化的主体，应将优秀家训文化内化为自身的品质修养。大学生通过学习借鉴优秀家训文化中蕴含的修身之本、治家之道、处世之要、为学之宗等内容，从而提升自身的道德修养，进而促进社会的和谐与进步。

（四）有助于锻造大学生的健全人格

优秀家训文化特别注重对个人道德行为的教育，对培养当代大学生的健全人格，完善道德修养，促进个人品德建设有积极作用。优秀家训文化中品德教育的核心仍然是希望子孙后代能遵从儒家的君子人格规范，做到孝亲敬长、明礼宽人、宽厚谦恭、谨言慎行。成为君子的前提是"立德"，"立德"是做人做事的根本。之所以将"立德"作为做人做事的根本，是因为思想道德是规范人们行动的准则。优秀家训文化中有众多关于"立德"的要求，但其精髓主要包含"忠孝义"三个方面。其一，"忠于国"，清嘉靖年间进士沈炼以北宋范仲淹为榜样，勉励儿子为国效力。沈炼教导儿子要多与俊杰交往，少与庸碌交往，在国家遇到危难的时候，应该挺身而出，为国做贡献。其二，"孝于家"，孔子将"孝悌"作为"仁"的根本。南宋时期的袁采在《袁氏世范》中认为父母抚养子女长大成人，辛苦万分，子女长大后应孝敬父母，让父母安度晚年，以报养育之恩。其三，"明于义"，意味着凡事要以民族大义为重，要有自我牺牲的精神，不惧怕暂时的困境，不计较个人的得失。这些优秀家训文化就是历史留给我们的宝贵遗产，是锻造大学生健全人格的必经路径。

二、传统优秀家训文化蕴涵丰富的思想政治教育内容

思想政治教育内容是由相互联系、相互作用的多种要素按照特定层次结构而组成的，具有提高教育对象的思想道德素质功能的一个系统。而优秀家训文化中

蕴含的思想政治教育内容主要体现在理想信念教育、爱国主义教育、道德规范教育、人生价值观教育等方面。

（一）理想信念教育

理想是有实现可能的人生奋斗目标。信念是人们在一定认识基础上确立的对某种思想和理想坚定不移并身体力行的精神状态。理想信念是理想和信念基本方面的统一，也是理想和信念最高层次的统一。大学生处于人生发展的重要时期，树立正确的理想信念，至关重要。优秀家训文化重视理想信念教育，蕴含着众多关于理想信念教育的思想，为进行大学生理想信念教育指明了方向。

优秀家训文化中的理想信念思想是优秀家训文化的重要内容，深入探讨优秀家训文化中蕴含的理想信念思想有着重要的现实意义。理想在古代主要表现为立志，树立志向就是树立人生的奋斗目标。东汉以来，优秀家训文化中众多家训都是勉励子孙后代要树立重大志向、勤勉读书，从而成为担负重任的可用之才。三国时期思想家嵇康在《家诫》中写道："人无志，非人也。"嵇康强调树立志向对个人成长的重要性。明清时期的大儒王夫之言："读书教子，是传家长久之道。"王夫之强调读书教子对于家族发展的意义。曾国藩写给儿子曾纪泽、曾纪鸿的信中说道："人之气质，由于天生，本难改变，惟读书则可变化气质。"曾国藩认为，虽然人的性格是与生俱来的，但并不是不能改变的。他以自己的亲身经历告诉儿子改变气质需要两点，其一是读书，"读书则可变化气质"，其二是立志，"须立坚卓之志。"想要达到理想，必须要有信念的支撑，有强烈的意志。清代左宗棠劝诫其子左孝威、左孝宽要痛改前非，珍惜时光，专心读书。他写道："读书做人，先要立志""志患不立，尤患不坚"读书不仅要树立志向，还要有坚持不懈的毅力，才会有所成就。清代彭玉麟虽然军务繁重，但仍每天坚持写字十页，看书二十页，并用朱墨批阅。他以身作则，要求儿子也应养成每日读书的习惯，并应持之以恒，坚持不懈。总之，优秀家训文化中蕴含理想信念教育思想，为当今大学生理想信念教育指明了方向。

（二）爱国主义教育

"国"的繁体字形式是"國"，具有浓重的象形意味。"國"在《说文解字》中是"从口从或"的字形，暗示了建立国家的四个组成部分。一是以小"口"为代表的千千万万人口；二是以"一"为代表的人口赖以生存的土地；三是以"戈"为代表的保障人口与土地的国防力量和军队组织；四是以大"口"为代表的国家边界和范围。所谓爱国主义，其实就和这四个方面息息相关。人民、土地、资源、财富，这些因素组成了国家的有机整体，爱它们就是在爱国。其一，爱中华民族的骨肉同胞；其二，爱祖国的每一寸土地；其三，爱祖国的悠久历史、灿烂文化以及不屈不挠的民族精神；其四，爱祖国的主权独立、领土完整。爱国主义是民族精神的核心，是长期生活在一定疆域里的人民在历史上逐渐形成的对自己祖国的一种深厚的情感。随着时间的推移和环境的变化，爱国主义表现的内容不一。优秀家训文化重视爱国主义教育，蕴含着众多关于爱国主义教育的思想，为进行大学生爱国主义教育提供了借鉴。优秀家训文化中的爱国思想是优秀家训文化的重要内容，因此，深入探讨优秀家训文化中蕴含的爱国主义教育思想有着重要的现实意义。越族的冼夫人一辈子都在维护国家的统一，每年都会把朝廷赠送的礼物展示给子孙，并教导子孙道："汝等宜尽赤心向天子。"冼夫人要求子孙后代要拥护天子，护卫朝廷，拥护祖国统一。中日交流的先驱朱舜水虽年逾古稀，但仍不忘教诲子孙说："百事皆可为，惟有房官不可为"，要坚守民族气节。中国近代女权和女学思想的倡导者秋瑾劝诫侄儿虽身居国外，但不能忘本，不能忘记祖国的文字和历史。当今社会，亟须优秀家训思想对大学生进行爱国主义教育，激发爱国主义情感，增强思想政治教育的针对性和有效性。

（三）道德规范教育

优秀家训文化的重要内容，因此，深入探讨优秀家训文化中蕴含的道德规范教育思想有着重要的现实意义。道德教育思想，强调"重义轻利"，倡导"先人后己"，在个人利益与集体利益的关系上，坚持以集体利益为重。规范教育思想，强调遵守规则。明朝政治家高攀龙在《遗书》中言："以孝悌为本，以忠信为主，以廉洁为先，以诚实为要。临事让人一步，自有余地；临财放宽一分，自有余味。""以孝悌为本"，西汉以来的众多家训都强调孝悌的重要性。例如，柳玭劝诫子孙"立身以孝悌为基。""以忠信为主"，周公姬旦训勉蔡仲要吸取父亲蔡叔的教训，不能违抗王名，要"惟忠惟孝"，谨记为臣之道，谨慎治国。"以廉洁为先"，廉洁就是不贪婪。宋高宗时期的政治家赵鼎告诫子孙做官要清正廉洁。以清正廉洁来要求自己，待人和顺，一定会减少很多麻烦，避免祸害。"以诚实为要"，诚信是中华民族的传统美德，是个人的立身之本，是个人融入社会的通行证。"临事让人一步"意味着忍让、宽容。唐代朱仁轨主张以"让"字来锻炼自己的品行，并以"让"字来训诫子孙，要求子孙凡事忍让一些，可以避免很多麻烦。孝顺、忠诚、廉洁、诚信、宽容是社会文明进步的重要内容，也是大学生应具备的基本素质。高校在大学生思想政治教育中要借鉴和继承优秀家训文化中的精华，从而为我国社会主义现代化建设培养人才，促进中华民族的伟大复兴。

（四）人生价值观教育

人生价值是指人的实践活动对于社会和个人所具有的作用和意义，它是自我价值和社会价值两方面的有机统一。社会价值是指对社会和他人所做的贡献，个人价值是指对自身物质生活和精神生活的满足程度。个人的自我价值是社会价值的前提和条件，社会价值是自我价值的基础和源泉。马克思说："在选择职业时，我们应该遵循的主要是人类的幸福和我们自身的完美。不应认为，这两种利益是敌对的，互相冲突的。"无产阶级人生价值观认为，人生的价值在于对社会的奉献。对人们进行人生价值观教育，就是教育人们树立社会责任感，坚持为人民服务，勤奋劳动为社会做贡献，为实现社会主义现代化而奋斗。只有多为社会服务，为社会做贡献，才会得到社会的认可，实现自我的人生价值。人生价值观教育促进自我的完善和发展，促进个人积极主动的实现自我价值。

优秀家训文化重视人生价值观教育，蕴含着众多关于人生价值观教育的思想，为进行大学生人生价值观教育提供了资源。优秀家训文化中的人生价值观思想是优秀家训文化的重要内容，因此，深入探讨优秀家训文化中蕴含的人生价值观教育思想有着重要的借鉴价值。优秀家训文化追求"忠、孝、义、善"的个人修养，能做到忠、孝、义、善就是树立了真正的人生价值观。"忠"意味着对国家忠诚，对朋友讲信义。明代进士任环以身作则，在给儿子的回信中，表达了自己英勇杀敌、保国安民的坚定决心，同时告诫儿子，凡事以国以民为重，要敢于奉献自己。"孝"意味着对父母孝顺，南宋王应麟认为，为人子女，必须从小学习礼仪，孝亲敬长，把孝悌放在第一位。"义"意味着讲义气，懂信义，在名利面前仍将完善和维护"义"放在第一位，甚至付出生命。"善"意味着与人为善。乐于助人、与人为善是维系良好人际关系的桥梁，关爱他人也是关心和善待自己。

三、传统优秀家训文化为思想政治教育提供教育教学方法

思想政治教育方法，承担着传递教育内容、实现教育目标的使命，是教育者对受教育者所采取的思想方法和工作方法。而优秀家训文化中蕴含着因材施教、循序渐进、榜样示范等思想政治教育方法，综合运用多种方法，以期传递思想政治教育内容，完成思想政治教育目标。

（一）因材施教

因材施教，即根据受教育者的资质施加教育。在优秀家训文化中，十分注重教育的普遍性和针对性的有机结合。因为家庭教育对象生活在同一时期、成长在同一家庭、受同一生长环境影响、有着几乎相同的成长轨迹，这些共同特征，为教育者进行普遍性教育提供了依据。但又因为受教育者的性格、秉性、资质、能力的不同，所以需要进行有差别的教育，即因材施教。我国的大教育家孔子就十分注重因材施教，面对同一问题，对待不同的学生，有着不一样的方法。学生仲由胆大冒进，争强好胜，孔子教育他要三思而后行，凡事不可冒失。学生冉求胆

小怕事，孔子鼓励冉求要勇敢，敢于表现自己。对于为什么同一问题，面对不同学生，有不同的方法，孔子解释说："求也退，故进之；由也兼人，故退之。"

在优秀家训文化中也十分推崇因材施教的方法。唐代诗圣杜甫的两个儿子宗文、宗武禀赋不同，杜甫针对儿子的不同情况，实施了不同的教育内容和教育目标。长子宗文资质平庸，杜甫就不强求他的学业，认为只要身体健康就好。杜甫还亲自指导宗文参加体力劳动。次子宗武天资聪慧，杜甫希望他能传承家学，并教导其说："诗是吾家事。"杜甫亲自传授他诗艺，传授文化。宋代袁采在《袁氏世范》中言："性不可以强合"。袁采认为，在家庭关系中父子兄弟关系十分重要，但家庭成员的性格各不相同，不可强求融合，应该求同存异、因材施教、对症下药，才能起到良好的思想教育效果。清代汪祖辉通过胡安国的故事，说明教育子弟要根据不同的情况因材施教，使子弟发挥各自的不同特长，最终成为有用之才。

家训是家里的长辈对后辈的训诫教诲，教育时需要从受教育者个体自身的状况出发，有针对性地进行教育。人和人在性格、品行、爱好、兴趣、志向、家世背景、生长环境等各个方面都是有差别的，但任何一种教育活动都必须要在受教育者自身身上发生作用，所以，对个人的教育也应因人而异。

（二）循序渐进

循序渐进，即根据受教育者不同时期的发展特点来进行教育。北齐颜之推十分重视早期教育，在《颜氏家训》教子篇中提出"少学惟早""教儿婴孩"。宋代司马光更是根据《礼记·内则》，制定了从一岁到十岁详细的幼儿教育课程安排。正是这种由浅入深、由简到难的学习过程，使得子女更容易接受学习的知识，为今后的学业之路打下良好的学习基础。清朝甘树椿在《甘氏家训》中认为个人的童年、少年和青年时期，是个人身体发育的关键时期，求知欲、记忆力和专注力都很强，读书效果最好。随着人的年龄增长，理解能力会逐渐提高，但精力会逐渐衰弱，记忆力也随之下降。所以，甘树椿劝诫子孙："时乎时乎不再来，慎毋虚掷光阴，贻后时之诲也"。优秀家训文化中实施循序渐进的教育方法，是根据儿童心智在不同时期的发展水平和发展规律来实施教育的，符合教育规律。因此，循序渐进的教育方法对当今社会的思想政治教育仍有一定的借鉴意义。

（三）榜样示范

榜样示范，即教育者要以自己的实际行动在受教育者面前率先垂范，起好榜样的作用。教育者本身的行为品质是受教育者的一面镜子，如果教育者本身的品质良好、行为端正，那么上行下效，受教育者的言行举止会受到良好影响。北宋颜之推强调："夫同言而信，信其所亲；同命而行，行其所服。"颜之推重视教育者的榜样作用，要求受教育者要严于律己、自我约束。由此可见，家长的言行，对子女具有十分重要的意义。清代汪辉祖认为无论身居何位，一言一行都要以身作则，给子孙做好榜样，这样自我也会有所约束，能力也会有所提升。司马光在《居家杂仪》中认为，家长应该认真遵守礼节和法度，这样才能领导和教育子弟。除此之外，司马光还在《温公家范》中记载了汉代万石君十分注重孝道，其子孙也争相效仿，万石君一家也因此闻名于郡国的故事，这些都足以显示司马光对榜样示范方法的推崇。优秀家训文化中包含着通过言传身教来为子孙后代树立品行模范的德育方法。这种教育方法强调了教育者自身的榜样作用，受教者通过长辈的言传身教形成一种自身的内在认同，这样的内在推动力在道德教化中比空洞的道德规范具有更好的激励和示范效果。

第三章 中国传统家训文化的导向功能

　　家训一般是家庭中长辈在为人处世方面对晚辈的训导和教诲，中国重视子女教育的历史从周代以来便有端倪。西周时期周公的《多士》《无逸》；西汉司马谈的《命子迁》、刘向的《诫子歆书》、三国曹操的《遗令》、诸葛亮的《诫子书》等，不仅在当时发挥作用，流传后世更产生了深远的影响。家训是中国传统文化当中非常亮眼的一种文化现象，不仅体现了中国古代社会"家国同构"的社会形态，也在当时和后世起到了很好的社会教化作用。

　　导向，指的是"使事情向某个方面发展"或者"指所引导的方向"。家训的导向功能，从古至今源远流长。环境能够影响人，人同时创造和改造着周围的环境。人对环境的塑造主要靠人的主观能动性，靠实践，而被人塑造的环境反过来会影响人。自古以来，人们从实践中总结家训，家训又引领着一代又一代人的思维方式，其导向功能不言而喻。

　　中国传统家训文化的导向功能主要体现在价值导向、政治导向、人文导向以及经济导向。这种润物细无声的文化力量，潜移默化地悄悄改变着社会生活的方方面面。

第一节　价值导向

　　正面引导是思想教育的最佳方式。正面引导是手段，导向何方是重要内容，中国传统家训文化无疑回答了思想教育该"导向何方"的问题，对培养人树立正确的世界观、人生观、价值观具有重要作用。

　　人来自于家庭，家庭教育是一个人世界观、人生观、价值观最初的来源。家训是一种价值导向的凝练和总结，有什么样的家训就会产生什么样的价值观念。

一、在中国古代的价值导向作用

　　中国古代的家训，深刻地影响着中国古代的人伦关系，长幼、夫妻、兄弟等家庭关系应当如何正确处理，家训也给出了明确的方向。治家，尤其是治大家族，不仅需要言传身教、耳濡目染，更需要一种可成文、可践行、可传承的稳定的价值观，以此引导家族当中每一个人的言行。家训的价值导向形成的"家风"，是一个家庭在世代繁衍过程中逐步形成的较为稳定的生活作风、生活方式、传统习惯、道德规范和为人处世之道的总和①。古代家训一般强调尊祖宗、孝父母、和兄弟、严夫妇、训子弟、睦宗族、厚邻里、勉读书、崇勤俭、尚廉洁；以家庭伦理为主体，以勤俭持家为根本，重视齐家善邻和修身成德②。

明代袁了凡所著的《了凡四训》，从"立命之学""改过之法""积善之方""谦德之效"四个方面进行阐述，是社会上广泛流传的一本劝善书，影响一直流传至今，是人们修身立命的理论指导。这本书融合了儒、释、道三家之学，由于成为了系统学说，其影响不再仅局限于对于自家孩子的教育，更多的是通过传播和传承，改变了整个社会的价值导向。

书中所立下的行为准则成了一些人对自己的要求和标准。价值导向是一种尺度问题，以什么为标准对人进行引导，则是中国优秀传统家训的重要功用之一。

《颜氏家训》中有云："夫同言而信，信其所亲；同命而行，行其所服。禁童子之暴谑，则师友之诚，不如傅婢之指挥；止凡人之斗阋，则尧舜之道，不如寡妻之诲谕。"意思是，同样的言语，因为是所亲近的人说出就相信；同样的指令，因为是所敬服的人发出的就执行。禁止小孩过分的嬉闹，师友的训诫不如侍婢的指教；阻止一般人的争吵，尧舜的教导不如妻子的规劝。

家训跟普通人的距离更近，更贴近实际生活的特点，使其能够发挥更有效的价值导向功能。中华文明的高度文化及自觉和共同崇尚的价值基础，让家训得以有效地传承传播。

家训的价值导向功能对人们产生的自我约束与规制是社会控制的基础环节，它能够有效地弥补国家法律难以触及的一些道德观念，替法律进行补位，作用于人们的内心，影响其良知和价值判断，从根源上对人的行为产生影响，建立人最基本的道德基础。

二、在中国近现代的价值导向作用

中国传统家训文化传承发展到近现代，融入了大量的马克思主义经典理论思想，其中涉及哲学、政治学、历史学、经济学等众多内容，实现了对中国传统家训文化的传承与创新。

马克思主义经典理论当中有大量关于家庭的理论思想，其源头可追溯到古希腊家庭思想，后来，西方资产阶级的家庭思想和空想社会主义者的家庭思想对马克思主义家庭理论也产生了广泛而深远的影响。在马克思主义经典理论当中，并没有专门地、系统性地对家庭问题进行论述，但大量文本依旧涉及家庭问题。

近现代的革命志士为国家和民族，为真理和信仰留下了宝贵的精神遗产，引导着社会的价值取向。道德作为一种"特殊的调解规范体系"和"实践精神"，

---

① 曾钊新. 论家风［J］. 社会科学辑刊，1986（6）：37—40.

② 陈来. 从传统家训家规中汲取优良家风滋养［J］. 学习月刊，2017（2）：9—11.

是衡量人类社会化程度高低的一个重要标尺，得益于家训文化对人的长期熏染。

提到中国传统家训文化在近现代的价值导向作用，必须先阐明中国共产党人的传统文化观，中国共产党人的传统文化观主要是指以毛泽东、邓小平、江泽民、胡锦涛、习近平为核心的党的中央领导集体在实践过程中所提出的关于文化建设的一系列重要观点。中国传统家训文化的传承发展正是以马克思主义基本理论和中国近现代共产党人传统文化观为理论资源。

中国传统家训文化能够得以传承和发扬，离不开中国共产党人对传统文化辩证看待的态度。

三、在中国当代的价值导向作用

中国优秀传统家训所提倡的行为规范，明确了价值衡量的标准，改变着人们的思维方式，它的影响是穿越时空的传承而来的，也成为了社会主义经济、政治、文化和生态文明发展的价值指引和精神支撑。正因中国优秀传统家训的积极意义，家训建设成为了社会主义核心价值观的基础和血肉，推动着社会主义核心价值观的落实和发展，是社会主义核心价值观最好的诠释和延伸。中国优秀传统家训作为社会主义精神文明的重要组成部分，在经过当代发扬和丰富之后，具有很强的价值导向功能。

培养社会主义核心价值观不可一蹴而就，这是一项应当长期坚持的系统工程，关乎生活在社会主义中国的每一个人。对人的熏陶和影响也应当是全方位、多角度的。从纵向上看，要从小时候抓起，从横向上看，要囊括生活的方方面面，让人们在一言一行、一举一动中接受社会主义核心价值观的洗礼。

只有挖掘和利用中国优秀传统家训当中具有正确价值导向的内容，才能够切实有效地引导人们认同和践行社会主义核心价值观。

家训文化具有鲜明的理论价值导向功能。人类之所以文明，是因其思想的璀璨，家训当中承载着大量中华民族的传统美德，历久弥新。谆谆教导不仅弘扬了中华民族的传统美德，增强了中华儿女对本民族文化的归属感和认同感，也是文化自信的来源和动力。

同时，对于家训文化的传承和发展，丰富了马克思主义家庭观、伦理观的内涵，对中国优秀传统家训的深刻挖掘，是马克思主义中国化的重要组成部分。马克思、恩格斯阐述了人类家庭的起源，把家庭看作是人类生产的一种形式，认为家庭的产生是人类社会存在和发展的需要，是人类重要的社会关系[①]。一个社会中社会成员所体现出来的思想行为，构成了整个社会的价值取向，家训文化不单单只是一种传承和发扬，更是具有斗争性的思想武器，它能够在社会的最小单

---

① 朱丽霞，张洋. 马克思主义家庭观视野下的领导干部家风培育 [J]. 马克思主义研究，2014（4）：26－28

位，也就是家庭当中发挥价值导向作用，冲刷一些腐朽、落后的糟粕文化和价值观。

在思想的领域里，看法有时候并不多元，往往具有某种单一性，一个人不能既拜金又淡泊，不能既虚伪又诚实，许多品质和思想是二元对立的。正是这样的二元对立，让中国优秀传统家训的价值得到了更大的体现，不能让思想领域劣币驱逐良币，就是要充分发挥中国传统家训文化的价值导向功能，激浊扬清，让家庭面貌一新，让社会风清气正。

在实践层面上，中国优秀传统家训推动着社会主义核心价值观的落实和发展，促进实现中华民族伟大复兴。当物质不再匮乏，整个社会呼唤精神上的发展和崛起，中华民族的伟大复兴要用两条腿走路，物质和精神缺一样都不行。

优秀的家训中涵盖的人格理想、道德情操、礼仪规范等具有社会主义思想道德建设的内容，引领着整个社会的价值导向。家训是精神文明建设的重要载体，是中国人道德养成的原始场域，家训从人的出生之日开始，就潜移默化地塑造着每个人精神层面的深层道德基因，影响着一个人的价值行为取向。这种影响，深远而持久地伴随着人的一生。家训以道德训诫为主线，以日常生活为载体，它是连接个体意识和社会意识的中介。

第二节 人文导向

一、对中国古代的人文导向作用

中国的文化以"家"为原点，遵循家国同构，倡导家国情怀，主张修齐治平[①]。家训，是中国传统家庭文化的核心。因此，中国优秀传统家训是优秀传统文化的载体，弘扬这些优秀的家训，也是对中华民族优秀传统文化成果的弘扬，具有人文导向的功能。

中国古代的学校教育是一种精英教育，绝大多数读书人最初的启蒙念的是私塾，尽管提倡"学而优则仕"，但在农耕文明发达封建社会，也并不是人人都有学可上，人们对于教育的重视，更多是体现在家庭教育当中。家训，是家教传承的基本路径。

家庭是社会最小的、独立的社会治理单位。一个家庭和家族积年累月传承发扬的文化，是一种宝贵的精神资源，家训里体现出来的文化价值、历史底蕴以及人文关怀，是中华民族悠久文化道德和传统价值的重要组成部分[②]。

---

① 洪明. 新时代家风家训文化的继承与发扬 [J]. 少年儿童研究. 2019 (7)：4.

② 沈费伟. 传承家风家训：乡村伦理重建的一个理论解释 [J]. 学习论坛 2019 (9)：73 —74.

中国古代强调"以人为本",儒家文化是一种人文精神很强的文化,强调人与自我、与他人、与社会之间的和谐关系,是一种积极入世的价值观,重视人的幸福和人伦关系的和谐,强调人的主观能动性,这种人文主义是系统的、连贯的、整体的概念,是"牵一发而动全身"的一种形态。"重视家庭子女及后辈人道德品质的养成与人格修养,在构建家庭内部关系中倡导敬老爱幼、长幼有序的家族团结精神,在国家观念上把家庭的命运与国家的命运紧密相连,在处理家庭与社会的关系中则彰显出'和合'的传统文化思想"①。

文化不是无源之水、无本之木。坚持立足现实、古为今用、以古鉴今、积极挖掘弘扬世代传承的家训②,让家训充分发挥其人文导向的功用,才能凝聚社会共识、促进社会认同,推动社会风气的积极转变。

优秀的传统家训营造出来的家庭文化氛围,会对人的一生都产生影响,也是体现一个人人文素养的重要内容和环节。每个人都是社会的组成部分,通过弘扬优秀的传统家训,对提升个人的人文素养和提高整个社会的人文关怀具有积极的意义。

家训作为家风的物化表现,是凝聚家族成员的精神纽带,也在日常实践中衍生出的更多的文化形式,例如:日常训诫、家训制定、仪式规训、家风熏陶等形式。这些都是家训文化的重要组成部分。具体表现,可参考陈延斌教授的总结:第一,定期举行训诫仪式。族长(家长)组织全族(全家)宣读家训格言,全家跟读。第二,聚会进行彰德抑恶的规诲。第三,填写功过格,以知非改过。第四,运用诗词歌诀等对子弟进行潜移默化的教育熏陶。第五,将家训放在醒目处,让家庭成员时时对照检查。第六,"陈达世故"的实践锻炼,以增长处世经验③。

在家庭教育方面,中国优秀传统家训中提倡正身率下、憎爱不偏。李昌龄辑的《乐善录》中,认为"为父为师之道无它,惟严与正而已",赵鼎的《家训笔录》里,强调"唯是主家者持心公平,无一毫欺隐,乃可率下。不可以久远不慎,致坏家风。"④

家训在人文导向这方面,集中体现在教子之方上。家训是古代家庭教育的重要组成部分,它与学校(私塾)教育所导向的内容属于同一个系统。首先是重视启蒙教育,教育从娃娃抓起,"当及婴稚,识人颜色,知人喜怒,便加教诲,使

① 李庆华,雷方. 优秀家训文化传承与创新的多维视角 [J]. 学术交流,2017(6):96—101.

② 沈费伟. 传承家风家训:乡村伦理重建的一个理论解释 [J]. 学习论坛 2019(9):73—74.

③ 陈延斌. 传统家训的处世之道与中国现阶段的道德建设 [J]. 道德与文明,2001(4):51—53.

④ 徐少锦,陈延斌,等. 中国历代家训大全(上册)[M]. 北京:中国广播电视出版社,1993.

为则为，使止则止。"① 其次是从《礼记·大学》中脱胎而来的"修齐治平"的思想；还有就是树立远大理想和志向，成大器前先立大志；另外，"读书亲贤"是中国优秀传统家训当中的一个共识，读书学习，也是为了"兼济天下"的社会理想。责任与担当的意识正是在家训的人文导向当中，被灌输给了一代又一代人。

此外，自身的品性修养也是中国优秀传统家训的共识，高攀龙在《家训》中曾经阐述道："爱人者，人恒爱之；敬人者，人恒敬之。我恶人，人亦恶我；我慢人，人亦慢我。""见贤思齐焉，见不贤而内自省也"的儒家思想，是许多传统家训的思想源头，跟贤德之人学习，并且自己努力做一个贤德之人，是中国古代主流的人文导向。

除了对自身的要求，对自身与身边的人之间的关系，中国优秀传统家训也作了明确的指向：在处理乡亲邻里关系上，《郑氏规范》中就提到"当以和待乡曲，宁我容人，勿使人容我。"明代蒋伊的《蒋氏家训》中，"和睦邻里族党，勿听家人及妇人言致争。"乾隆年间的任邱县《边氏族谱·家训》规定："遇贫贱下等之人，均属乡里，要与他些体面，可揖则揖，尔焉能涣我哉？"

而对于身边的贫困人员，要做到乐善好施，扶危济困。"世间第一好事，莫如救难怜贫""残羹剩饭可救人之饥，敝衣败絮亦可救人之寒"，助人之事不分大小，力所能及就应该去做。

除此之外，中国优秀传统家训对于交友的导向也很明显，"保家莫如择友"，亲贤远佞是家训当中强调的频率比较高的一条准则。

二、对中国近现代的人文导向作用

与传统文化息息相关的家训文化在近代遭遇了重大变故，新文化运动以"打倒孔家店"的文化革命口号，在半殖民地半封建的中国社会掀起了反对旧文化，提倡新文化的思想解放运动。随着社会发展的变迁，中国社会逐渐由封建农耕文明走向工业文明，也带来了传统的家庭结构和生活方式的剧变，传统治家理念和家庭关系被彻底颠覆。

新中国成立之后，轰轰烈烈的社会主义建设掀起了集体主义思想的高潮，同志关系、阶级关系超越了家庭关系，小家庭在这样的社会背景下存在感微弱。

当下，家训文化的再度崛起，让优秀传统文化的价值得以彰显，中国传统家训文化的时代价值受到了越来越多的人的肯定，文化自信也从对传统美德的继承和发扬当中得以生长。

三、对中国当代的人文导向作用

家训文化在当代仍然有其强大的生命力。中国人自古以来对家庭的信仰、对

---

① 颜之推. 颜氏家训［M］. 易孟醇，夏光弘，注译. 长沙：岳麓书社，1999.

先人的崇拜、对家国的情怀是中华民族的文化底色，无论时代如何变迁，社会如何发展，这份刻在中国人骨子里的文化基因是无法磨灭的。

"夫同言而信，信其所亲；同命而服，行其所服。""其身正，不令而行。其身不正，虽令不从。"言传身教，以身作则，中国优秀传统家训的人文导向体现在家训对于人的要求当中。司马光在《居家杂仪》当中曾说："凡为家人，必谨守礼法，以御群子弟及家众。"

家训文化在家庭治理当中的柔性特征，朴素但有效。作为父母长辈，应当给孩子以潜移默化的影响，用自己的言行举止对家训进行诠释，作为亲人朋友，也应当用自己的行为规范来影响他人，当所有人都有意识地践行家训的时候，一种良性循环的局面就会在社会当中自然而然地发生。

除此之外，学校、社会、大众传播渠道也是家训传承的重要渠道，只有全方位、立体化地让中国传统家训文化得到最广泛的传播，才能收获最广泛的影响，并且让其人文导向功能获得效率最大化。

良好的家风家训是一种隐性的、潜在的教育因素，是对中华民族优秀传统文化成果的弘扬。每个家庭虽然有不同的家风家训，但是众多的家风家训都秉承着弘扬传统文化的载体。

家训文化中所体现出来的文化价值、历史底蕴以及人文关怀，是中华民族悠久文化道德和传统价值的重要组成部分。

历代先贤所流传下来的家训文化，是中华民族传统美德和精神气象的生动写照，积淀了优秀的民风民俗，体现了中华民族的精神追求，承载着中华民族的道德理想。家训文化拥有的人文导向功能，以其所具有的原始性、深入性、终生性的特点，让民族精神的培养和孕育取得了最好的教化效果。

第三节　经济导向

一、中国传统家训本身影响经济走向

家训中对持家理财、管理家政家务等方面的内容，能够使得家庭兴旺发达，长盛不衰，在经济上以"家"为单位，影响社会经济走向。比如"治生"之道，即怎样取得、保持和增值个人财富的思想，不仅有道，也有策，开源节流，开源在于"勤于农事"，节流在于"俭以持家。"

勤俭持家是中国优秀传统家训在经济方面的重要导向。"勤于农事"让农业文明当中，社会生产的环节生生不息；"俭以持家"，让社会财富得以保存，使经济实现稳定繁荣。曾国藩曾在家书中提到他决不会为后代积蓄银钱，因为他认为子孙后代如果有才，就可以靠自己养家糊口；子孙后代若不肖，钱多了祸害更大。

而"诚信"，也是家训当中绕不开的一个词。诚实处世，诚信经营，"人而无信，不知其可也。"，诚信对于商业发展的促进作用是最为显著突出的，诚信为本促进经济良性发展，道德水平高的地方更容易获得经济上的繁荣。

宏观上看，家训文化影响着社会的经济伦理问题，它能够帮助重塑社会中生态环境意识、公平守信意识、平等分配意识、和科学消费意识，促进社会整体良善道德观念的回归，鼓励社会进行适度的经济消费，最终促进中华民族伟大复兴。

二、中国优秀传统家训本身的经济价值

家训文化本身就是一种兼具社会效益和经济效益的文化资源，各地区良好的家训文化都值得挖掘和宣传。比如安徽东至县周氏家训，注重培养道德、重视教育、力勤正业、朴素节约。山西省闻喜县裴氏家教归纳总结为"三教"：注重早教、身教、书教。

对家训文化的挖掘和宣传既能够丰富家训文化的内容，也能够因地制宜，让老百姓更加直观地感受家训文化的魅力。除此之外，更重要的是，"仓廪实而知礼节"，家训文化具有的经济导向功能不容忽视，经济基础决定上层建筑，老百姓因为家训文化从物质上、精神上都能受益，信仰才有最坚实的根基，家训文化的影响力才能更加长久。

第四章 中国传统家训文化的凝聚功能

凝聚即积攒聚合的意思。中国传统家训文化的凝聚功能是指在家庭场所内以传统家训为教育载体对家庭成员实施的修身、励志、维纶教育，将家庭成员的思想、信念与价值观凝聚成一股力量，发挥家庭、家族的整体合力，为实现家族兴盛、国民安康的共同目标而不懈奋斗。中国传统家训文化的思想政治教育凝聚功能主要表现在培养道德人格，增强情感凝聚；协同家国道德，政治凝聚；和谐社会关系，提升社会凝聚。

第一节 文化凝聚功能

中国传统家训文化注重理想人格的培养，那些具有高尚道德品质、具有扎实学识的理想人格人被称为"圣人"或"君子"。培养"圣人"或"君子"，可以从倡导修身之道、弘扬励志之道和滋养家国情怀等方面增强家训思想政治教育的凝聚功能。

一、倡导修身之道，塑造道德人格

（一）崇尚孝廉

俗语有云："百善孝为先"。尽"孝"是传统家训中的重要信条之一，自古以来就是中华民族的传统美德，这反映了中华民族极为重视孝的观念。中国的父权制将重心放在下属的服从上（即孝），分配表示其服从职责的角色义务（例如，养育后代、赡养父母、尊敬顺从长辈等），并限制权力的合法行为和对角色规定行为的服从（臣从君、子从父、妻从夫等）。这种父权制的非人格化形式反过来又被认为是所有个人有责任遵守自己的角色以维持整体和谐的理由。不同于西方父权制——父母和统治者应该受到尊敬是建立在源自上帝的权威之上，而中国父亲的权力正当性是建立在确定必要的家庭角色以及每个成员履行其职责上，换言之，权力和服从是定位性的，它们基于特定的角色以及对这些角色固有正确性的信念。中国角色概念的中心原则是该原则要求个人坚持自己的角色，从更高的意义上说，是要从其自然角色中寻求人性，这个原则是"孝"。

《袁氏世范》中有提及"子之于父，弟之于兄，犹卒伍之于将帅，胥吏之于官曹，奴婢之于雇主，不可相视如朋辈，事事欲论曲直。若父兄言行之失，显然不可掩，子弟止可和言几谏。若以曲理而加之，子弟尤当顺受，而不当辩。"①中国的孝并不意味着权力，但暗示了禁令，即心甘情愿地屈服于生命的角色。"夫孝者，天之经、地之义、民之行也。人不知孝父母，独不思父母爱子之心乎！……父母之德，实同昊天罔极。"②每个人履行各自职责的重要性是至关重要的：父母对子女的养育之恩是世界上最大的恩情，子女应倾其一生以"孝"报之，正如《孝经》所言，"父子之道，天性也"。从天子到平民，如果从始至终不追求孝，灾难必定会随之而来。一个人必须服从角色，必须遵循这些角色所要求的行为，时刻警醒人们要注意尽孝，因为这是事物的客观规律，如果不服从会给所有人带来腐败和混乱。

提到"孝"，就不得不提"廉"。孝廉文化在我国有着悠久的历史，是汉代察举制的科目之一，所选拔的人才必须兼具孝廉的品质，这种选拔人才的要求一直延续至今。孝廉文化以廉政为思想内核，以孝善为表现形式。司马光在《居家杂仪》中教子治家的道理，"以廉以俭"，即"贤人遗子孙以廉以俭"。所谓廉不仅体现在治家的过程中，也体现在治国当中。宋朝著名清官包拯为了劝诫子孙不得贪赃枉法，订立了非常严厉的家训，"后世子孙仕宦，有犯赃滥者，不得放归本家；亡殁之后，不得葬于大茔之中。不从吾志，非吾子孙。"③包拯言传身教，运用自己的父权教育子女在仕途中要廉政自律，服务国家和人民，否则将被逐出家门。而子女或慑于父亲的权威，或出于对长辈的孝义而遵从从政廉洁的教训，这凸显了以孝促廉的家训凝聚功能。

在中国传统社会中，孝廉作为所有政治美德的基础发挥了重要作用，长期以来维持了一种稳定的伦常关系，增强了民族凝聚力。

（二）勤俭节约

勤俭节约历来就是中华优秀传统教训的重要内容，是修身立德的传统美德之一。勤俭节约主要有两层意思，即勤劳和节俭，于国于家，勤俭节约都至关重要。周公在《戒子通录》中概括了贵族中的骄奢自负的情况，并提出只有勤俭修身才能达到"大足以守天下，中足以守其国家，近足以守其身"（《易经》）。④周公意识到，勤俭节约的优良品质既关系自身修养，也关系国家民族的兴亡。"盖深念民力惟艰，国储至重，祖宗相传家法，勤俭敦朴为风。"⑤康熙皇帝感念

---

① 陈君慧. 中华家训大全［M］. 哈尔滨：北方文艺出版社，2016：277.

② 陈君慧. 中华家训大全［M］. 哈尔滨：北方文艺出版社，2016：364－365.

③ 陈义. 优秀传统家训涵养当代大学生价值观研究［D］. 福州：福建师范大学，2017.

④ 陈立萍. 中国传统家训对当代家风建设启示的研究［D］. 北京：首都经济贸易大学，2018.

⑤ 陈君慧. 中华家训大全［M］. 哈尔滨：北方文艺出版社，2016：68.

老百姓生活艰难，且深知国家储备至关重，他便经常教导子孙要遵循祖宗家法，养成勤俭朴素的作风。司马光《训俭示康》告诫子孙"由俭入奢易，由奢入俭难"。这时刻警示人们，要时刻坚持勤俭节约的品德，入仕则勤政节俭，隐世则勤俭持家。

勤劳是中华民族最鲜明的特征，正是因为一代又一代人的持续努力，才创造了辉煌灿烂的中华文明。历史经验告诉我们，人一旦不勤奋，就不会有好的生活条件，这样容易滋生贪念，做出违反道德和法律的事情来，因为安逸的生活会让人忘本。对于入仕的人来说，如果不具备勤俭节约的品质，就容易陷入享乐主义、拜金主义，则可能做出贪污腐败的行为。比如，我国北宋时期的名臣司马光就撰写了《训俭示康》的家训，对于儿子司马康进行了专门的勤俭节约教育。他说过，勤俭是君子的品德①。但在践行勤俭美德的同时要注意讲究"度"，因为勤俭过度就会发展为"吝啬"。在《颜氏家训》当中有这样一个例子，裴子野在遭遇灾荒的时候仍然向贫困且受灾的亲戚施以援手，真正做到了"俭而不吝"②。

古代先贤将勤俭节约思想写入家训，就是要教导祖孙后代谨记从生产生活中总结出来的经验教训，在工作和生活中践行勤俭节约的思想，不断修炼自己的道德素质，创造财富并将财富的价值发挥到最大。在思想政治教育中，勤俭节约思想至今仍具有重要的指导作用，在社会主义市场经济条件下，我国实行以按劳分配为主体，多种分配方式并存的分配制度，只有通过勤劳获得的生产生活资料才是合理合法的。对于国家而言，无论物质财富发展到何种水平，都应该厉行勤俭节约，因为地球的资源总有枯竭的时候，而人口数量却在不断增加，当人口和资源分配出现矛盾的时候，社会不稳定因素就会增加。对个体而言，倡导勤俭节约才能为家庭和国家带来收入，在创收的同时又避免了浪费，在收入结余的同时能够接济穷苦人民，如果人人如此，何愁国家不富、民族不行。

（三）谦虚好学

水满则溢是自然规律，人也一样，就如欧阳修所言"满招损，谦受益"。无数历史事实表明，骄傲自满的人终究没有一个好的结局，因为人一旦沾染骄横之气，便不会虚心向人请教，只听恭维之言而无视正直之辞，甚至数落他人，这样就会导致他人疏远、止步不前。同时，骄傲自满的人容易招人嫉妒，很可能招致他人的诋毁，从而损害自己的和家族的名声。所以朱柏庐在《朱子家训》中言

---

① 王力宁. 中国传统家训的思想政治教育借鉴研究 [D]. 哈尔滨：东北林业大学，2019.

② 王力宁. 中国传统家训的思想政治教育借鉴研究 [D]. 哈尔滨：东北林业大学，2019.

明，"屈志老成，急则可相依。"这句话的意思是告诫子孙要养成恭敬谦虚的道德品质，虚心地与那些阅历丰富而善于处世的人交往，从他们身上可以学到一些修身的方法和学习的内容，还可能在遇到急难问题时得到这些人的指导和帮助。中国人历代被声名所累，把之视人立于世的首要之贵，所以中国传统家训中教人立于世必要养成谦虚的作风，《曾国藩家书》强调"不贪财，不失信，不自是，有此三者，到处人皆敬重。"他把谦虚视为做一个可担当大任的好人之必要素质。谦虚并不意味着自卑或自我矮化，而是一种蕴藏内心的厚德，是经验和沉淀的产物，既能享受荣华富贵，也能经受大风大浪。通常谦虚的人更能从他人的角度去思考问题，设身处地去替他人着想，秉持谦虚恭敬态度进行人际交往会使群里内部更和谐，充满凝聚力。

常听人言，学习是终身的事情。诚然，一个受过教育的有识之士要比一个目不识丁的人过得好，在社会竞争才能处于优势，所以好学自古以来就是修身的必要品质，也是理想的道德人格所具备的素质。《曾国藩家书》有云，"士人读书，第一要有志，第二要有识，第三要有恒。有志则断不甘为下流。有识，则知学问无尽，不敢以一得自足。有恒，则断无不成之事。"他告诫子孙要读好书，读书还能培养人获得成功的三种品质：志向、见识、恒心，这三方面是千古不易的成功原理。好学如此重要主要有以下三个方面的原因。一是强调好学乐学，不学无以修身。孔子教育儿子"不学诗，无以言；不学礼，无以立"。《颜氏家训》讲"幼而学者，如日出之光；老而学者，如秉烛夜行，犹贤与瞑目而无见者也。"诸葛亮《诫子书》则强调"非学无以广才，非志无以成学。"二是强调读书可以改变人的气质。《曾国藩家书》中讲"人之气质，由于天生，本难改变，惟读书则可以变其气质。"吴麟征《家诫要言》说"多读书则气清，气清则神正，神正则吉祥出焉，自天佑之；读书少则身暇，身暇则邪间，邪间则过恶作焉，忧患及之。"三是读书要注重格物致知，知行统一。刘沅《豫诚常家训》中讲"私欲去而聪明始开，致知故先格物；念头好而是非明，实践乃为诚意。"张之洞《致儿子书》中讲"民情不知，世事不晓，即学成归国，亦必无一事能力。晋帝之'何不食肉糜'，其病即在此。"可见，在中国传统家训中非常重视子女通过好学来修身，这也是培养国家所需要的理想道德人格的必由之路，在传统家训的教育下，家庭成员完成了向国家公民的转变。

二、弘扬励志之道，增强精神动力

（一）祖先崇拜、光耀门楣

中国传统教训是在宗法制的背景下形成和发展的，带有浓郁的等级色彩，教训家风家教是建立在家庭本位的基础上，以父子人伦（男性血统）为主轴，父亲或长者在家庭或家族中拥有很大的权威。这个权威的力量来自通过祖先崇拜来尊重家庭起源的重要性的文化强调。父权制社会强调男性户主的至上性，妻子和子女的依赖性，这是父权制社会的典型特征。妻子儿女共同服从于他们的父亲、祖父或曾祖父，他们以血缘为纽带从而团结在一起。父亲这个词被赋予了一家之主，这是权力、权威和尊严的象征。在所有的宗族活动中，父亲的功能是家族因他而延续下去，且拥有家长对其妻儿的监护权，这一权力保护着确立继承权的权利。例如，祖父的父亲是统治者，对家庭的所有成员都有权力，包括他的妻妾、他的儿孙、儿孙的妻儿们，甚至他的亲戚，这些人与他同住，并分享其住所、奴隶和仆人，他对家庭经济的掌控以及做出财务决定的权力增强了他的权威。同时，他自己还代表了整个祖先系列行使自由裁量权，这种裁量权是基于臣服于他的个人忠诚度，可以说，父亲这个角色因其对权财的掌控而获得家庭成员的崇拜。

在中国，这项权利不仅延伸到父亲，而且延伸到父亲的所有长者，如父亲、叔叔，甚至叔叔的兄弟之间的争执，这意味着中国传统社会的一个基本特征就是元老制，宗族族长在这些元老中拥有至高的地位。西方父权的权威是源自上帝，而中国的父权的权威建立在确定必要的家庭角色以及每个成员履行其职责上，只有在可以根据某人的职责来证明其合理性的情况下才是合法的。因此，权力和服从本质上不是个人的，也没有对个性的超凡魅力的支持，相反，权力和服从是定位性的，它们基于特定的角色以及对这些角色固有正确性的信念。一个人必须服从角色，必须遵循这些角色所要求的行为。从这个意义上可以说，在中国古代，家人相互联系的情感除了爱，更多的是尊重。家庭成员理所当然地学会尊重自己的长者，并相互依存。

在教育子女的问题上，除了教育孩子对长辈的尊重和崇拜，还要培养孩子们成为像他们祖先和长辈这样的人，无论德行还是能力都要向长辈们看齐，肩负起光耀门楣的重担，维护家族的荣耀。祠堂通常是教育子女的主要场所，同时也是子女违背家规而受训诫的地方。当家族成员给家族带来荣誉的时候，家庭成员会及时告知长辈，并到祠堂和坟前告慰先祖。中国文化的时间取向是强调过去，祖上的荣耀对后辈的理想信念和人生观产生重要的影响，会激发后辈的家庭责任感，增强光耀门楣的精神动力，长此以往，后辈们就会形成一种强大的精神动力，真正融入到家庭、家族的建设中。在如今的思想政治教育中，激发孩子们学习的动力也包含了长辈对晚辈的期待，即努力学习和工作为家庭带来荣誉。

（二）济世安民、建功立业

修身是为励志做支撑的，励志也是成才的内在要求。传统教训所倡导的励志主要表现在树立高尚的人生追求和培养乐于奉献的品质。

关于树立高尚的人生追求，传统家训从儒家思想中汲取养分，表现为齐家治国平天下，具体来说，就是给家族带来荣耀，致力于为民兴利，为国戍疆等。所以，传统家训特别强调"夫志当存高远①"，只有树立了高尚的人生追求，一个人才有前进努力的方向。诸葛亮的名句"非淡泊无以明志，非宁静无以致远②"至今成为仁人志士追捧的座右铭，他青年时代就立志追求远大的理想、事业上的抱负——济世安民、建功立业。这句话出自其《诫子书》中，是对自己亲身经历的总结，告诫其子要明白立志、修身、养德等做人的道理，这封家书为后来的家训树立了典范。诸葛亮如此重视"立志"的重要作用，正是因为他在年轻时就体验到"立志"对其人生之路的激励作用，同时也受到前人的启发。

奉献精神是励志的精神内核，也是社会责任感的集中体现。人是社会中的人，人离开社会就不能称为人，而社会离开了人便没有社会，这种理解同样可以放诸家国关系、个人与家庭的关系。中国传统家训与其说在要求家庭成员必须做什么，还不如说传统家训在教育子女要讲究奉献精神，家庭中的每个角色都有各自应承担的责任，有责任则意味着奉献。选择了奉献，也就选择了高尚，所以济世安民、建功立业才能称之为高尚的人生追求。家庭的和谐、社会的稳定、国家的富强、人民幸福，这是中国人民几千来共同追求的理想生活，为了实现这样的夙愿，无数仁人志士怀抱济世安民、建功立业的使命，牺牲小我、成就大我，在自己的工作岗位上发光发热，让中华民族长期屹立于世界民族之林。

由此可见，中国传统家训所倡导的励志之道，实际上是为个人的理想和抱负提供了方向，增添的精神助力，成为中华民族生生不息的力量之源。换言之，中国传统家训对道德人格的培养增强了家庭成员的情感凝聚力，使家庭成为了培养为国尽忠、为民请命的人才的主要场所。

（三）见贤思齐、以身作则

榜样的力量是无穷大的，中国古代的教育特别强调先贤的榜样示范作用。孔子曾说："见贤思齐，见不贤而内省"。意思是说一个好的榜样会给他人注入正能量，从而激发其向榜样学习的动力。诸葛亮曾在《诫外甥书》中说："慕先贤，绝情欲，弃凝滞，使庶几之志，揭然有所存，恻然有所感③"，这句话阐释了诸葛亮教育外甥如何立志，首要的步骤则是以古圣先贤作为学习的榜样，这也体现了他对先贤的尊重和敬仰。因为好的榜样能激人奋进，而坏的榜样则会让人自甘堕落，坠入深渊。每个人的学习能力和学习环境各有不同，正是因为存在差别才有

---

① 喻岳衡. 历代名人家训［M］. 长沙：岳麓书社，1991：32.
② 喻岳衡. 历代名人家训［M］. 长沙：岳麓书社，1991：32.
③ 诸葛亮著，段熙仲、闻旭初编校. 诸葛亮集［M］. 北京：中华书局，1960：28.

了人自我提高和社会进步的空间，这就为见贤思齐这一道德人格的修炼提供了现实可行性。见贤思齐要有两种心态：其一，见人之长，要真心欣赏、诚心学习，但不能妄自菲薄；其二，见人之短，要慎独内省，切不可揭人之短。只有摆正这两种心态才能真正提升个人道德品质，做像先贤那样受人尊敬的人，从而促进个人的进步，才能树立共同的价值追求。

在家庭教育过程中，以身示范是传统家教家风家训开展思想政治教育的主要方式，特别是对良好家风的形成至关重要，小到日常的行为规范、称呼礼仪。每个人从呱呱坠地开始，接触最多的就是自己的父母，家中长辈对子女的示范作用在润物细无声中浸入到孩子的认知当中。《颜氏家训》中曾经提出，"夫风化者，自上而行于下者也，自先而施于后者也。是以父不慈则子不孝，兄不友则弟不恭，夫不义则妇不顺矣①"。表达的是，教育感化的教育是通过上行下效来推行的，育人先育己，好的家庭教育是由长及幼地施加影响的，长辈行为端正可为他人作出表率，正所谓其身正不令则行，这就是无声的示范性，将在受教育者心灵深处产生一股强大的内化力。

荀子非常重视日常家庭生活中的以身示范教育法，认为"以善先人者谓之教。"（《荀子·修身》）强调教育者需要带头以身立德②。这对长辈的自身修养提出了更高的要求，当然子女也要从小培养这种意识，同伴之间的相互作用也是十分重要的。康熙帝有众多皇子，他对皇子的教育也运用了以身示范的方法，他在《庭训格言》中讲道，"凡人有训人治人之职者，必身先之可也。《大学》有云：'君子有诸己而后求诸人，无诸己而后非诸人'，特为身先而言也。③"他以父爱模仿施以皇子教育，特别是道德教育，强调若要教导他人，首先自己得做好。然而在家庭道德教育过程中，很多家长虽然明白教育子女的这些道理，但很难落实到日常的行为当中，如果自己不能约束自己的行为，那对孩子的教育就有可能适得其反，因为小孩的模仿能力和逆反心理都是强过成年人的。所以朱熹也说："上行下效，捷于影响④"，长辈的言行会很快地传递给孩子，相较于空洞的说教，以身示范的教学方法更能起到激励作用。李昌龄在《乐善录》中也谈及以身示范的教育作用，"为父为师之道无他，惟严与正而已⑤"。强调长辈应正身律

---

① 檀作文 译注. 颜氏家训 [M]. 北京：中华书局，2011：34.

② 陈立萍. 中国传统家训对当代家风建设启示的研究 [D]. 北京：首都经济贸易大学，2018.

③ 康熙. 庭训格言，中国历代家训大观 [M]. 大连：大连出版社，1997.

④ 朱熹. 四书章句集注·大学章句 [M]. 北京：中华书局，1983.

⑤ 程钧，葛玲. 中国家教古训 [M]. 太原：山西人民出版社，1991：63.

己，这样才能管教好家庭成员，家庭成员才会服从长辈的教导，这样家庭成员之间才能和睦相处。

三、滋养家国情怀，培养担当精神

（一）忠孝一体、奉献精神

传统家训非常重视每个人在人伦关系中的地位和价值，强调每个人都必须根据规范要求，来尽自己的义务，对长辈的"孝"和对君主的"忠"就是中国传统对后辈提出的最首要的伦理义务。忠孝不仅是社会晋升必备的道德品质，也是传统教训的重要内容，传统家训家风的作用不仅体现在培养尽忠于家庭的成员，还在于以家庭教育为基础为国家培养人才，使修齐治平成为人生的道德信条和政治信仰。

中国古代家庭关系以血缘为纽带，以父子关系为主轴，以亲情为依托的宗法社会，"父慈子孝"成为中国优秀传统道德的重要内容，慈是指父母对子女的爱和利，以及教养结合的教育责任，孝是指养事父母、敬事父母、顺事父母。司马光在其《家范》中列举了"二十四孝故事"论述了如何赡养父母，至今是人们效仿的对象，为人津津乐道。"不孝不慈，其罪均也"，可见《家范》中的慈和爱体现的是一种超越时代的平等家庭伦理关系，对构建和谐的父子关系、家庭关系具有借鉴意义[①]。但在中国古代的众多朝代里，传统家训中对"孝"的解读更多地是指晚辈做任何事都应征得父母同意，遵其令而行（下位侍奉上位都需持敬）。就如司马光在《居家杂仪》中所述，"凡子受父母之命，必籍之而佩之，时省而速行之。事毕则返命焉。或所命有不可行者，则和色柔声，具是非利害而白之，待父母之许，然后改之。若不许，苟于事无大害者，亦当屈从。若以父母之命为非而执行己志，虽所执皆是，尤为不顺之子，况未必是乎！"因此，中国儿童被教导听从父母和长辈安排，并遵循他们的指导方针，没有任何异议，这便称为"孝"。换句话说，一个人越坚持孝道，就越渴望孩子的服从。对于较大的家庭或家族管理者来说，维持秩序更难，这就要求对子女的家庭教养更依赖强有力的父母控制，以维持家庭和睦。

在家尽忠与在国尽忠具有内在的一致性，认为在家庭中培养起来的思想价值，就可以推之于社会实践的其他范围。中国传统的家国同构组织结构使对家庭的治理推广至国家的治理当中，如对父母的忠（孝顺）推广至对君王的忠诚（忠君），即从父之敬引申到事君，从这个意义上可以说忠是源于孝的。中国传统家

---

① 肖群忠，姚楠. 传统慈孝传承与家庭和谐［J］. 甘肃社会科学，2018（5）：250—260.

训强调的"忠君",是专制社会的产物,"忠君"是封建统治者对社会成员的要求,是法律严密控制下的"忠君",而不完全是社会成员的自觉意识。中国传统家训将国家与君主的关系视作等同,对君主的忠诚即意味爱国,这种"忠"超越了法纪。近代五四新文化运动,提出将新的"忠孝"取代旧的"愚忠愚孝",即国家意义上的忠是忠于民族、民众,而家庭意义上的忠是夫妻之间忠于彼此的爱情。但中国对忠孝二字的阐释要比其他民族进步得太多,所以孙中上认为中国固有之"忠孝"大部分可以继承下来,他同时把国家的强盛与"忠孝"挂钩①。中国传统家训下所谓的道德教育实际上是培养忠诚、顺从的公民,以此作为维护社会秩序的手段。金华胡氏家训提出,"为官当以家国为重,以忠孝仁义为上"。在这种家庭教育的熏陶下,加之有亲情的加持,使得传统家训的思想政治功能发挥了更大的作用,成为凝聚共识的政治教条。

(二) 家国情感

中国人从出生开始就对家乡有着深深地眷恋,"落叶归根"是镌刻在骨子里的文化认同。以血缘为纽带的家庭或家族使家庭成员感念父母的养育之恩和关爱之情,同时对家族给予自己的角色地位本能地遵从。可以说,中国文化中的"自我"是一个"群众人物",因为从出生开始个体就被赋予了家族的责任,家族的利益优先于"自我"的利益,所以个体通常被描述为"家庭自我"。家庭自我还有一个身份,即"好公民","好公民"被解释为通过支持其族群和坚持一套公共共享的价值观而对社会作出贡献的人。家是国的基本组成单位,国则是无数家庭的凝结,中国传统家训的内容中,对道德情感的教化突出表现为对孩子家国情感的培养。

历史经验告诉我们,个人的命运与国家和民族的命运息息相关。历史上的每一次王朝更替无不是社会动荡、民不聊生,几千年战火纷飞、国破家亡的惨痛历史孕育了中国人民延续千年的家国情怀,这也是为什么中国经历多次分分合合还能实现大一统的精神力量,其中家庭的思想政治教育起了关键作用。提到"精忠报国"这四个字,我想大家首先想到的就是南宋爱国将领岳飞,在他身上体现出来的强烈的爱国主义精神是他留给后世的精神理念。岳飞的母亲从小就对他进行家国情怀的教育,甚至在岳飞的后背刻上"精忠报国"四个大字,让他时刻谨记家仇国恨、报效祖国。中华民族历来崇尚家国大义,在传统家庭教育中,除了岳飞之外,还有很多这样的例子。面对清军入关,顾炎武喊出"天下兴亡,匹夫有

---

① 左玉河. 阐释与转化:"忠孝"观念的现代解读 [J]. 社会科学辑刊. 2017 (6): 149
—157.

责"的豪言壮语。顾炎武的母亲从小就培养他的家国情怀，并在京城沦陷后绝食自杀，死前嘱托其勿忘亡国之耻和先祖遗训，给顾炎武上了最后一课[1]。可见，"小家"同"大国"同气连枝、命运与共。

在中国人的精神谱系里，家和国是不可分割的整体，中国人究其一生都在自己的角色义务中为家国做奉献，可以说家国是华夏儿女的精神原乡。在中国传统社会，学而优则仕成为众多学子的价值追求，因为个人的地位和价值是通过官职的高低来进行衡量的，因为通过做官可以体现自己的能力，还可以实现济世安民、建功立业的高尚人生追求，这也是为什么中国传统的家训中都涉及为官之道的教育。只有那些为官清廉、刚正不阿、处事公正、一心为民的好官才会受到百姓的敬仰和尊敬，个人的价值也在奉献当中实现了升华。中国传统教训中对官民家国情怀的指导成为社会的普遍价值共识，拥有家国情怀的人才能融入中华民族共同体当中，发挥传统家训的凝聚作用。

（三）家国责任

中国各个时代的家规家训都非常注重对孩子责任心的教育，既包含对家庭、对家族的责任，也包含了对国家、对民族的责任。人之所以为人，是因为与相较于其他物种而言，人知道肩上的家国责任，更在于人敢于承担责任，所以人类才能创造出辉煌灿烂的文明。责任心是家国能够长存的基本素养，家庭成员和国家的公民只有具备了强烈的家国责任意识和担当精神，这个家庭才能和睦、兴旺、长久，这个国家才能在激烈的国际竞争中走得更长远、更稳健。

家庭责任表现为爱惜家族名誉、不做有损家族名誉之事。以血缘为纽带的宗族非常重视家族的荣辱和声誉，因为"一荣俱荣、一损俱损"，一旦家庭的成员做错了事，整个家族的声誉都会因其错误行为而受到他人的非议，影响到人们对其家族的评价。所以，中国历来重视对小孩的家养家教，注重从小培养孩子爱惜家族名誉、不做有损家族名誉之事的责任心。明末的一位官员瞿式耜写给儿子一封家书，书中写道："可恨者，吾家以四代甲科，鼎鼎名家，世传忠孝，汝当此变故之来，不为避地之策，而甘心与诸人为亏体辱亲之事。汝固自谓行权也，他事可权，此事可权乎[2]"？家书中责备其子在清兵入侵家乡时没能及时躲避而导致剃发，有损家族名誉。在如今的社会生活中，家庭教育成为思想政治教育的重要一环，然而很多家长却忽视了对孩子责任心的培养。家长对孩子的爱并不意味着

---

① 王力宁. 中国传统家训的思想政治教育借鉴研究 [D]. 哈尔滨：东北林业大学，2019.

② 陈君慧，中华家训大全 [M]. 哈尔滨：北方文艺出版社，2016：550.

放纵，相反，责任心才能拉近家与孩子的关系，才能更好地凝聚亲情。所以培养孩子的家庭责任感和担当精神更有利于增强家庭的情感凝聚。

培养家族成员责任心的这一传统家训至今仍是教育子女的重要内容，家庭对孩子责任心的培养不仅仅局限于对家庭的责任，更重要的是对国家的责任，即维护国家名誉和不做损害国家声誉的事。中国如今取得的巨大成就，正是因为有一大批担当国家和民族复兴大任的建设者和接班人，他们经受了传统家风的熏陶、家教的培养。个人的前途命运与国家的前途命运息息相关，在经济全球化的今天，世界联系更加紧密，个体在国外的行为代表了国家形象，信息一体化使得这种行为会被放大，所以中国传统家训文化的思想政治教育功能不但不会过时，而且在增强公民责任意识、维护中国良好形象方面发挥着越来越重要的作用。

同时，中国传统家训还教育小孩要勇于承担自己所犯错误，敢于承担错误的担当精神是一个品德高尚的人应该具备的品质。千古一帝康熙曾训诫子孙，"凡人孰能无过？但人有过，多不自任为过。朕则不然，于闲言中偶有遗忘而误怪他人者，必自任其过……大凡能自任过者，大人居多也①。"帝王尚能犯错、认错，何况常人呼？大人对小孩的教育常忽略了认错的态度，常以小孩不懂事为推托之词，这极不利于责任心的培养。家长言行不一致的现象使得对孩子的教育流于形式，使得孩子无所适从，甚至逃避应承担的责任，因而责任心的培养不是单纯的说教和控制，更需要家长的言传身教，这样才能培养孩子的担当精神，以民族振兴、国家富强为己任，筑牢中华民族共同体意识。

第二节　政治凝聚功能

一、强调家国同构，增强政治凝聚

（一）"家"与"国"组织的同构

"家国同构"是中国宗法社会的根本特征，由夏商周"家国一体"演化而来，夏朝的宗法制开始萌芽，到商朝时宗法制初具雏形，以家庭为基础、以血缘为纽带的宗法制在周朝正式确立。家是组成国的最小单位，四代同堂的大家庭很常见，几个大家庭彼此联系组成宗族，从宗族往上便是氏族，家庭、家族、国家形成了一个庞大的同心圆组织结构，而这一组织结构是以血缘关系来统领的，如果再从氏族往上推，很有可能大家都出自同一个祖先，于是便有了"我们都是炎黄

---

① 陈君慧，中华家训大全［M］. 哈尔滨：北方文艺出版社，2016：249－250.

子孙""天下一家"等观念，这种组织架构出于中国人以家庭为本位的传统观念，增强了整个国家的凝聚①。

在中国几千年的政治文化中，"国"与"家"是两个密不可分的概念。家是国的缩影和基础，国是家的放大和延伸。在结构上，家与国是同构的，是没有本质差别的，一个个小"家"搭建起了"国"的架构，"国"在更大的范围内重复着"家"的构想，所以中国人称"国"为"国家"。中国人既是家庭中的成员、又是国家的儿女，君王以治家的思维来治理国家，就像是一位大家长。总而言之，"家"离不开"国"的庇护，"国"离不开"家"的支撑。"家"与"国"的同构是支撑起整个国家大厦的政治治理模式和政治理念，增强了古代封建社会的政治凝聚。

这种家国同构的社会结构有其可取的一面，如"一人得道，鸡犬升天"；不可取的一面则是"一人犯法，立案诛九族"。这种君王至上的独裁统治在当时的历史条件下对社会的稳定和国家的团结发挥了积极的作用，以家庭和谐促成国家的和谐。

（二）家庭关系与政治关系的同构

家庭中的最高统治者是父亲，或者说是拥有父权的男性角色，对整个家庭拥有支配权力，表现为对妻妾子女拥有的支配权。国家中的最高统治者是君王，或称为"君父"，君权之于天下百姓的权威同父权之于妻儿子女在本质上是一致的。

中国宗法关系协调人与人、人与国家、人与社会的关系，君臣、父子、夫妇、万物、天地都在儒家思想"礼"的确认、调节和制约下维持着有序而稳定的关系，而"礼"中提出了主导家庭关系和君臣关系的两个原则：亲亲原则和尊尊原则。《周易》对这种"家国同构"现象有一段说明：有天地然后有万物，有万物然后有男女，有男女然后有夫妇，有夫妇然后有父子，有父子然后有君臣，有君臣然后有上下，有上下然后礼义有所措。所以，"礼"既维持着一种政治关系，也维持着一种伦理关系，家庭关系则主要由孝悌之道主导，而国家内部推崇忠顺之道，显然，亲亲原则和尊尊原则是一脉相承的，共同维护家国的和谐、社会的稳定。

亲亲原则是实施家庭政治化的重要因素，正如孟子所言，"老吾老，以及人之老；幼吾幼，以及人之幼。"这就可以把统治者维持政治统治的权力层层分解给臣子、族长、家长、丈夫、兄长等具有父权的男性身上，政治统治的覆盖面扩大，并且亲情的加持更添政权的稳固性，君王在中央仍然掌握地方的统治权，上

①　杜道明. 中国传统文化和谐精神产生的基本条件［J］. 社会科学家，2020（12）：8—14.

至君王、下至百姓，都在遵循一种君君臣臣父父子子的伦常关系，从而形成长幼有序、各安其分、其乐融融的大一统局面，政治凝聚进一步增强。

（三）家户治理与国家治理的同构

"家"与"国"组织的同构尤其深厚的历史渊源，农耕文明使众多小农家庭聚集在一地进行农耕活动，繁衍生息，并以血缘关系为基础构建其社会生活共同体。若干个小农家庭组成村庄，若干个村庄又组成国家，进而形成"集家为国"的国家治理形态[①]。在此基础上，秦汉之后推行以"户"为单位的户籍制度，以小农家庭为基础的国家治理形态得到巩固，家庭成为基本的国家治理单元和社会单元，这就意味着人不再局限于家庭单位，而成为了更大共同体即国家的一员，成为国家的公民。中国"家国同构"的组织架构延续数千年，一个重要原因就在于国家治理体系的基础仍然是家户治理。

作为调整家庭关系和国家内部关系的重要手段，家法族规与国家法纪在家国治理方面也是同构的。家法族规犹如小国法，助力国法发挥国家治理的作用，其惩戒的对象是家庭成员，惩罚的行为是违反道德的行为。《颜氏家训·治家》中说："笞怒废于家，则竖子之过立见；刑罚不中，则民无所措手足。治家之宽猛，亦犹国焉[②]。"由此观之，惩戒条例之于家庭治理相当于刑罚之于国家治理，无论是家法、国法，在父权制社会中，德治都是高于法治的，因为儒家思想倡导仁义治天下[③]。家户治理与国家治理的同构性还体现治理方式的共生性和治理过程的"集体性"，前者指君王用治家的方式治理国家，而臣民用家庭行为规则履行国家责任和义务，后者指家户治理是国家治理的根基，家庭生活是国家治理本身[④]。

家户治理与国家治理的同构使国法和家训相辅相成、互相助力，家训渊源于国法，又是对国法的补充和细化，协同了家国道德，增强了政治凝聚。

二、增强家训教育，提升国家认同感

中国传统家训作为对家人和族人进行训诫的一种教育载体，为家庭和国家培

---

① 黄振华."家国同构"底色下的家户产权治理与国家治理——基于"深度中国调查"材料的认识［J］.政治学研究，2018（4）：37－47＋126.

② 颜之推.颜氏家训［M］.呼和浩特：内蒙古人民出版社，2003：18.

③ 于语和，雷园园.论中国传统法律文化在依法治国中的价值［J/OL］.北京理工大学学报（社会科学版）：1－12［2021－02－10］.http：//kns.cnki.net/kcms/detail/11.4083.C.20200909.1754.002.html.

④ 黄振华."家国同构"底色下的家户产权治理与国家治理——基于"深度中国调查"材料的认识［J］.政治学研究，2018（04）：37－47＋126.

养修齐治平的人才是传统家庭教育的目的之一，这就要求每个人都要注重自己的人格锤炼和道德修养，将社会上的外在要求内化为自身的主动追求，如何使子女的学习由被动转化为主动，这就需要把子女培养成精神上有魂、实践上有能、文化上有根的家族成员和国家的公民。

（一）国家认同——精神上有魂

人一出生就生活在特定的群体中，一出生就根据家族目标或价值观（通常在家训中彰显）被赋予了一定的道德责任和政治义务，但对这种责任的承担，子女并不是在懂事开始就欣然接受，而是在家风的熏染下、在家训家规的规范下逐渐认识到自己是家族成员和国家公民中的一员，激发起他们心中的国家认同感。

受儒家思想的影响，中国传统家训文化强调对家庭和国家的忠诚，这种忠诚可以追溯到我们所崇拜的祖先，亦或是我们共同推举出来的君王。数千年的宗法制社会使得我们很容易地追溯到我们精神上的魂——祖先和先贤。通常人们能从家族的祠堂中找到家庭起源，作为传统家训文化的重要组成部分，祠堂或宗庙在古代社会是一个重要存在，中国人对这一血脉共同体有高度的认同，对家庭的认同推广至对国家的认同。

中华民族自古以来就是一个通过祖先崇拜来突显家庭起源重要性的民族，所以古代的祭祀活动是整个家族的大事，被纳入传统家训教育的重要内容。朱柏庐在其所著《朱子治家格言》中教导后辈"祖宗虽远，祭祀不可不诚"，意为子孙后代要秉持家族传统，不仅要孝敬父母，还要感念祖先创造的基业，祭祀一定要虔诚恭敬[①]。祭祀是儒家礼典文化的一部分，后世子孙通过祭拜先祖以行孝道，后世子孙对先祖的祭祀并不是说先祖的灵魂不灭，也不是希望得到先祖的庇佑，这种敬祖意识其实是一种寻根心理和保本观念的体现，通过祭祀，我们可以追思先祖的丰功伟绩、德行修养，做到饮水思源，让我们知道我们出自哪里，我们是如何世代延续而来。对先祖或君王的崇拜就是我们精神之魂，不仅可以唤起亲人对家庭、故乡、祖国的感情，也能唤起对民族文化的记忆和对民族精神的认同。

所谓"中国人"，并非自然地理意义上的中国人，而是生长在或者血脉维系在中国大地之上，拥有中华民族价值根源的"文化——生命意义上的中国人[②]""华夏"二字最早出现在《左传》中，意为夏朝是身穿华美服饰的礼仪之邦，又因为夏是我国第一个封建王朝，所以中华文明又称华夏文明。"中国"一词最早出现在公元前十一世纪西周早期的青铜器铭文中，意为以洛阳盆地为中心的中原地区，汉代以后演变成正统朝代的标志。宋代诗人陆游曾著《放翁家训》以继承陆家遗风，要子孙继承祖先宦学相承、注重节操的家风，"事伪国，苟富贵，以

---

①　赵晨.《朱子治家格言》及其德育启示研究［D］. 昆明：云南财经大学，2020.

②　刘铁芳. 育中国少年成生命气象：基于文化自觉与生命自信的中国少年培育实践体系建构［J］. 湖南师范大学教育科学学报，2018（4）：46－60.

辱先人①"。他殷切希望儿辈关心国家大事，不忘促成国家统一大业，这体现在他的教子诗《示儿》当中，这也是他的绝笔，给儿子上了一堂思想政治教育课，增进了后辈的国家认同感。陆游所处的朝代是北宋末年，面对北宋国土受北方少数民族政权金国的吞噬，他满腔悲慨，但仍不坠复国之志。虽然陆游的爱国主义在如今看来具有局限性（中华民族内部的战争），但在当时的历史条件下是具有合理性的。陆游表现出来的这种强烈的国家认同感源于从小接受陆氏家训的爱国教育，既给儿孙树立了良好的榜样，也成为了爱国主义教育的典范，凝聚起了爱国的强大精神力量。

（二）"允能""乐业"——实践上有能

中国儒家文化向来重视读书学习，传统家训也同样如此。明代学者方孝孺在《逊志斋集》中写道："人或可以不食也，而不可以不学也。不食则死，死则已；不学而生，则入于禽兽而不知也。与其禽兽也，宁死②。"方孝孺认为读书比进食更重要，虽然这种看法有点极端，但却反映了当时的人对读书的重视，好学也成为了修身的一个重要品质。郑板桥在其《板桥家书》中写道："夫读书中举，中进士，做官，此是小事，第一要明理做个好人③。"可见，学习之于贤能者可以为官，学习之于资质平庸者可以学做人和做事。做人和做事紧密相连，学做人就必须融于做事当中，通过做事来培养子孙如何做人，做人要从日常中的小事做起。咸丰四年曾国藩告子侄，除读书外，教之扫屋、抹桌凳、收粪、锄草，是极好之事，切不可以为有损架子而不为也。少年时的劳动是非常有益的，正如恩格斯所言，劳动使人不断成长，既培养了责任意识，又能开发智力、提高能力。所以劳动是培养子女学习能力的重要方面，也是家庭教育的重要内容。

中国传统家训的治家观不仅关注治人的培养目标，还强调了治生的重要性。治生主要涉及教育子孙如何谋生、财产管理等问题，具体来讲就是要培养后世子孙的谋生技能、学习能力和综合运用知识的能力等，目的在于谋求家人和子孙的生存，维系家庭日常开支，所以人们在家训中告诫子孙要有一技之长。《颜氏家训·勉学》中提出"人生在世，会当有业，农民则计量耕稼，商贾别讨论货贿，工巧则致精器用，伎艺则沉思法术，武夫则惯习弓马，文士则讲议经书"，"有学艺者，触地而安""积财千万，不如薄技在身④"。中国古代朝代更替频繁，与之对应的是朝廷变迁，当道执政掌权者换了一波又一波，如没有一技之长，就会沦为一无所用的驽马。在这样的背景下，颜之推告诫子孙只有习得学问和才艺，才能随处可以安身。同时，他还批评了那些耻于涉足农商、羞于从事工技的士大

---

① 陆游. 放翁家训［M］. 北京：中华书局，1985.

② ［明］方孝孺逊志斋集第 1 卷杂著［M］. 上海：商务印书馆，1935

③ ［清］郑板桥. 板桥家书·潍县署中与舍弟墨第二书［M］. 上海：学林出版社，2002

④ 张霭堂. 颜之推全集译著［M］. 山东：齐鲁书社，2003：67－68.

夫，只不过是些卖弄口舌、空谈度日的自大之人。

从古至今，事业一直是个体安身立命的经济基础，所以人们都很重视职业的选择。中国古代社会把人按职业分为"士、农、工、商"四个等级，仕宦最尊，商人最卑。但随着商品经济的发展，商人成为社会的重要推动力，到了宋朝，商人地位大大提升，南宋叶适、陈亮更是提出了"义利双行"的观点，这些观念在家训中也有反映。如赵鼎的《家训笔录》主要讲了田产保守、衣食分配、租税收支等"制用"问题；陆九韶的《居家制用》则提出量入为出的家庭消费观，即"随资产之多寡，制用度之丰俭"；袁采的《袁氏世范》也对家庭经济问题提出了自己的一些独特见解[1]。明清时期绍兴唐氏宗祠条约五主要讲述的是事业对人生存发展的重要性，"今人子弟往往虚博读书之名，视沾体涂足为贱事，且无一技之能，悠悠忽忽，老而无成，至不能畜其妻子，良足羞也。故人如不能读书，则当以务农为本，次之工、商、医、卜，无一不可各精一业，习而安焉，资生而已[2]。"这则家训批评了很多读书人贪"士人"虚名，实则无真才实学，更无一技之长，终为名利所累而一事无成，同时还提出读书并不是唯一出路，当发现自己无读书资质应及早谋求其他职业。可见，认识自己并及早地定位自己很重要，要根据自己的才能选择适合自己的职业，以一技之长立足于世，以获得他人和社会的认可，实现自己的价值。

（三）重民思想——文化上有根

纵观历史，中国传统文化从来不缺乏对重民思想阐释和表达，其中传统家训对重民思想的表述主要见于为官之道或为君之道的家规、家法之中。重民思想不仅意味着人民群众是国家的重要组成部分，是国家的建设者，也意味着传统家训所倡导的修齐治平之道的目的不仅在于使老百姓过上安宁、温饱的生活，还在于培养公民的道德素质。从这个意义上可以说，中国传统家训教育不仅要增强百姓的福祉，还要改造百姓的文化精神世界，在家教领域充分彰显重民的理念，激发人民对美好生活的憧憬，做到文化上要有根。

中国传统家训文化对重民思想的阐释可以从历史上的家规教训中窥见一二。重民的思想发端于西周，农耕实践使周先人体验劳作之苦，并在与民劳作中力行爱民的原则。《尚书·五子之歌》提出"民为邦本、本固邦宁"的主张，意为百姓是国家之根本，唯有根本稳固，国家才能安宁，至此，重民思想有了理论的表达。在秦代以后，在国家治理层面的重民思想主要有恒顺于民、以礼治民、吏为民役等重民思想。唐太宗李世民在其所著《帝范》的开篇就论述了国君应具备的重民思想，"夫人者国之先，国者君之本。"表述的意思是百姓是建立国家的前

---

① 陈黎明. 论宋朝家训及其教化特色 [D]. 华中师范大学，2007.

② 上海图书馆编. 中国家谱资料选编·家规族约卷 [M]. 上海：上海古籍出版社，2013：79.

提，有百姓才有国家，百姓是国家的构成要素，只有得到百姓的拥护，国家才能建立。他还经常借用《荀子·王制》中的句子"水可载舟，亦可覆舟"来把君民关系视为船与水的关系，告诫众人要重视群众的利益和所求，得到人民的拥护，国君的皇位才得以巩固。朱熹在《朱子格言》中给后辈列出了成为一名君子的标准，其中表达了其重民的观点，"不负天子，不负生民，不负所学，君子所以用世①。"朱熹认为君子应当把自己所学做有益于国家和人民的人。康熙在《庭训格言》教育子女，"盖深念民力惟艰，国储至重，祖宗相传家法，勤俭敦朴为风。古人有云：以一人治天下，不能天下奉一人。'以此为训，不敢过也。'②"在强调人民忠于国家的同时，国家也应当帮助人民改善生活，这样的关系才是和谐稳定的。尽管中国传统家训中的重民思想主要是从"本固邦宁"的政治目的出发，但在重民思想影响下的君臣在民生层面上还是做了很多诸如薄赋税、轻徭役、保温饱、去污吏等利民、惠民的举措，减轻了封建社会下老百姓的负担和疾苦，促进了社会的稳定。

受中国儒家重民思想的影响，中国传统家训教育所宣传的重民思想不仅散见于个体的修身、励志之道当中，更是现于皇家家训对帝王的教育当中，中国古代社会的多数时间里，民生福祉成为中国文化的内生逻辑，中国文化将百姓福祉与整个国家的兴衰相联系，在百姓心中构建起了宏达的历史感受和丰富的情感体验，由此家庭成员逐渐拓展了自身的生命境界，把自己的命运与国家的命运联系在一起，形成了强烈的国家认同感。

三、倡导集体主义，增强政治向心力

集体主义适用于人们从出生起就融入强大的、有凝聚力的群体中的社会，这种凝聚力贯穿于人的一生，个体在群体所认可的价值观指导下为这个集体服务以获得强烈的亲近感、归属感和秩序感，同时群体会保护个体的合法利益，而当群体利益与个体利益相冲突时，个体利益要服从于群体利益。由此可见，具有集体主义价值导向的国家无疑会比个体主义偏好的国家拥有更大的政治向心力。所谓政治向心力，是指在中国这样一个长期多元统一的多民族国家内，为了最大限度地维护国家的统一和谐而逐渐内生出来的一种与中央集权体制相匹配的、围绕着政治核心进行运动的政治伦理和制度偏好。③

（一）天下为公——完善社会治理的政治伦理

中国传统家训文化中的"天下为公"理念是指天下圣贤之士都应该参与到社

---

① 李胜飞.《朱子家训》研究［D］. 武汉：华中师范大学，2017.

② 陈君慧. 中华家训大全［M］. 哈尔滨：北方文艺出版社，2016：268.

③ 刘哲昕. 中国"政治向心力"制度偏好的历史渊源及发展方向［J］. 领导科学，2014（26）：4—7.

会治理中去，并非君王独裁。孔子面对大周朝礼崩乐坏的社会窘境而提出了"公天下"的社会理想，包括"选贤与能"（关键在于政治体公平的选官制度）和"讲信修睦"（关键在于政治体合理的教化方式）①。孔子的毕生精力都用于对弟子进行"讲信修睦"的教化，以对整个统治阶层实行德行引导，尤其是君主，更要通过自己的德行来凝聚人心，选贤任能，贤能的君王才能获得人才，才会运用好人才，这就是孔子以"道统"引导"政统"的政治思想，这也儒家实现对君王、百姓"讲信修睦"的教化方式②。孔子怀揣的"天下为公"的理念并非拥护"君主专制"，而是要达到君逸臣劳的"无为而治"。后来的儒家代表人物孟子、荀子等都反对君主专制。汉代董仲舒继承和发展了先秦儒家"天下为公"的理念，在《天人三策》中言明要实现《春秋》为大汉立法以限制君权，内蕴的"罢黜百家"的提议实则为了纯化官僚队伍，实现儒家士大夫和君王共治天下，汉武帝推进儒学改制，使社会意识形态在经历多次改变后最终稳定下来。社会意识形态的分歧会给政治决策带来离散化影响，从这个意义讲，社会意识形态的确立，才使汉王朝最终实现稳定。之后，董仲舒"兴太学"，其目的是养天下儒士，为推贤进士确立考核制度，"天下为公"的制度设计初步完成。该制度的确立，使得普通老百姓都愿意接受儒学教化，进而获得从政资格，一个强大的知识化群体形成，并成为在德行上制衡君权的重要力量，同时董仲舒试图通过对士大夫进行忠君思想的教化而达到对其权利的制衡，所以，国家权力的领导核心仍然是君王，这样才能建立起大一统的国家。

中国优秀传统家训融入了孔子天下为公的政治理念和教化目的，使得家庭教化有了明确的方向，帝王家训中重视儒学教化培养帝王选贤任能的政治导向，如李世民著家训《帝范》教导子女，"夫国之匡辅，必待忠良。任使得人，天下自治"，李世民认为选贤任能得当，天下自然就治理好了，主张君民共治。诚然，帝王选贤任能得首先要有德行，所以古代多数君王在选择继任者时要考察其德行，所以帝王也非常重视对子女的德行教育。在《帝范》卷一中，李世民就列举了国君应该具备的道德素质，"夫人者国之先，国者君之本。……倾己勤劳，以行德义，此乃君之体也"。而普通家庭的家训则是培养修齐治平的贤能士大夫。"学而优则仕"是"选贤与能"和"讲信修睦"将政治性教化转化为政治实践，使人们相信通过自身努力，人性可以得到完善，天人有可能合一。

（二）中央集权——孕育国家统一的制度偏好

从宏观角度来看，中央集权制度偏好的形成既包括地理环境、政治生态和文化原因等。中华文明源起于中原文明，甚至整个东亚文明都以中原为中心，首先

---

① 郑济洲. 论董仲舒对"天下为公"理念的制度设计——从五四"反传统"的反思说起 [J]. 福建论坛（人文社会科学版），2019（10）：101－109.

② 同上

得益于其优越的地理环境条件。在中国大概相当于仰韶文化时期，中原既没有北方蒙古高原的干旱和风沙，也没有南方因植被茂盛而导致的交通不便，加之黄河冲刷出的华北平原适宜原始农具的耕作，以及气候条件也非常适合农作物生长，中原率先崛起并辐射周边，于是内生出以中原地区为核心的地域向心力。受地理环境的影响，中国的政治生态与西方不同，中国幅员辽阔、民族众多、文化各异，需要一个强有力的领导核心才能维持国家的统一，原因在于多样性意味着离心力，如何在多样性的国情下保持向心力，这就要在离心力和向心力之间维持动态的平衡关系。当然这种平衡关系也有被打破的时候，但中国的政治生态变的是政治核心，不变的是中国整体的政治生态却始终维持了一个"政治向心力"的结构[①]。

这个"政治向心力"的结构之所以一直保存至今，还有一个重要的要素，即文化因素。三纲五常是中国儒家伦理文化中的重要思想，在这种意识形态指导下，孕育了我国中央集权体制的制度偏好，即遵从以君为政治核心的统一领导。三纲指君为臣纲、父为子纲、夫为妻纲。五常：仁、义、礼、智、信，又称"五伦"，即五种行为规则。三纲强调立足于正理的上下级服从关系，五常则是用于培养乡绅、君子或圣人，中国传统教训立足于儒家，通过三纲五常的教化来维护社会的伦理道德、政治制度，如违背三纲五常的伦理纲常，则被视为"罪人"，是要受到家规或法律的制裁。总之，三纲五常不仅是治国的纲常，也是治家的规范。

从微观来看，家庭治理或家族管理是国家治理的基础。乡绅治村自古以来就是中国的一大特色，一个村的居民通常是由一两个家族的成员组合而成，家族里有德行的长辈——乡绅通常被举荐为族长或长老来管理农村社会。正所谓"以小见大"，这些相对独立的政治小生态成为构成国家权力的细胞组织，换言之，国家权力是通过依靠乡绅阶层来控制农村社会的，这样自上而下的组织结构成为维持中国两千多年封建社会的重要支撑，也是使中国维持长期统一的政治保障。乡绅治村看似松散，但只要管理得当，就会加强中央集权，达到政权巩固和社会稳定的目的。何为管理得当？即必须有一位强有力的核心领导，这个核心领导不仅要长期执政，而且他必须具有德行。如果能满足以上三个条件，整个宗族或村的政治向心力就会大大增强。

教育子女还要以史为鉴。纵观历史，"党锢之祸""牛李党争""东林党案"的历史教训还历历在目。由此可见，一旦政治核心分裂，"政治向心力"也会丧失，这无疑会导致国家分裂、内战频繁、民不聊生。西方常年处于分裂状态，而中国人习惯于大一统的政治生态，三纲五常在其中起到了重要作用，特别是忠孝的伦理思想已植根于国民的心中，并在传统家训的教育中代代相传，延续着中华

---

① 刘哲昕. 中国"政治向心力"制度偏好的历史渊源及发展方向 [J]. 领导科学，2014 (26)：4—7.

民族大一统的政治偏好，保持了一种稳定的"政治向心力"。同时也要看到，三纲的等级观念在如今已不太适应时代的发展，但仍然要借鉴其优秀部分进行创造性转化和创新性发展，为新时代国家治理服务。

（三）家法族规——维持统治秩序的政治载体

宗法族规是中国传统家训文化的重要载体，大部分呈现于家谱、族谱之上，有些则是家人、族人口口相传。家法族规所倡导的修身齐家治国平天下的理念是中国文化的精神食粮，其所制定的制度规范是传统社会基层治理的主要方式，精神上的吸引、规范上的威慑使得家法族规能更有效地约束家庭成员的行为，成为维护封建统治的辅助力量。

首先，家法族规是管理家庭事务和调节成员关系的手段。

中国宗法制度在中国延续数千年，家法族规在维系宗法制度上功不可没，原因在于以家庭或家族为主要基本生产单位的自然经济要求调节家庭成员内部的利益关系，包括原材料的采购、农产品和部分手工业品的生产，以及物资的分配等。历史上的大家族一般有十几口到几百口不等的人员数量，还有维持家庭日常运转所置办的田产、房屋等。"从家庭产生以来，全人类无一例外地生活、成长在家庭这个细胞组织之中，后来又或紧或松地生活在家族这个血缘关系组织之中①。"所以，约束家庭成员的行为和调节家庭内部矛盾就成为家族内部管理的重要内容。毫无疑问，家法族规必须是家庭成员约定俗成的，亦或是沿袭家族前辈之家法族规而用于今，这才能被家庭成员认可，从而成为大家都应该遵守的行为规范。家法族规作为治家的重要手段，直接呈现为各类规则和惩罚方式，因而成为各个家族不可或缺的基本依据。司马光在《家范》中列出了数十个亲戚关系，并依据儒家纲常礼教列出了他们相应的行为准则，还在《居家杂役》中对违反礼教的行为列举出了一些惩罚措施②。之所以家法族规要实施惩罚，是因为在封建社会个人的荣辱与全族的命运休戚相关，在封建专制下，一人犯罪，株连九族。国法的权威使得族长必须从全族的共同利益考虑如何管理家族，使家法族规的制定要依据国法来制定。像桐城戴氏家规规定，国课务必遵限完纳，若有抗欠拖延，"治以家法，速令清完③"。这对于维护父权和巩固封建统治起到了重要作用。

其次，家法族规是为封建统治提供合理性辩护的辅助力量。

中国传统家训源于儒家思想，而儒家思想自汉代以后就成为统治阶级的社会意识形态，家法族规成为宣传儒家教义的重要渠道，家庭则成为思想政治教育的

---

① 徐扬杰. 中国家族制度史 [M]. 武汉：武汉大学出版社，2012：9.

② 陈立萍. 中国传统家训对当代家风建设启示的研究 [D]. 北京：首都经济贸易大学，2018.

③ 徐扬杰. 中国家族制度史 [M]. 武汉：武汉大学出版社，2012：382.

主阵地，换言之，家训的制定者在政治和思想方面为封建统治提供合理性辩护，主要表现在家法族规所倡导三纲五常为封建等级制度提供了理论支撑。董仲舒按照他的"贵阳而贱阴"的理论提出了三纲原理和五常之道，而在宋明以后，以等级名分教化社会的观点被称作"天理"，这实际上是对孔子"君君、臣臣、父父、子子、夫夫、妇妇"伦理规范的歪曲。封建等级制度蒙上了一层亲情的面纱，使得封建统治者合理合法地实施对老百姓的控制，在镇压农民反抗方面也卓有成效，进一步巩固了中央集权的制度。如今社会上倡导男女平等、夫妻平等，但五常仍是我们先辈遗留下来的优秀传统家训，所以在对待中国传统家训文化方面要辩证地看待，加以甄别。

第三节　社会凝聚功能

一、积善成德的处世品格

马克思认为人的本质属性是社会属性，任何人都生活在一定的社会中，与他人构成了各种各样的人际关系，而作为维系社会秩序的道德则成为人区别于动物的根本标志之一，道德成为人的本质的最重要的构成部分。所谓积善成德，通常意为多做善事，便可提升自身修养，成为一个有德行的人。中国传统家训非常重视人际交往的问题，倡导积善成德的处世品格，主要体现在以下几点：施惠无念、受恩莫忘、以诚待人、言而有信、宽己达人、谦让为贵等。

（一）施惠无念、受恩莫忘

在待人处世方面，中国自古讲究乐于助人、知恩图报，这也是和谐人际交往必备的品质之一。朱柏庐提醒后世子孙和弟子要时刻谨记"施惠无念，受恩莫忘"，即帮助他人但不计较回报，受他人恩惠要懂得知恩图报、铭记于心。他给出的理由是"善欲人见，不是真善；恶恐人知，便是大恶"，如果做善事是为了博得声名那就不是真心地行善，但做坏事而害怕别人知道就能算大恶了。同时，他还体谅劳动人民生活的艰辛和不易，告诫后人"与肩挑贸易，勿占便宜"，可见，朱柏庐对后辈的教育强调的是待人要有奉献精神，特别要对那些为生计而奔波的劳动者给予帮助和尊重，切勿为了蝇头小利而斤斤计较。恩惠不问大小，或是举手之劳的小恩小惠，亦或是鞍前马后的大恩大德，都应该秉持一份平稳的心态，坚持内心的处世准则，做到施恩无念，这样个体才能不被欲望所驱、不为名利所累、不因付出无回报所懊恼，但求无愧于心、我心坦然。这种处世品格对于处理社会上的贫富差距现象具有借鉴意义，有利于社会和谐稳定。这种处世品格同样适用于与亲人和朋友之间的相处。左宗棠告诫子女要悯恤亲属、帮扶朋友，"家族中应悯恤者，除常年义谷外，随宜给予，先近枝，后远族，分其缓急轻重可矣①。"左宗棠要求子女做到乐善好施、积德累福，同时自己以身示范，潜移默化中将家风传给子女。

恩情的种类很多，如父母养育之恩、预先救命之恩、良师培养之恩、推荐提携之恩、兄弟手足之恩等，这些恩情涉及社会生活的方方面面，牵涉不同领域的人际关系，如父母养育之恩和兄弟手足之恩就属于家庭成员之间的人际交往，所以中国传统家训教育倡导孝悌的治家观来回报这两种恩情，传递了所谓的"滴水之恩、涌泉相报""受恩莫忘"的处世理念和处世品格。《曾文正公全集》表示，"人常怀愧对之意，便是载福之器、入德之门。"意为人如果能常常怀着愧对他人的心，便等于有了承载多福的容器、进入德性的大门。这实际上表达的是一种处世态度，愧疚之意即意味着感恩之心，则会对人恭敬有礼、尽心效力。同为清朝末年"顶梁柱"的左宗棠也告诫子女要懂得知恩图报，特别是要安思国家的育养之恩，"思国恩高厚，报称为难；时局方艰，未知攸济。亦惟有竭尽心力所能到者为之，期无负平生之志而已②！"左宗棠对家人和朋友恩惠也铭记于心，即便是小恩小惠他也心怀感恩之心，"毛中丞待我最厚，闻曾于奏中声叙在幕中事，意在为正人吐气耳，其用心可敬如此，尔等何从知之③。"与其说这是左宗棠"重义轻利"之处世哲学的体现，倒不如说这是其谋求社会和谐的道德诉求。

总而言之，施惠无念，受恩莫忘的处世品格是在社会交往实践过程中孕育而生的，这逐渐成为中国传统家风的一部分，也是对亲人、对朋友、对国家的一种情感表达，并且有一种社会辐射效应，人情社会就是在这种家风的影响下形成了一种守望相助、共克时艰的社会氛围，凝聚了民族情感。

（二）以诚待人、言而有信

中国是一个极其重视人际交往的国家，诚实守信自古以来就是中华民族的传统美德，也是我国社会主义核心价值观的主要内容，是人际交往的处事原则，在中国传统家训的处世之道方面的重要品质之一。

诚实守信的处世原则是中国儒家众多先贤大儒在前人的基础上发展而来，是中国传统的伦理思想之一。孔子《论语·为政》道，"人而无信，不知其可也"，意为人如若不讲诚信，不知道他还可以为何。可见，诚实守信是我们做人处世之

---

① ［清］左宗棠. 左宗棠全集·家书［M］. 长沙：岳麓书社，1987：98.
② ［清］左宗棠. 左宗棠全集·家书［M］. 长沙：岳麓书社，1987：28.
③ 许啸天，胡翼云. 民国文存 13：左宗棠家书［M］. 北京：知识产权出版社，2013：163.

根本。其本质和内涵主要表现在人际交往的两个方面：一是要真诚对待亲人、朋友或他人，不得欺瞒；二是对他人作出的承诺要积极履行，切勿背信弃义，简而言之就是"以诚待人、言而有信"。中国传统家训受中国儒家思想影响，诚实守信品格成为传统家训对后世子孙的处世准则。以诚待人或许出于人的良知，但言而有信更强调人的意志参与，由于社会上缺乏良知的人和意志薄弱的人不在少数，所以需要大力倡导和弘扬诚实守信的处世品格，将其作为修身的第一要务。羊祜在《诫子书》中说："愿汝等言则忠信，行则笃敬……若言行无信，身受大谤，自入刑论，岂复惜汝？耻及祖考①。"羊祜希望儿子说话要忠实诚信，行为务必厚实、恭敬，做到言行一致，如若不然，则易受诽谤或刑罚，殃及祖宗声名。宋人袁采在其著作《袁氏世范》中对忠信进行阐释："言忠信，行笃敬，乃圣人教人取重于乡曲之术。盖财物交加，不损人而益己，患难之际，不妨人而利己，所谓忠也。有所许诺，纤毫必偿，有所期约，时刻不易，所谓信也②。"他告诫后世子孙一定要秉持忠信行事，切不可私自毁约，此乃人立于世取信他人的必备品格。中国传统家训中关于处世品格诚信的训诫还有不少，如明末清初张祥履《训子语》中的"忠信笃敬，是一生做人根本"；唐代杜正伦《百行章·信行章》中的"一言之重，山岳无移；一信之亏，轻于尘粉"；明代吴麟征"立身修行之道，第一要诚实。要须立得诚实两字……皆可以自立于世③。"

总而言之，中国传统家训非常重视对诚实守信处世品格的培养，主要原因在于诚实守信能够化解社会生活中存在各种利益冲突，帮助人们与他人建立起良好的家庭关系、朋友关系，无论经济领域、政治领域、文化领域还是社会领域，都离不开诚实守信这一道德品质的规约。作为一种意识形态的抽象存在物，逐渐渗透到中华民族的精神世界当中，成为指引我们这个民族团结奋进的价值理念，使社会凝聚作用有效地发挥出来。然而，进入现代化社会，随着经济快速发展，人们的生活节奏加快，人们大部分精力都投入到了工作当中，有的甚至连家庭都无法顾及，更别说对他人他事的关心，对于侵犯到自己利益的行为更是表现出不能容忍，这种利己主义和功利主义的处世观念使得诚实守信这一传统美德的作用没有发挥出来。因此，上至国家下至个人，都应以主人翁的意识将诚实守信教育融入家庭和学校的思想政治教育工作中，同时在社会上营造诚实守信的风气，使人们重新关注人类自身的发展，营造和谐的社会环境。

---

① 喻岳衡. 历代名人家训 [M]. 长沙：岳麓出版社，1991.
② 袁采撰.《袁氏世范》卷 2《处己·人贵忠信笃敬》[M]. 北京：中华书局，1975.
③ 金滢坤. 论古代家训与中国人品格的养成 [J]. 厦门大学学报（哲学社会科学版），2018（2）：25—33.

（三）宽己达人、谦让为贵

随着社会的发展，很多事情都需要人与人之间的合作才能完成，正所谓独行快、众行远，要想走得更长远，无论个人还是群体，都需要团结协作才能激发更大的可能。然而在现实中，人们通常会放宽对自己的标准而提高对他人的要求，这样的双重标准显然不利于人际间的交往与合作，所以中国传统家训一直倡导宽己达人的处世理念。同时，对于他人的刻薄和炫耀，也要懂得谦让，这样无论在家庭关系的处理上，亦或是社会交往中，都能有效地缓解内部矛盾，维护家庭和社会的稳定。

孔子的"己所不欲勿施于人"成为后世处理人际关系的重要原则，意为要以对待自身行为的标准来看待他人。通常，人们更容易对自己表现出宽容，但对别人却较为苛刻，所以能做到宽己达人的人定是有着非同一般的修为，因为宽己达人的处世原则意味着尊重他人、平等待人、宽宏大量等优秀品质。袁采强调了宽容和忍让在维系家庭和睦中的重要性，但他的处世方式是非常理性的，宽容和忍让并不意味着要一味忍让，否则会导致积怨颇深，引起更大的矛盾，所以他建议随时调解①。袁采的《袁氏世范》在治家篇中还提出要宽恕对待奴婢，不可"鞭挞"，还要有同情心，当令其"暖饱"，谨防他们生病②。朱熹认为处理人际关系除了宽容、礼让，还要讲究谦虚，他曾教诫晚辈要定下自己为人处世的准则，要经常反省自己，不在他人背后议人长短，也不可能沉溺于自己的长处，为人应当谦恭有礼、礼让他人，应当"人有小过，含容而忍之；人有大过，以理而谕之"，对于他人的小错更需要包容、理解，应在尊重的基础上晓之以理动之以情，让对方明白自己的过错并及时挽回损失③。"江南一家"的郑氏家族因其治家严谨而出现了十五世同堂共食的盛况，《郑氏家范》中提出了一些"和为贵""谦让为贵""己所不欲，勿施于人"等公共生活原则，"宁我容人，毋使人容我④"。中国古代社会所要求的宽己达人、谦让为贵的品格同样适用于如今的社会，金无足赤、人无完人，我们都希望被周围的人温柔以待，对于那些刻薄尖酸之人，我们都不愿与之为伍。而对于拥有一颗宽容、谦让之心的人，他们的心里不仅容得下自己和亲人，也容得下周围的人，与他们为伍，不仅令人心生愉悦，还能在和谐的人际交往中观察他人、认识自己，不仅有利于自保，也是自身发展的需要。中

---

①　陈黎明. 论宋朝家训及其教化特色［D］. 武汉：华中师范大学，2007.
②　朱明勋. 中国传统家训研究［D］. 成都：四川大学，2004.
③　杨琦琛. 中国传统家训文化及当代价值［D］. 沈阳：沈阳师范大学，2018.
④　杨琦琛. 中国传统家训文化及当代价值［D］. 沈阳：沈阳师范大学，2018.

国传统家训将宽容、谦让这种处世品格一代又一代地传下去，逐渐成为中国人的思维方式和民族性格。中国是一个统一的多民族国家，之所以能够在数千年发展中维持大一统局面，就在于宽己达人、谦让为贵的伦理思想已根植于各民族的价值共识当中，遇到不一致的观点和意见，我们都能从对立部分走向共识的方面。所以我们中华民族才能对内保持和谐有序、对外保持和平共处。

二、顺世安命的处世方法

（一）中庸之道

中庸在中国传统文化中被视为人际关系的理想状态。个体并不是独立存在的，而是存在于中国传统的关系网中，个体总是与他人建立起这样或那样的联系，以便能够进行个人或社会交易的双边流动，双方都必须从交易中获得利益，以确保这种关系的持续，而滋养和维持这种人际关系就要秉持人际交往的价值理念和处世方法。中国传统文化则提倡儒家的方法论——中庸，以维持和谐。这里的中庸不是指一个算术概念，也不是一个统计平均值，而是指控制状态到一个适当的程度，没有极端，但维持着和谐的一种状态，它的本质是人应该努力成为一个理性的存在的信念。

中国传统家训的处世之道中不乏"尚中"的思想，中道即意味着一种妥协和与他人保持和谐关系的能力。朱柏庐在《治家格言》中曾言"凡事当留余地，得意不宜再往[①]"。意为过于顺利、满意的事不宜再做，凡事应留有余地，以免招致麻烦，其实就是说做事应讲究适度，维持一个和谐的状态。冯梦龙在《警世通言》也言"势不可使尽，福不可享尽，便宜不可占尽，聪明不可用尽[②]"。意为权势不宜使用到最大，福气不能一天享用完，便宜不可以全部占完，聪明不适合全部用完，这句话所讲的道理是做事不能太满，否则物极必反、盛极必衰，保持在两极中间的状态，做到量力而行。曾国藩也常用这句话来教导他的子孙。石成金在《传家宝》中指出："昔人云，话不可说尽，事不可做尽，莫扯满篷风，常留转身地，弓太满则折，月太满则亏，可悟也[③]"。石成金用这句话来告诉后人凡事不要追求完美，人生在世不如意之事十有八九，能达到一半的理想预期便是最好，留有遗憾才是人生的本色。清代学者沈赤然在其《寒夜丛谈》中写道：

---

① 陈义. 优秀传统家训涵养当代大学生价值观研究 [D]. 福州：福建师范大学，2017.

② 郭莹. 中国传统处世之道的文化性格 [J]. 学术月刊，2001（7）：78－84.

③ 郭莹. 中国传统处世之道的文化性格 [J]. 学术月刊，2001（7）：78－84.

"财取足用而已，过多适足以为患①。"意为家里钱够用即可，不可过多，否则遭贼匪惦记，体现的正是中庸之道。

中国传统家训处世之道的中庸思想实质上是一种在思想和行动上不把事情做到极致的文化心理，彰显的是一种避免过激的冲突和对抗的民族性格，中庸思想以其不偏不倚的持中态度来调和日常生活中的冲突和矛盾，缓和僵持的人际关系。同时，中庸之道还适用于处理人与自然的关系，俗语有云："不涸泽而渔，不焚林而猎"，体现的就是中庸思想协调各种社会关系的尺度和准则。因此，传统家训所倡导的中庸之道实际上是一种调节心态的教育方法，不是不为，是有所为而不追求极致，追求的是一种利己而不损人、万事只求半称心的心态，接受自己和他人他事的不完美，懂得"半称心"是人生的常态，保持轻松愉悦的交往心态，与他人一起笑看人生。

（二）"宿命论"

中国传统思想中的"宿命论"将福报与天命联系在一起。《朱子家训》有云，"守我之分者，礼也；听我之命者，天也。""人能如是，天必相之。"这里所要表达的处世哲学是守住自己的命运，遵循自然规律，这就是天，如果按家训中所述之"礼"行事，上天一定会帮助他②。"礼"意味着要修炼德行，一个人做好事就会得到上天垂帘，福报就会来到身边。颜之推在家训中推崇福报与天命相依的宿命论倾向，他主张"守道崇德"，修德致福，但身处乱世，即便修德也难免招致灾祸，面对这一"求福"悖论，他提出了"信由天命"的宿命论来解释③。他在《颜氏家训》倡言，"世见躁竞得官者，便为弗索何获。不知时运之来，不然亦至也。见静退未遇者，便为弗为胡成。不知风云不与，徒求无益也"。意为一般人看见那些奔走钻营而取得官位的人，就说："不去索取怎么能获得呢？"他们不知道时运到来时，你不求取也会来的；他们看见那些恬静谦让却没有得到赏识的人，就说："不去争取怎么能成功呢？"他们不知道时机没有来到，徒然去追求也是没有好处的。对于那些索取了没有获得和那些没去索取而获得的人，以及那些做了好事而不得好报和做了坏事而得福报的人，颜之推把这种福获不相称的现象诉诸于"先业"之故④。外典仁义礼智信，皆与之符"，目的就是要训诫后世

---

① 张洁. 明清家训研究 [D]. 西安：陕西师范大学，2013.

② 李胜飞. 朱子家训研究 [D]. 武汉：华中师范大学，2017.

③ 桑东辉. 魏晋南北朝时期士大夫德福观管窥——以《颜氏家训》为例 [J]. 孔子研究，2018（6）：139-147.

④ 桑东辉. 魏晋南北朝时期士大夫德福观管窥——以《颜氏家训》为例 [J]. 孔子研究，2018（6）：139-147.

子孙要行善积德，才能获得福报。

"宿命论"作为一种处世态度和方法，散见于中国传统家训文化里面，很多家训里面没有用"宿命论"这个词，但从很多家训的表述中也能窥见一二。"宿命论"并不是说不做任何举动完全天听由命，而是在遵礼修德的基础上坦然对待得失。作者主要想传递的思想是希望大家多行善事以为后世子孙积累福报，并将这种家风传承下去，从而实现人际交往在遵礼、行善的道德规范指导下以实现社会的和谐。

（三）顺势而为

中国传统文化有重"势"的传统，"君子穷则独善其身，达则兼济天下"正是顺势而为这一处世方法的体现。顺势而为既是一种处世态度，又是一种应时局而动的方法，彰显了古人应对世事无常局面时的一种智慧，在中国传统家训中，因势利导主要是体现在治学、治生、处世等方面。

顺势而为在治学方面主要体现为因势利导的治学方法。曾国藩曾教育子女，每个人都是不同的个体，做任何事都不可能是千篇一律的，所以不能一味地学习别人的方法，正所谓"磨刀不误砍柴工"，应从自己的实际需要和自身特点出发选择读书方法[1]。左宗棠认为治学要结合时势来治生和处世，经世致用正是其家教理念的体现。经世致用是指把学问与时俱进地运用于顺应时代的、有益于时代的地方，其实质是个体在顺应时代过程中自己担任的角色和应该承担的使命。在左宗棠看来，子女应以"读书明理，力行致用""士之有意用世者，盖欲行其志"作为自己生活实践的指南。经世致用孕育其经报国的家风中，他教导子女，读书的目的是要洞悉世事、明达天理、学会做人做事、渐臻圣贤。左宗棠认为，子女为学应讲求学以致用、知行合一。他后来写信告诉儿子说，"读书当为经世之学，盖欲行其志"，这当中潜藏着他对时代忧患的深思和对知识救世的寄托[2]。左宗棠用自己的知识立足于器物变革实践，如创办福州船政局培养工业技术人员和海军，以及筹资建兰州织呢局等。力图救亡图存以挽救朝廷危局。可见，左宗棠顺势而为的处世方法与国家的前途命运休戚相关。当代的传统家训中也不乏顺势而为的内容，冯天瑜先生对其"冯氏家训"进行了整理，他提及父母对其"远权贵，拒妄财"处世态度记忆深刻，至今历历在目，且对其兄弟影响深远。他表示，在嗜权逐钱之风日盛的当下，冯氏'远权贵，拒妄财'的家教尤具价值[3]。

---

① 鲁娅蕊. 曾国藩家庭教育思想对青少年家庭教育的启示 [D]. 郑州：郑州轻工业大学，2020.

② 王泓. 左宗棠家风：内容、体系与价值 [J]. 学术交流，2018（4）：65－72.

③ 冯天瑜. 未成文的家训载（月华集）[M]. 武汉：湖北人民出版社，2018.

顺势而为作为一种处世态度，具有强大的人生引领力，使人在不同的处境和情形中能更准确地判断和更适合自身成功的人生规划。人的成长离不开家庭，人的价值的实现离不开社会，人们的成长和成功在某种意义上诠释了家训文化的感召力。因势利导、经世致用等思想通常以治世、救世为急务，自身的发展和国家的发展息息相关，这种重"势"的传统无疑为更多家庭点燃了指路明灯，增强了家庭成员的凝聚力，使大家共同致力于推动社会的发展，从而营造良好的社会风气。

三、崇尚和谐的处世观念

和谐观是中华民族传统文化发展至今的核心思想，以孔子为代表的儒家学派在继承前人中和思想的基础上对和谐思想做了系统的表述。和谐意味着建立一种长期的、互惠互利的关系。中国传统家训文化提倡"治家者必以礼为先"，而行"礼"的目的是求"和"，正所谓"礼之用，和为贵。先王之道，斯为美；小大由之，小大由之，有所不行。知和而和，不以礼节之，亦不可行也。"所以，儒家思想中小到家庭大到国家和社会的和谐是需要"礼"制来规范的。儒学中的"礼"是指家庭和社会生活中的各方面所应遵循的价值观及其伦常规范，中国传统家训作为儒家"礼"法的重要载体，在维护家庭和谐、邻里和谐和人际和谐方面发挥了重要作用，从而产生巨大的社会凝聚力量。

（一）家庭和谐

"家和万事兴""夫妇和而家道兴"一直是中国人心中维护家庭和谐的至理名言，同时也反映出了人们在处理家庭关系问题时以和谐为取向的社会心态，这种和谐取向受中国聚族而居的社会结构、自给自足的自然经济和"中和"观念长期的教化等因素的影响，积淀成为中国人的一种稳定的民族性格，造就了中国传统家训处世观念的鲜明特色。

中国传统家训以"礼"规范家庭成员的行为以维持和谐的家庭关系，这体现在中国古代森严的家庭等级制度当中，"别尊卑，明贵贱"的伦理关系用于处理家庭内部的长幼关系、父子关系、夫妻关系、妻妾关系和嫡庶关系。吴宁康氏家规：卑幼见尊长，虽坐当速起以伸敬，有问则应对谨慎，有命则奉行之，手有执则投之，理有当则请而改之①。该家训告诫子孙后代要注重长幼尊卑，卑幼在尊长面前应礼让、谨慎，对尊长的命令应当尽快办理，以表恭敬，才是符合立法的。汉代班昭曾在《女诫》中强调了男尊女卑的伦理观念，"夫有再娶之义，妇

---

① 海图书馆编. 中国家谱资料选编·家规族约卷［M］. 上海：上海古籍出版社，2013.

无二适之文。故曰：夫者，天也，天固不可逃，夫固不可离也[1]。"他把女人看成是男人的附属万物，应该从一而终。这种封建礼制的尊卑观念对女性的发展有害，且阻碍了生产力的发展，但这种尊卑有序类的家训在一定程度上维系了家族成员之间的关系和家族稳定。

儒家思想其实提倡的是父母慈爱和子女孝顺的平等关系的，只是后来明清两代父权深化了尊卑的观念，所以在中国优秀传统家训中还有不少父慈子孝、兄友弟恭、夫和妇柔等基本家庭伦理关系，与尊卑有序类的家训共同发挥着维系家庭和谐的重要作用。中国传统家训不乏提倡爱与教，慈与严的结合家训思想，如《袁氏世范》中写道："吾今日为人之父，盖前日尝为人之子矣，凡吾前日事亲之道，每事尽善，则为子者得于见闻，不待教诏而知效。倘吾前日事亲之道有所未善，将以责其子，得不有愧于心[2]"。该家训要求父亲推己及子，是否事事做到了尽孝，并不会苛责于子。同样《袁氏世范》还要求儿子要设身处地为父着想，如他日为人父是否能到像做父亲待子那样，便不会苛责于父。兄友弟恭同样要求双方在秉持"礼"法的基础上相爱相敬，正如清代学者钟于序在《宗规》中所写道的："手足由一体而分，须若鸣琴鼓瑟，枝叶本同根而出，何为煮豆燃萁，无如世俗易移，以致天亲不笃[3]。"意为兄弟之间血脉相连，手足情深，理应兄长爱护弟弟，弟弟则要尊敬兄长，这样兄弟家才会和睦相处，家庭关系才能和谐。其实在不少传统家训中还可以看到人们对理想夫妻关系的向往，如方孝孺的"妻贤少夫祸，子孝宽父心。不知何人语，相传犹至今。室家两相好，如鼓琴与瑟。二亲岂不欢，花木罗春阴。虽云一樽酒，共酌还共斟。物情动相失，安用储千金，家暖在妇德，象系有遗音[4]。"中国传统的夫妻关系是女主内男主外，所以妻子对丈夫的照顾、对子女的教导仍然关系整个家庭的和顺，虽然儒家强调妇从父的伦常关系，但仍然可以看出夫妻关系在促进家庭和谐方面发挥着重要作用。

中国传统教训首先遵循"父慈子孝、兄友弟恭"的家庭伦理总原则，以协调家庭中父子、兄弟、夫妇等关系来统一家庭的思想。北宋司马光的治家观点最具代表性，"父慈而教，子孝而箴，兄爱而友，弟敬而顺，夫和而义，妻柔而正，姑慈而从，妇听而婉[5]。"因此，中国传统家训维系家庭和谐的因素除了"礼"，还在于血脉亲情，这种伦理模式才能统一家庭的思想，致力于建设和谐、稳定的家庭关系，而家庭又是一个小社会，家庭和谐是促进社会凝聚力形成的关键。

---

[1] 班昭，中国历代名人家训精粹·女诫 [M]. 合肥：安徽文艺出版社，2000.
[2] 朱明勋. 中国传统家训研究 [D]. 成都：四川大学，2004.
[3] 张洁. 明清家训研究 [D]. 西安：陕西师范大学，2013.
[4] 张洁. 明清家训研究 [D]. 西安：陕西师范大学，2013.
[5] 朱明勋. 中国传统家训研究 [D]. 成都：四川大学，2004.

（二）邻里和谐

中国传统文化中的睦邻指的是处理好与村邻的关系，然而，在古代宗法制社会，通常一村就是一族，这种特殊的社会结构意味着睦邻相当于睦族。从古至今，邻里关系无疑是影响家庭和睦的外部条件，同时也是构建和谐社会环境的重要组成部分。

中国古代社会家族势力庞大，大家族还涉及宗祠管理、田产、商铺等家族财产的所有权和经营权等问题，而作为家族日常管理的族规就必然对家族管理的理念、方法、制度等提出了明确的规定。传统家国同构的模式使得族规很多遵循家训的治家理念来进行管理，所以很多族规要求家族内部同样遵从长幼有序的观念来处理家族内部事务。朱柏庐《朱子治家格言》说道："兄弟叔侄，需分多润寡；长幼内外，宜法肃辞严。"兄弟叔侄之间应该互帮互助，严格按照等级秩序区分长幼内外[①]。中国古代之所以注重小弟姐妹交往过程中的礼仪，正是因为存在很多因为缺乏基本礼仪而导致的家族兄弟叔侄反目的例子。安徽桐陂的赵氏宗族的族规规定，族人的土地宅院等私有财产应当优先卖给本族之人，族人不买的情况下才可以卖给外姓人，否则将以不孝不悌论之[②]。家法族规对家族内部的私产买卖也作出了类似成文法一样的强制性规定，还列有相应的惩罚性措施，以维持家族的日常运转和维护族人的团结。古代那些和睦有礼的家族因其治家严谨、治家有方而得以延续宗脉、荣赫累朝，如北魏时博陵李氏《魏书·节义传》中言："七世共居同财，家有二十二房，一百九十八口，长幼济济，风礼著闻，至于作役，卑幼竞进。乡里嗟美，标其门闾。"他们的睦和的家风族风使其成为其他宗族学习的时望楷模。除了重"礼"，处理邻里关系还需要行善以积德。这一点我们从清人朱伯庐的《劝言》中可以得到部分证明，他在论"积德之序"时说"首以亲戚始，宗族邻党中，有贫乏孤苦者，量力周给。尝见人广行施与，而不肯以一丝一粟援手穷亲，亦倒行而逆施矣。次及于交与，……次及于物类[③]"。中国传统家训受儒家"爱有等差"思想的影响行善积德，成为和睦家族、邻里关系的共识。

常言道："远亲不如近邻。"这句谚语生动诠释了中国文化睦邻的传统，很多家训里面都把和亲睦邻作为处世的重要观念。曾国藩睦邻的思想深受曾氏家训的影响，从不吝啬对穷苦乡邻的帮助下，他曾引李母之言告诫家人切不可怠慢乡邻，"李申夫之母尝有二语云'有钱有酒款远亲，火烧盗抢喊四邻'，戒富贵之家

---

①　李淑敏. 中华优秀传统家训文化传承发展研究［D］. 长春：吉林大学，2020.
②　徐扬杰. 中国家族制度史［M］. 武汉：武汉大学出版社，2012.
③　朱明勋. 中国传统家训研究［D］. 成都：四川大学，2004.

不可敬远亲而慢近邻也。"曾国藩曾以"千里修书只为墙，让他三尺又何妨^①"的诗句化解了家邻之间的矛盾，至今沦为美谈，成为处理邻里关系的典范。

（三）人际和谐

中国传统家训文化的修身、齐家、处世三者是层层递进的关系，中国传统家训的处世教育是建立在修身、治家教育的基础之上的。处世之道作为人类社会日常中的重要内容，无疑成为了中国传统家训文化的重要教化内容，受中国传统文化中"中""和"思想的影响，处世之道追求人际交往的和谐，主要体现在以下几个方面：交往礼仪、处世美德、处世智慧等。

"礼之用，和为贵"，中国传统家训中的处世之道非常重视对人际交往礼仪的教育，《风操篇》："近在扬都，有一士人讳审，而与沈氏交结周厚，沈与其书，名而不姓，此非人情也^②。"《颜氏家训》对这句话的表述实际上是想表达人际交往的称谓礼仪不应该成为阻碍人际交往、破坏和谐的障碍，否则会导致"闻者辛苦，无憀赖焉"。但颜之推也理性地指出有些尊谓还是要保持的，"凡与人言，称彼祖父母、世父母、父母及长姑，皆加尊字，自叔父母已下，则加贤字，尊卑之差也^③。"他认为与人交谈时需要在对方亲人称谓前加"尊""贤"以区别尊卑，这才符合人与人之间交往应该做的事。所以，颜之推认为北方人不问是非只依据年龄结拜为兄弟的行为太草率了，"比见北人甚轻此节，行路相逢，便定昆季，望年观貌，不择是非，至有结父为兄、托子为弟者。"

中国传统家训文化强调处世交往要注重德行，如谦和礼让、诚实正直、光明磊落、襟怀坦荡、知恩图报、忠厚善良等"做人"品德。《颜氏家训·治家篇》有云，"借人典籍，皆须爱护，先有缺坏，就为补治，此亦士大夫百行之一也。"这里表达的意思是与人家交往要讲究诚信，借人家物品理应爱护，破坏他人物品理应偿还，以维系和谐的人际关系。在择友方面，颜之推在《慕贤篇》中告诫子弟"君子必慎交游焉。孔子曰：'无友不如己者。'颜、闵之徒，何可世得！但优于我，便足贵之^④"，认为择友一定要选择道德操守和本领技能高于自己的人，与他们交往自己也会向他们看齐，切忌不能与品行不好的人交往，以免人际交往不和谐。

中国传统家训文化还注重对人处世智慧的培育，如以退为进、以柔胜强、藏巧示拙、因人制宜等。洪应明的《菜根谭》指示其中精义说："处世让一步为高，

① 王艺霖. 曾国藩家训对当代中国家庭德育的启示研究 [D]. 银川：北方民族大学，2018.
② 邢黎鹏. 由《颜氏家训》谈颜之推的和谐观 [J]. 河池学院学报，2009（3）：118—121.
③ 邢黎鹏. 由《颜氏家训》谈颜之推的和谐观 [J]. 河池学院学报，2009（3）：118—121.
④ 邢黎鹏. 由《颜氏家训》谈颜之推的和谐观 [J]. 河池学院学报，2009（3）：118—121.

退步即进步的张本①。"这被视为人际交往的一种较高明的手段。《朱子家训》中"慎勿谈人之短，切莫矜己之长"是教育子孙在处理人际关系时不要论他人长短，亦不能因自大而炫耀自己的长处，尊重他人，同时又不因张扬而树敌，这样才能与更多的人处理好关系②。《温氏母训》中谈到与人相处要因人制宜，在生活中人们往往会遇到不同性格特征的人，既要发现对方的长处，也要看到对方的短处，对于不同类型的朋友，要采取不同的态度与之相处，这样才能实现共同的成长和维持良好的友谊③。

中国传统家训对和谐观的诠释主要是通过家庭和谐、邻里和谐和人际和谐三个方面来呈现，这种从亲人间交往到与陌生人交往的取向使得人们的交际圈在不断地扩大，传统家训通过对家庭成员进行思想政治教育，将做人处世方面崇尚的和谐观念从家庭这个中心不断向外辐射，和谐观在横向和纵向两个维度扩散，成为全社会各个领域促进冲突解决的价值理念，和谐社会成了全体人们的共同追求，可见，中国传统家训的思想政治教育在提升社会凝聚力方面发挥了重要作用。

① 郭莹. 中国传统处世之道的文化性格 [J]. 学术月刊，2001（07）：78—84.

② 李胜飞.《朱子家训》研究 [D]. 武汉：华中师范大学，2017.

③ 王力宁. 中国传统家训的思想政治教育借鉴研究 [D]. 哈尔滨：东北林业大学，2019.

第五章 中国传统家训文化的协调功能

协调意思是指搭配得适当,使配合得适当;协调就是正确处理组织内外各种关系,为组织正常运转创造良好的条件和环境,促进组织目标的实现。家训作为传承中华文明的微观载体,以一种无言的教育,协调着家庭、学校、社会在思想政治教育上的矛盾。习近平总书记曾指出:"促进家庭和睦,促进亲人相亲相爱,促进下一代健康成长,促进老年人老有所养,使千千万万个家庭成为国家发展、民族进步、社会和谐的重要基点。"中国有着五千多年的历史文化,在历史的长河中形成了内涵丰富、形式多样的家训文化,并为一代又一代人指引前行的方向,成为中国历史文化的重要瑰宝。我国优秀传统家训是中华祖先对家庭教育深入思考的智慧结晶,是融化在中华儿女血液里的气质,是沉淀在我国人民骨髓里的品格。家训作为传承中华文明的微观载体,以一种无言的教育,协调着家庭、学校、社会在思想政治教育上的矛盾。在当前经济社会飞速发展的背景下,更要大力倡导中国传统家训文化的教育,充分发挥优秀传统家训文化在家庭内部、家庭与学校以及家庭与社会之间的思想政治教育协调功能。

第一节 家庭协调功能

一、注重个人修身

中国传统家训文化非常注重个人的修身,这一理念深受孔子所倡导的"吾日三省吾身"思想深刻影响。孟子曰:"欲正其身,先修其心。"修身从正心开始。《礼记·大学》云:"自天子以至于庶人,壹是皆以修身为本。""修身"之本在于自省,自省是指自我反省、自我省察,自省思想贯穿了中国修身教育的整个历史。从孔子的"内自省"到孟子的"反躬自省"和"厚于责己",从荀子的"择善从之"到朱熹的"无时不省察",自省在传统家训中起着重要的作用。孔子主张"见贤思齐焉,见不贤而内自省也"的自省方法,告诫人们要善于以人为镜,以人为师,通过与他人进行比较来达到自省的目的。孟子主张"反躬自问"和"厚于责己"的自省方法,强调以"礼"正身和"自我择善"。荀子主张培养"择善从之"的自省方法,自己要主动好善嫉恶进行自省。朱熹主张"无时不省察"的自省方法。一方面,强调"省察于将发之际",在不善的念头刚刚萌发时,就自省和克制；另一方面，也强调"省察于已发之后"，已经做出了恶行，在自省发觉后要积极地修正。汉代蔡邕在其《女训》中指出："心犹首面也，是以甚致饰焉。面一旦不修饰，则尘垢秽之；心一朝不思善，则邪恶入之。人咸知修其面而不修其心，惑矣。"也就是说，人只有像洗脸一样地每天自我反省，才不会受到"尘垢"的污染。可见，人只有注重"自省"，好好"修心"，学会严格要求自己，正确对待自己的优点，宽恕别人的缺点，才能真正成为"贤者"。中国优秀传统家训在强调自省时非常注重协调"俭"与"奢""知"与"行"、人生抱负与勤奋品质之间的关系，以此协调个人"修身"和"励志"的关系。

中国优秀传统家训非常注重协调"俭"与"奢"之间的关系。历代家训都谆谆告诫后人要厉行节俭，"始于俭，卒于奢，自然之理也"。早在春秋时代，御孙就有"俭，德之共也，侈，恶之大也"之说。《左传·庄公二十四年》提到："俭，德之共也；侈，恶之大也。"将勤俭作为道德的基点，将奢侈视为最大的恶行。诸葛亮在其《诫子书》中指出："君子之行，静以修身，俭以养德"。《颜氏家训》则强调："俭者，省约为礼之谓也，吝者，穷急不恤之谓也。"以勤俭节约教育子孙后代。隋文帝杨坚也告诫其子："我闻天道无亲，唯德是与，历观前代帝王，未有奢华而长久者。唐代著名诗人李商隐在《咏史》中也写出"历览前贤国与家，成由勤俭破由奢"的名句。唐太宗李世民在《帝范》中专门将勤俭单列出来写成"崇俭篇"，在其中他训诫太子李治："奢俭由人，安危在己。""夫圣代之君，存乎节俭。富贵广大，守之以约；睿智聪明，守之于愚。不以身尊而骄人，不以德厚而矜物。故风淳俗朴，比屋可封。"《袁氏世范》强调："勤与俭，治生之道也。不勤则寡入，不俭则妄费。寡入而妄费，则财匮，财匮则苟取，愚者为寡廉鲜耻之事，黠者入行险侥幸之途。"这样教育子女的根本目的在于避免做官从政以后"由俭入奢易，由奢入俭难"。《宋史·宋太祖本纪》中指出："宫中苇帘，缘用青布；常服之衣，浣濯之再。魏国长公主襦希翠羽，戒勿复用。"北宋名臣司马光在其家书《训俭示康》中写道："言有德者皆由俭来也。夫俭则寡欲，君子寡欲则不役于物，可以直道而行；小人寡欲则能谨身节用，远罪丰家。"反之，"侈则多欲，君子多欲则贪慕富贵，枉道速祸；小人多欲则多求妄用，败家丧身。"他还说："众人以奢靡为荣，吾心独以节俭为美。"并一再强调："由俭入奢易，由奢入俭难。"北宋宰相王旦十分崇尚节俭，并身体力行。对于丧葬，他指出："厚葬无益，敛以时服。"《朱子家训》中提到，"一粥一饭，当思来之不易；半丝半缕，恒念物力维艰"，告诫我们要树立节俭意识。他也将勤俭作为养生的基本方法与齐家的基本条件。可见，中国优秀传统家训非常注重协调节俭与奢侈的辩证关系，将节俭品质作为教育家人或族人的优良品德和行为准则，只有勤劳才能获得财富，只有节俭才能使财物量入为出。

　　中国优秀传统家训非常注重协调"知"与"行"之间的关系。中国优秀传统家训非常强调"躬行"的作用。早在西汉时期，儒家思想家孔臧在其《诫子书》中就指出："徒学知之未可多，履而行之乃足佳。"东汉马援在《诫兄子严、敦书》中指出："好议人长短，妄是非正法，此吾所大恶也。宁死不愿闻子孙有此行也。"告诫子孙后代要谨言慎行。南北朝时期的颜之推是注重知行结合的代表人物，他说道："若能常保数百卷书，千载终不为小人也。"他对子孙的学习要求有两点，一是要阅读儒家经典，"明《六经》之旨，涉百家之书"，二是要"学习书法、数学、医术、绘画琴瑟、下棋、射箭、投壶等'杂艺'"。强调了"知"与"行"的重要性。在宋代，陆游在其《放翁家训》中强调，人必须"保洁"和"自守"，并指出："古人学问无遗力，少壮工夫老始成。纸上得来终觉浅，绝知此事要躬行。"王应麟教导子弟"玉不琢，不成器，人不学，不知义"，勉励子弟认真读书，以此改变气质、增加德性。北宋哲学家邵雍也十分注重"知"与"行"相结合，他在《戒子孙》中将人的"知行"能力分为三品："上品之人不教而善，中品之人教而后善，下品之人教亦不善。不教而善者，非圣而何？教而后善，非贤而何？教亦不善，非愚而何？"在这里，他提到的上品之人就是不需要教导就天生明白事理的人，也就是圣人，中品之人就是接受了教导之后用学到的来做事情的人，也就是贤人。那么下品之人就是教导了过后都不会学习的人，也就是愚人。圣人和至愚之人毕竟是少数，如果人们都可以"以学而行"，知行相促，人人都可以成为贤者。可见，中国优秀传统家训非常注重协调书本知识与实践锻炼的辩证关系，将躬行品质作为教育家人或族人的优良品德和行为准则。

　　中国优秀传统家训非常注重协调人生抱负与勤奋品质之间的关系。古人云："人无志，非人也"，人世一遭总要有所作为，立志成就一番事业，不能糊里糊涂、虚度年华。立志是一种自我要求，是一种人生修养，是修身的第一粒扣子，是成就事业的根基，它对提升个人内在素养，促进自我完善具有重要帮助。关于人生抱负的培养，中国优秀传统家训强调"夫志当存高远"。志向是指一个人的人生抱负和理想追求，是一个人的精神支柱。早在三国时期，"竹林七贤"的精神领袖嵇康早就有"人无志，非人也"之说。诸葛亮在其《诫外甥书》中强调："非淡泊无以明志，非宁静无以致远。"魏晋思想家嵇康在其《家诫》中也指出："若志之所之，则口与心誓，守死无二，耻躬不逮，期于心济。"北宋诗人张来训诫其子："业无高卑志当坚，男儿有求安得闲。"明朝徐媛告诫儿子："从小就应该立下一个定志，如果心中没有志向就会没有奋斗的方向，就会形同鸟兽般没有作为。"曾国藩也提出："立志是金丹"。可见，中国优秀传统家训将人生抱负的培养作为家庭教育的核心内容。关于勤奋品质的培养，中国优秀传统家训强调"勤则得多"。中国优秀传统家训强调，勤奋是一种重要的人生品质。早在西汉时期，儒家思想家孔臧在其《诫子书》中就指出："人之进退，唯问其志，取以必渐，勤则得多。"汉高祖刘邦曾训诫其子："汝可勤学习。"诸葛亮在其《诫子书》中强调："夫学，欲静也，才，须学也。非学无以广才，非志无以成学。"唐太宗也强调："夫人虽禀性定，必须博学以成其道，亦犹辱性含水，待月光而水垂；木性怀火，待隧动而焰发；人性含灵，待学成而为美。是以苏秦刺股，董生（仲舒）垂帷。不勤道艺，则其名不立。夫人性相近，情则迁移，必须以学伤以成其性。"唐代文学家韩愈在其《符读书城南》中指出："人之能为人，由腹有诗书。诗书勤乃有，不勤腹空虚。"宋代文学家欧阳修在其《诲学说》也指出："'玉不琢，不成器；人不学，不知义。'然玉之为物，有不变之常德，虽不琢以为器，而犹不害为玉也；人之性，因物则迁，不学，则舍君子而为小人，可不念哉！"可见，中国优秀传统家训非常注重协调人生抱负与培养勤奋品质之间的辩证关系，将勤奋品质的培养也作为家庭教育的核心内容。

二、注重家庭成员间的人际关系

中国优秀传统家训非常注重协调夫妻、父子以及兄弟之间的伦理关系，《礼记·礼运》曰："何为人义？父慈子孝，兄良弟悌，夫义妇听，长惠幼顺，君仁臣忠，十者谓之人义。"传统家训作为古代核心价值观培育的重要载体，以"父子笃，兄弟睦，夫妇和"为治家目标，认为整齐门内的重点在于"父子兄弟，长幼尊卑，各有条理，不变不乱①"，从而形成和谐有序的家庭人际关系。颜之推认为："夫有人民而后有夫妇，有夫妇而后有父子，有父子而后有兄弟。一家之亲，此三而已矣。"在这三对人伦关系中，夫妇是组成家庭关系的前提和基础，其次是父子和兄弟关系。在他看来，"父不慈则子不孝，兄不友则弟不恭，夫不义则妇不顺矣"。

"夫义妇顺"的夫妻关系。在所有的家庭成员关系中，夫妻关系是处在首位的。中国优秀传统家训以"夫为妻纲"的传统伦理为出发点，倡导在夫妻关系上要做到"夫义妇顺"。孔子曾说："昔三代明王之政，必敬其妻子而有道。妻也者，亲之主也，敢不敬欤！"妻子是自己孩子的生养者，为家庭增添子嗣，哪里有不尊敬的道理。家庭的和谐不是由个人单方面的付出来决定，理应是由夫妻双方共同构建的。从现实来看，也确实如此，夫妻关系和睦，家庭就幸福，社会风气就能够纯正。司马光认为："夫妇之道，天地之义，风化之本原也。"② 他在《家范》中也指出："为人妻者，非徒备此住德而已，又当辅佐君子成其令名，是以卷耳求贤审官，殷其富，劝其义，以正鸡鸣警戒相处，此贤内助之功也。"在他看来，作为妻子，不是只有德行就足够了，还应该辅佐丈夫，能起到规劝和警

---

① （明）吕坤撰，柯继铭编译. 呻吟语 ［M］. 哈尔滨：北方文艺出版社，2018.
② 余秉颐，李季林主编. 家训金言 ［M］. 合肥：安徽人民出版社，2009.

醒的作用，才是合格的妻子。同时他还认为"柔顺、清洁、不妒、俭约、恭谨、勤劳"是作为妻子应有的德性，夫妻双方只有以礼仪相互亲善和睦，以恩爱相互亲密合作，做到"男女相维，治家明肃"，才能相敬如宾，共同治理好家庭。可见，在中国优秀传统家训中，要求夫妻之间要互相礼让，相敬如宾，以此成就和谐家庭。

"上慈下孝"的亲子关系。中国优秀传统家训以"孝"为核心，遵循"父慈子孝"的传统伦理道德。林则徐家训《十无益》中写道："不孝父母，奉神无益"。《礼记·大学》云："为人子止于孝，为人父止于慈。"颜之推《颜氏家训》中写道："子父之严，不可以狎；骨肉之爱，不可以简。简则慈孝不接，狎则怠慢生焉。"都强调了上慈下孝的父子关系。这些传统优秀家训关于父子关系的论述总的来说可以概括为三个方面。

一是强调树立正确的教子观。他认为，爱子不能溺爱，而贵在教子，因而强调"爱子当教之以义方"。清代康熙皇帝向诸皇子指出："父母之于儿女，谁不怜爱？然亦不可过于娇养。若小儿过于娇养，不但饮食之时节，抑且不耐寒暑之相侵，即长大成人，非愚则痴。"这就指出了慈严并重的重要性。因此，中国优秀传统家训中，长辈处于主导地位的同时，也要承担起自己的责任，更要为晚辈树立榜样和表率，让子女效仿。

二是强调树立正确的孝道观。他认为，孝顺是判断一个人本性善恶的最基本的品行。在孝敬父母的态度上要"貌思恭，色思温"。在行动上要"出必告，反必面，居有常，业无变"。在言行举止上要严于律己，不让父母蒙羞。

三是强调树立正确的亲子观。他认为，子女要注重自我修养，做到"身有伤，贻亲忧，德有伤，贻亲羞"；同时，子女也要敢于对父母进行反向社会化的教育，做到"谏者，为救过也。亲之命，可从而不从，是悖决也；不可从而从之，则陷亲于大恶。然而不谏，是路人。故当不义，则不可不争也"。可见，传统家训非常注重对家人或族人的亲子关系教育，认为只有树立正确的亲子伦理观，才能维系亲子之间的代际伦理关系。

"兄友弟恭"的兄弟关系。在兄弟关系中，中国优秀传统家训也强调兄弟关系要做到"兄友弟恭"。兄弟都是父母生命的延续，他们之间必须是团结友善、和睦相处的。《小雅·常棣》中讲兄弟应该互相友爱："凡今之人，莫如兄弟"，"死丧之威，兄弟孔怀"，"脊令在原，兄弟急难"。杨继盛在《给子应尾、应箕书》中也写道："兄弟当和好到老，不可各积私财，致起争端；不可因言语差错，小事差池，便面红耳赤。"可见，中国优秀传统家训非常注重家庭和睦，如果兄弟之间不团结，不和睦，甚至反目成仇，那么在生活中一旦遇到什么困难，就会连帮助的人都难以寻求。

三、注重邻里间的社会关系

马克思说："人的本质不是单个人所固有的抽象物，在其现实性上，它是一切社会关系的总和。"家庭同样不能脱离社会而独立存在,需要处于一定的社会关系中,与他人交往。我国是有着古老历史的文化大国,倡导和谐邻里关系的历史源远流长。古人往往将邻里关系的处理当作一种道德规范,邻里关系的好坏通常会成为评价一个人道德修养的重要标准。比方说,"千金买宅,万金买邻""远亲不如近邻""和待乡曲,宁我容人,毋使人容我"。据可考文献记载,"邻里"一词产生于《周礼·地官·遂人》,其中记载:"五家为邻,五邻为里。""邻"和"里"实际上是指地域上相邻近的家庭。孔子云:"德不孤,必有邻"。袁采在《袁氏世范·治家》中提到要"睦邻里以防不虞""居宅不可无邻家,虑有火烛,无人救应""又须平时抚恤邻里有恩义"以及"至于邻里乡党,虽比宗族为疏,然其有无相资、缓急相倚、患难相救、疾病相扶,情义所关,亦为甚重"都强调和谐邻里关系的重要性。《菜根谭》也载:"遇欺诈的人以诚心感动之;遇暴戾之人,以和气熏蒸之,遇倾邪私曲之人,以名义气节激励之。"对待邻里要多些宽容。"远亲不如近邻""远水救不了近火",虽然邻里间没有血缘关系,但邻里关系有着地缘上的优势,对家庭自身管理、践行家庭伦理也具有重要影响,不仅可以营造和谐的小环境,同时在遇到困难的时候,邻居之间也能互相帮助、排忧解难。故"晏子曰:君子居,必择邻,可以避患。左氏曰:弃信背邻,患孰恤之。故梁人宋季有百万买宅,千万买邻之语,诚以急难相恤,远亲不如近邻之密也",彰显了好邻居的价值。中国优秀传统家训非常注重协调邻里关系,以促进每个家庭间的和谐。中国优秀传统家训认为邻里关系要做到宽容礼让、与邻为善、和谐共处。

宽容礼让。古人云:"大智者必谦和,大善者必宽容。"中华民族从古至今都是一个礼仪之邦,宽容谦让是一个重要见证,宽则得福,谦则得众,与人交往不仅言行有礼还要内心宽容谦让。在为人处世中,谦让是一种人格魅力,是美德的体现。所以,在中国优秀传统家训中,人们非常注重谦恭和忍让。朱熹曰:"邻,犹亲也。德不孤立,必以类应。故有德者必有其类从之,如居之有邻也。"袁采告诫子女待人要谦下有礼,待人接物无论贵贱,都应该以礼相待,不要有轻慢之心、虚伪之心、妒忌之心、怀疑之心,对待强者应该敬重,对待弱者应该谦逊,这样才能更好与人交。

据《桐城县志》记载,康熙时期文华殿大学士兼礼部尚书张英的老家人与邻居在宅基地问题上发生了争执,家人飞书京城,让张英打招呼"摆平"邻居,而张英回复了一首打油诗"千里修书只为墙,让他三尺又何妨?万里长城今犹在,不见当年秦始皇。"其弟听从兄长的劝说,建房时退让三尺,结果感动对方,也退让三尺建房,两家从此和睦如初,才有了"六尺巷"的典故。可见,宽容礼让在协调邻里关系中的重要作用,做到雅量容人,礼让一寸,得礼一尺,宽容谦让是智者的行为,是一种处理邻里关系的调和剂。

与邻为善。俗话说:"送人玫瑰,手有余香。"乐善好施,帮助别人,自己也会收获快乐。积善是古人极为推崇的修身哲学，小到修身大到与人相处都需要善行相随。孔子倡导"里仁为美。择不处仁，焉得知①?"宣扬邻里相处要有仁爱之心，有仁爱氛围的邻里环境才是美的。《大戴礼记·曾子立事》第四十九所谓"君子义则有常，善则有邻"。《易经》云："积善之家，必有余庆，积不善之家，必有余殃""积善得余庆之果，行恶得余殃之果。"高攀龙提出："善须是积，今日之积，明日之积，积小便大。"应该从日常的小事积极践行孝悌忠信，宽厚仁爱的善行，闻一善言，见一善行。《郑氏规范》中也规定了很多与邻居搞好关系的措施，如"里党或有缺食，裁量出谷借之，后催元谷归还，勿收其息。其产子之家，给助粥谷二斗五升"。邻居面对困难时要积极帮助他们。明末清初理学家朱用纯于《治家格言》中呼吁："见穷苦亲邻，须加温恤。"邻里相处汪辉祖同样给出了自己的见解，他认为"辑睦之道：富，则用财稍宽；贵，则行己尽礼；平等，则宁吃亏，毋便宜。"意思是，当与邻居涉及钱财交易时，假若自己手头算是宽裕，便不必斤斤计较；位居高位，手握权势之时，也要以礼待人，假若双方在钱财、地位上相差无几，在相处的过程中，哪怕自己吃些亏也不可贪图小便宜。

和谐共处。《中庸》云："和也者，天下之达道也。"《礼记·礼运》篇记述了孔子的"大同"理想："大道之行也，天下为公，选贤与能，讲信修睦。故人不独亲其亲，不独子其子，使老有所终，壮有所用，幼有所长，矜寡孤独废疾者，皆有所养。"昭示邻里之间要有仁爱。孟子云："乡田同井，出入相友，守望相助，疾病相扶持，则百姓亲睦。"（《孟子·滕文公上》）他希望"百姓亲睦"，要做到这一点也不难，因为"恻隐之心人皆有之"（《孟子·告子上》），在他看来："恻隐之心，仁也"（《孟子·告子上》），这种朴素而单纯的道德情感，对维系邻里关系至关重要。《中国古代家训四书》中也提到："人有小儿，须常戒约，莫令与邻里，折损果木之属；人养鸡鸭，须常照管，莫令与邻里，损啄菜茹六种之属，""须平时抚恤邻里有恩义"等。曾国藩在给家人的信中也写道："有钱有酒款远亲，火烧盗抢喊四邻。戒富贵之家不可敬远亲而慢近邻也。我家初移富贵，不可轻慢近邻，酒饭宜松，礼貌宜恭。"这些言论归根到底就是说与邻居之间应当和睦相处、相互尊重，应该用对待亲人的态度去对待邻里。蒋伊在《蒋氏家训》中也讲道："和睦邻里族党，勿听家人及妇人言致争。"与邻里和睦相处，切记不得听信家人毫无根据的话，不辨明事情的来龙去脉而与近邻争吵。当然，想要与亲邻相处和睦，还要学会以礼待人。郑板桥在《又谕麟儿》中讲道："至于邻里亲戚，无论与我家有隙无隙，是亲是疏，在尔只宜尊之敬之见面则谨执后辈礼，笑脸向人，可因族人背后讥笑我家，邻人曾窃我家园蔬，遇尔尊称，尔竟置

---

① 纪连海. 纪连海谈论语 学而·为政·八佾·里仁篇［M］. 北京：石油工业出版社，2019.

之不理。枉读圣贤书，全不解'泛爱众'之义。尔在少年时代已积下许多嫌怨，将来管理家政，必致个个都是仇人，奚能力身处世?"字里行间都是对儿子与近邻相处中的种种忧虑及盼望儿子能与近邻和睦相处的殷切之情。

第二节　学校协调功能

现代社会传统的家训渐渐淡出很多家庭的视野，家风建设亟待改善，家庭德育的缺失与缺位，不仅给学校德育带来压力，也让学校与家庭之间产生不可避免的矛盾，影响了思想政治教育的效果。发挥中国传统家训文化的协调功能能够改善家庭与学校之间的关系，更好地促进学生形成正确的世界观、人生观、价值观，最大程度形成家校合力，充分发挥思想政治教育的作用。中国传统家训文化之所以能够协调家庭与学校之间在思想政治教育上的关系。一方面，传统家训注重言传与身教。这能够促进家庭成员形成良好的习惯，促进良好家风的形成，弥补学校德育之外的空白，同时家庭的言传身教与学校倡导的教师要做到"学高为师，身正为范"以及榜样示范的德育方法有着异曲同工之妙。另一方面，家训是一种德育，可以弥补当下学校过于注重智育，缺乏德育教育，唯分数论的空白。同时，传统家训注重劳动教育。这与落实《中共中央国务院关于全面加强新时代大中小学劳动教育的意见》，加快构建德智体美劳全面培养的教育体系，将劳动教育纳入人才培养全过程，在大中小学设立劳动教育必修课程的国家政策相契合。

一、注重言传身教

古人云："以身教者从，以言教者讼。"也就是要身体力行，不能只说不做。在中国古代，总是几代人居住在一起，从老一辈那里开始以身示范，经过中年一辈加以引导，小辈努力学习，自然而然就会形成一种家族内的良好风气，也就是我们所说的家风。家风一旦形成，往往比任何一种教诲都更直达内心。父母作为孩子的第一任老师，他们的言行对后代的价值观的形成具有深远的影响。孔子也曾说："其身正，不令而行；其身不正，虽令不行[①]。"讲的就是身教的重要性。《毗陵孟氏续修族谱·家训》有言："教训不止言教，教以身教为上而言教亦不可废也。"又如义乌盘溪的施氏家训云："为家长者当以至诚待下，一言不可妄发，一行不可苟为，庶合古人以身教之意。都强调了言传身教的重要性，"言教"和"身教"两者相辅相成，缺一不可。"颜之推在《颜氏家训》中记载："劝一伯夷，而千万人立清风矣；劝一季札，而千万人立仁风矣；劝一柳下惠，而千万人立贞

---

① （春秋）孔子，杨伯峻，杨逢彬，注译，杨柳岸导读. 论语 [M]. 长沙：岳麓书社，2018.

风矣；劝一史鱼，而千万人立直风矣。"在家庭中树立一个好的榜样，千千万万人就会效仿，社会风气便会好起来，这就是言传身教的重要作用。南宋名臣、理学家徐侨在《徐氏家范》中也表述了类似的观点，"为家长者，必秉公执直、谨守礼法以御族众，一言不可妄发，一事不可妄为，至于剖决是非、分其曲直，务宜和解，毋得徇私偏见以至与讼。"

诚信的本意就是言行一致，言传身教的教育方法与诚信本意相符，所以通常会产生较好的教育效果。康熙曾讲道："凡人有训人治人之职者，必身先之可也。"《伏学》有云："君子有诸己而后求诸人，无诸己而后非诸人。特为身先而言也。"（康熙：《庭训格言》）在这里他引用了《大学》中的有关君子身教的语句，强调了只有以身作则，才能让说教更加富有信服力。汪辉祖在《双节堂庸训》中讲道："生之而无以为养、无以为教，便孤祖父之名。夫子教我以正，夫子未出于正，子孙虽不敢显言，未尝不敢腹诽。无论居何等地位，一言一动，要想做子孙榜样，自然不致放纵。"他认为为人长辈，一定要注意自己的一言一行，做他们的榜样，才能达到教育子孙的目的。曾国藩也曾表示："吾与诸弟惟思以身垂范而教子侄，不在诲言之谆谆也。"（曾国藩：《致澄弟温弟沅弟季弟》）他认为身教比言教更加重要，本着这种精神，他不仅要求夫人要随时注重自己的言行，更要求长子也要为家中小辈起到表率作用。

二、注重德育

古代家风教育虽然追求登科考试光耀门楣，但是也非常注重对后代进行德育。"为人处世，贵在有德""以德待人"精神渗透在古代家训的内涵中，比如，"己所不欲，勿施于人"强调要宽厚待人，"言顺和气，平和处之"提倡恭敬谦让，"守信用，重然诺""精诚所至，金石为开""待物莫如诚"主张以诚待见，"滴水之恩，涌泉相报"倡导知恩图报等。三国时期嵇康认为做人不仅要有德，还要有远大志向和矢志不渝的意志，他在《家诫》一文中开篇即说："人无志，非人也""君子用心，有所准行，自当量其善者，必拟议而后动。若志之所之，则口与心誓，守死无二。耻躬不逮，期于必济。"西晋王祥认为信、德、孝、悌、让等美德是立身之本，应当从德行培养上进行修身。他说过，"夫言行可覆，信之至也；推美引过，德之至也；扬名显亲，孝之至也；兄弟怡怡，宗族欣欣，悌之至也；临财莫过乎让；此五者，立身之本"。司马光《家范》提出：长辈不能得意于为子孙创造连片的田地、满街的商铺而忽视礼仪、规矩的教诲，这样容易培养后代奢侈、安逸、骄傲的风气，从而导致万贯家产被败光，假如有仁义礼信、忠孝廉耻这些道德品质傍身，对做学问、做人、做事、为官、处世都具有重要帮助。明代的姚舜牧在《药言》中指出："智术仁术不可无权谋术数不可有。"教育子弟要以仁爱之心待人，要将做好人、做善人放在为人处世之首。同时，他认为长辈应为子孙考虑"心地""德产"，而不是田地、房产。明代吕坤在《吕新吾范》中告诫道："子孙处事接物，当务诚朴，不可置纤，巧之物，务以悦人，以长华丽之习。"清代汪辉祖在《双节堂庸训》指出："应世之方，以勿欺为要，人能信我勿欺，庶几利有攸往。"面对交往处世过程中因理解错位或利益冲突而产生的怨怼，要持善待包容的态度。从这些对子孙的要求中可见，传统家训非常注重对子孙后代的德育教育。而且为了更好地进行德育教育，传统家训会采取生活化、可实践的语言，潜移默化地影响后代的价值观念和行为习惯。比如，清代国子监大学士王心铨在自家院落的窗棂上亲自用木板雕刻成的"仁义礼智信"的图案，至今仍还保留完好，目的也是教导子孙后代要牢记儒家的核心价值观。这些都是将儒家"礼"的观念融入到了子弟待人接物、进德修身方面的生活中，并逐渐内化为家庭成员的一种价值观念，最终养成良好的德行。

三、注重劳动教育

中华民族是一个勤于劳动、善于创造的民族，《孟子》中就有"后稷教民稼穑，树艺五谷；五谷熟而民人育"的记载。古代家庭将勤勉劳作视为社稷之基和生活之本，也留下许多至理名言，如"惟德之勤劳""人生在勤，不索何获""君子之处世也，甘恶衣粗食，甘艰苦劳动，斯可以无失矣""勤劳乃逸乐之基也"等。

辛勤劳动是中华民族的传统美德，也成为历代家训中的一项重要内容。陆游在家训中给儿孙提出了上、中、下三种人生道路："吾家本农也，复能为农，策之上也。杜门穷经，不应举，不求仕，策之中也。安于小官，不慕荣达，策之下也。舍此三者，则无策也。"把以农为本、勤力劳作作为儿孙安身立命的上等选择。"闻义贵能徙，见贤思与齐。食尝甘脱粟，起不待鸣鸡。萧索园官菜，酸寒太学齑。时时语儿子，未用厌锄犁""吾家世守农桑业，一挂朝衣即力耕""舍东已种百本桑，舍西仍筑百步塘。早茶采尽晚茶出，小麦方秀大麦黄……愿儿力耕足衣食，读书万卷真何益""畜豚种菜养父兄，此风乃可传百世""更祝吾儿思早退，雨蓑烟笠事春耕""但使乡间称善士，布衣未必愧公卿"……这些都是他以诗歌的形式传递崇尚劳动的理念的表现。

从汤显祖的《望耆儿》："雨过杏花寒食节，秣陵春色也依然。闲游不是儿家业，大好归来学种田。"中可以感受到，他把劳动视为人生的"治生之本""治生之道"，提倡通过劳动和创造播种希望，并教导儿子，不要闲游、虚度时光，及早返回故乡"学种田"，重视农桑，参加劳动，这体现了他对劳动价值的认可与崇尚。清代的《闺训千字文》也记载了有关女子劳作的内容："收拾物件，照料田场；猪羊牛犬，修厩圈墙；挈牲牧放，喂秕饲糠；耕耘饷馌，谋储稻粱；……楼台亭榭，屋宇庭堂；洒扫污秽，擦掸含光；载植树木，讨究蚕桑。"这里也强调了要勤于劳作。

四、注重严慈相济

现在社会要求学校在对学生进行德育教育时要遵循尊重信任学生与严格要求学生相结合的原则，这与古代传统家训倡导的"严慈相济"相契合。严慈问题是训诫子女过程中的严格与宽松问题，归根到底是爱与教的问题，在这一问题上传统家训主张严慈相济的教育理念，倾向于既要严格要求，又要爱心感化，认为在教育过程中要坚持慈爱有节、严而有度的原则。"慈母有败子""孝子不生慈父之家"的说法早已有之，很多家训都提到因为溺爱、偏爱、宠爱而导致的危害性，因此，要严格约束和正确引导年幼子女。

司马光在《潜虚》里有论："慈而不训，失尊之义；训而不慈，害亲之理。慈训曲全，尊亲斯备。"清朝的吴汝纶在《谕儿书》中指出："凡为官者，子孙往无德，以习于骄恣浇薄故也。"都说明了对于后代的教育要严慈相济，既要严禁娇惯和放纵子女的行为，把各种不良行为消灭在萌芽状态，也不能过于苛刻，否则会滋生逆反。例如，"或因妄憎、虐待而失教致祸，如孩子微有疵失便生憎恶，偶有小过，视为大恶"都是不好的教育方式。只有将严与慈结合起来，才能真正把握好家庭教育的度与量。

除了进行"慈爱"教育之外，还应实行"严格"的家法家规。"有子弟之责者，宜以朴诚为主，无以巧诈相尚。有不率则训诫之、曲抑之，无令纵恣自逞，终致门祚衰薄"。对于一些不诚实的子弟，要对其进行训诫，对于比较严重的还规定："凡子弟倘奸盗、诈伪、败伦、玷族，送官正法，乃革除宗祠"。因此，正确的教育方式应该是"慈爱不至于姑息，严恪不至于伤恩"。《袁氏世范·睦亲》进一步指出："子幼必待以严，子壮无薄其爱。"在子女成长的不同阶段，严、慈的侧重点应有区别。

第三节　社会协调功能

习近平总书记在同全国妇联新一届领导班子集体谈话时强调，"千千万万个家庭的家风好，子女教育得好，社会风气好才有基础"。强调了家风的社会作用。良好的家风得益于家训的规范，中国优秀传统家训作为一种深藏于家庭的意识形态，对于家庭成员的人生观、世界观和方法论具有强劲的指导作用，它是"修身、齐家、治国，平天下"人生模式的家庭教科书，是有别于官方意识形态而更有文化张力的通俗文化、大众文化、底层文化，因此很有影响力。

一、注重社会道德

古代家训始终把"守公德、严私德"作为实现利国、利民、为国、为民的基本内容，要求后代遵守社会的公序良俗，成为社会风气的表率。《颜氏家训》注重培养子女务实的品行，认为只有这样才能为国家社会干实事。"士君子之处世，贵能有益于物耳，不徒高谈虚论，左琴右书，以费人君禄位也。"之所以强调严私德，是因为"但知私财不入，公事夙办，便云我能治民；不知诚己刑物，执辔如组，反风灭火，化鸱为凤之术也。"也就是说，要不谋私财，趁早办理公事，也要以身作则，诚己正人。司马光在《训俭示康》中写道："侈则多欲。君子多欲，则贪慕富贵，枉道速祸；小人多欲，则多求妄用，败家丧身；是以居官必贿，居乡必盗。故曰：'侈，恶之大也。'"意思是人一奢侈，就会产生很多欲望，就容易犯错。

（一）诚实守信

诚信是人类社会普遍的道德要求，也是个人立身之本。许慎在《说文解字》载"诚，信也""信，诚也"。"诚"和"信"相互融通的。忠信，礼之本，民无信不立。做人要讲诚信，重履诺。孔子赏识"子路无宿诺"，"无宿诺"就是能积极及时地兑现诺言。《弟子规》中关于诚信有这样的论述："凡出言，信为先，诈与妄，奚可焉。"告诫人们开口说话，诚信为先，要用心去履行自己所说之话。答应别人的事情一定要遵守承诺，不能轻许诺言，更不能用花言巧语来欺骗。《大学》中曰："所谓诚其意者，毋自欺也。如恶恶臭，如好好色，此之谓自谦。故君子必慎其独也。""小人闲居为不善，无所不至。见君子而后厌然，掩其不善，而著其善。人之视己，如见其肺肝然，则何益矣。此谓诚于中，形于外。故君子必慎独也。"也就是，人要使自己的意念诚实，不自欺，真诚地面对自己的内心。

在传统家训中，一些家族长者也非常注重培养后代的诚信道德。宋代刘清之在《戒子通录》中写道："夫言行可覆，信之至也。"道出了诚信的最高境界就是所说之话和所做之事，能够经得起检验和核对。与人相交诚信最重要，"人无信不立，业无信不兴"，是为人处世应该有的本分。曾国藩言："凡与人晋接周旋，若无真意则不足以感人。"待人接物贵在真诚，不讲假话。金缨《格言联璧处世》认为："以真实肝胆待人，事虽未必成功，日后人必见我之肝胆；以诈伪心肠处事，人即一时受惑，日后人必见我之心肠。"诚信是得到别人理解的法宝。明代1669年由乐氏家族创办的同仁堂始终坚持诚信的经营信条，无论在其药店还是在车间里，都悬挂着"炮制虽繁必不敢省人工，品位虽贵必不敢省物力。"这条古训就是在清康熙四十五年乐凤鸣在《乐氏世代祖传丸散膏丹下料配方》一书序言中明确提出的，后来成为历代同仁堂人在制药过程中遵循的行为准则，同时也成为每一位同仁堂人的做人信条，正是因为这样同仁堂才能历经百年而不衰。彭德怀也告诫侄女梅魁："茄子不开虚花，小孩不讲假话。"王昶还把对子女的诚信品格要求寓于名字之中："为兄子及子作名字，皆依谦实，以见其意。"由此可见，诚实守信是一个人最基本的社会道德。

（二）助人为乐

优秀传统家训文化非常注重人与人之间的交往，要求家庭成员在人际交往、社会实践中要体现德行修养，不仅为自己谋利益，而且要给他人和社会带来利益。一些大家族还会教育子女要救济生活窘迫的乡邻，并将一些具体措施列入家训中要求后代按此实施，如设茶水站为过往的路人提供茶水。为人还要谦恭宽厚、助人为乐。宋儒朱熹《朱子家训》卷中以"大丈夫当容人，勿为人所容"要求子女对自己要高要求，对他人要善解人意。《孔子家语》的"大道之行也，天下为公，选贤与能，讲信修睦。故人不独亲其亲，不独子其子"教育后辈要以"公"心处世，维护社会的和谐。《聪训斋语》的"每思天下事，受得小气，则不至于受大气；吃得小亏，则不至于吃大亏，此生平得力之处"劝诫人们处世时要去除私心，怀有公心。这些家训都是主张每个人在维护社会公共利益的前提下处理人际关系、参与社会生活，维护集体利益、国家利益，从而实现自身的社会价值。出以公心的思想除了包括要为他人谋利益，还号召人们要尊重自然界。《朱子家训》以"勿非礼而害物命"提醒子辈立世中教诫子女在处世中除了待人要友善，也要爱惜动物的生命。优秀传统家训文化倡导的处世所要遵守的公心原则仍适用在当今的社会公德建设中。

（三）保护生态

生态文明概念虽是近年提出，但生态文明观念却在中国有着其深厚的思想渊源，尤其是儒家伦理思想渊源。儒家传统家训中蕴含不少生态伦理教化思想，如取用有度，珍惜资源；爱惜物命，乐善好生；随顺自然，不违自然之法等。

第一，取用有度，珍惜资源。爱护自然资源、防止过度索取的思想在儒家传统家训中有着充分的体现，无论帝王、官宦还是黎民百姓之家的家训，教化家人、子弟厉行节俭，力戒奢靡、贪婪的内容都占据较大的分量。譬如唐太宗李世民在其为教诲太子李治而撰写的家训《帝范》中，就要李治注重崇尚节俭，不要浪费物力，指出："夫圣代之君，存乎节俭。富贵广大，守之以约。"

贪心残暴的欲念不消除，必然会加重对自然资源的索取，对民生的剥夺，从而使自然承担更大的产出压力，甚至会造成对生态环境的巨大破坏。一般官吏、百姓的家训在论及治家时无不极力倡导俭约立世。如清代蒋伊的《蒋氏家训》中就强调："不得从事奢侈，暴殄天物。厨灶之下，不得狼籍米粒。"

第二，爱惜物命，乐善好生。面对自然，优秀传统家训文化主张要爱护动物植物，对自然尊重敬畏。在人类与动物的关系上，孟子是较早提出珍惜动物生命、保护动物资源这一问题的思想家。他认为人之所以为天下贵，就在于人之心性与天相通。为此，他主张人类应该"恩足以及野兽"，仁人君子应该"远庖厨"（《孟子·梁惠王上》）。这一朴素的悯物爱物、乐善好生观念，将人道思想推人及物，对后世的家训等产生了较大的影响作用，如南宋袁采的《袁氏世范》。在这部被誉为"《颜氏家训》之亚"的家训中，袁采专门论述了怜惜动物的问题。他指出："飞禽走兽之于人，形性虽殊，而喜聚恶散，贪生畏死，其情则与人同。"因而，"物之有望于人，犹人之有望于天也"。他要求家人天气寒冷时，经常去检查一下牛马猪羊鸡狗鸭的圈窝是否遮风挡寒。他认为"此皆仁人之用心，见物我为一理也。"

传统家训不仅反对任意杀生以图口腹之欲，甚至反对养鸟、摧残小动物之类的行为。康熙年间的进士彭定求作的《治家格言》中告诫子弟"养鸡鸭，不养鸟"。清代郑板桥还深刻阐述了反对"笼中养鸟"的道理。他在给堂弟郑墨的信中要求对自己52岁才生的幼子进行爱护动物的人道教育。他说自己平生最不喜笼中养鸟，因为"我图娱悦，彼在囚笼，何情何理，而必屈物之性以适吾性乎！"叮嘱堂弟不要将蜻蜓、螃蟹作为儿童的玩具，因为这些小动物不过一时片刻便折颈而死。信中还说，即便是最毒的蛇蚖蜈蚣豺狼虎豹也不能随意杀害，而应驱之、规避则可。

第三，随顺自然，不违自然之法。传统家训的作者，非常重视保护家族居住地区的生产和生活环境，在长期与自然打交道的过程中，形成了与自然和谐相处的朴素观念。《袁氏世范》告诫邻里要及时疏浚河塘，保护水源，批评"三月思种桑，六月思筑塘"的民谚是无远虑的腐见，强调"池塘、陂湖、河埭，蓄水以灌田者，须于每年冬月水涸之际，浚之使深，筑之使固，遇天时亢旱，虽不至大稔，亦不至于全损。今人往往于亢旱之际，方思修治，至收刈之后，则忘之矣。谚所谓三月思种桑，六月思筑塘，盖伤人之无远虑如此。"袁采不仅号召乡邻共同参与兴修关系生存家园的水利事务，而且号召大家广种树木。他说"桑果竹木之属，春时种植甚非难事，十年二十年之间，即享其利。"

为使水土不被破坏，保护农业生态环境，有些宗族法规定，族人必须保护山林，秋天防火，春天护苗，砍伐草木讲求季节，违者"重责三十板，验价赔还"。有些家训作者甚至以自然现象教诲、启迪子弟明白人要尊重自然规律、与生态环境和谐相处的道理。例如，张英在其家训《聪训斋语》中说自己平生酷爱看山种树，寄情园林花草。"以田为本，于隙地疏池种树，不废耕耘"。他借自己尽享山林之乐，不仅告诫儿子融入自然可以习得摄生之法，修身养性，消除各种"嗜欲"，而且要其体验人性与自然融合为一之理，从理论上深刻阐述了人与自然和谐相处的理念。张英以花木生长为例，告诫后辈要随顺自然、尊重自然规律。他说："如一树之花，开到极盛，便是摇落之期，多方保护，顺其自然，犹恐其速开，况敢以火气催逼之乎？京师温室之花，能移牡丹、各色桃于正月，然花不尽其分量，一开之后，根干辄萎，此造化之机，不可不察也。"他以花发四季之不同，引导子弟体察不违自然之法的"天地造化之理"。他说："尝观草木之性，亦随天地为圆转。梅以深冬为春，桃李以春为春，榴荷以夏为春，菊桂芙蓉，以秋为春。观其枝节含苞之处，浑然天地造化之理。故曰'复其见天地之心乎？'"

二、注重社会责任

《国家》中有这样一句歌词："家是最小国，国是千万家。"国不强则家不富，国家是家庭发展的基础，家庭命运与国家命运是交织在一起的。古代家训始终认为家庭教育担负着国家和社会的责任，是教化和培育家人具有天下情怀的一种重要途径。因此，历朝历代家训非常重视对家庭成员的国家和社会责任感的培养，在提升个人品德基础上要求每位家庭成员担负起应有的责任心。

（一）爱国

优秀传统家训文化表达了强烈的爱国情感，并且在朝代的更迭中传承了下来。纵览中国古代历朝历代的家训对于"家国一体"的思想教育，从根本上传承着"家国不分""为国为家"的中华文明精神的核心价值理念，既有教诫子女在战场上勇敢御敌、保家卫国，比如，宋朝名将岳飞奔赴战场前，岳母在其后背刺"精忠报国"四字，教诫儿子报国安民。也有教育子女在日常生活中为尽心公事，按时上缴税费等。如《颜氏家训》告诫子孙不能成为"居承平之世，不知有丧乱之祸；处庙堂之下，不知有战陈之急；保俸之资，不知有耕稼之苦；肆吏民之上，不知有劳役之勤"的奸邪小人，要时刻督促自己为国分忧。宋代《夫椒丁氏家箴》的"吾族有田则有税，凡遇催征，依期完税，庶免里书受累差役频催，而每年公事既办，此心亦觉快然"教育子孙一定按时纳税，为国分忧。

爱国既是个人的人生信仰，也是我国传统伦理最高的道德要求，凝结着古人对祖国的深情厚谊。在《颜氏家训》中的《勉学》篇提道："古之学者为人，行道以利世也。"而更为重要的是《颜氏家训》主张的学习目的是能够经世致用，于是它指出，"士君子之处世，贵能有益于物耳，不能高谈虚论，左琴右书"，因为这样做必然不能实现治世平天下，"吟啸谈谑，讽咏辞赋，事既优闲，材增迂诞，军国经纶，略无施用"。意思是，如果整天只知道吟诗啸歌，谈笑戏谑，写诗作赋，悠闲自得，除多了一些迂腐荒诞的小技能，对于军国大事，治世理政，一点用处都没有。显然，从《颜氏家训》来看，个人修为提高的目的就要为了国家社稷，否则没有意义。

（二）敬业

优秀传统家训文化中的敬业要求和当代社会主义公民道德建设中的职业道德建设都是为了培养受教者高尚的职业道德操守，树立强烈的社会责任感。中国传统"敬业"是对传统社会从事职业活动的劳动者提出的一种职业道德或者职业要求，或者说是对中国传统职业活动道德精神的一个凝练和总结。就其内容体系而言，中国传统"敬业"是职业态度、职业荣辱、职业理想的高度统一。作为职业态度，它要求从业者尽职尽责、勤勤恳恳，对工作充满热情，全身心地投入工作，并且具有奉献精神；作为职业荣辱，它要求从业者货真价实、诚实不欺、遵守契约、有诺必承、注重职业信誉、坚决拒绝商业欺诈、坑蒙拐骗等低劣行为；作为职业理想，它要求从业者精益求精、刻苦钻研，不断提高职业技能，将职业视为实现人生价值的重要途径，取得事业成功。关于"敬业"，《礼记·学记》中说道："一年视离经辨志，三年视敬业乐群，五年视博习亲师，七年视论学取友，谓之小成。"其中的"敬业乐群"是古代学校对学生进行的更高阶段的学问考量。唐代孔颖达认为："敬业，谓艺业长者，敬而亲之；乐群，谓群居朋友善者，愿而乐之。"认为应该恭敬、严谨地对待自己的职业。宋代朱熹则说："敬业者，专心致志以事其业也。"认为敬业是专心致志地对待自己的职业。梁启超结合传统文化中的敬业思想，提出"敬业乐业"认为"敬业"就是指在工作中要有"责任心"。因此，中国优秀传统家训也非常重视敬业教育。

（三）清廉

俗话说："公生明，廉生威。"纵览我国几千年的历史，古人历来重视对居庙堂之人清廉家风教育。宋朝的《包孝肃公家训》规定："后世子孙仕宦，有犯赃者，不得放归本家，死不得葬大茔之中。不从吾志，非吾子若孙也。"吉鸿昌以茶碗明志"做官即不许发财"。陈云要求子孙"不居功、不自持、不收礼"等。蒋伊在《蒋氏家训》中讲道："不可以势利强取人财，财命相连，得无以此伤人命乎？吕祖尚不肯误五百年后人，况目前哉！"强调为官要以大局为重，以百姓利益为重，不可做谋财害命、欺压百姓之事，而且为官要清廉，做事公正。唐廉在《长子羲伯授广东阳江令书此示之》中说道："钱谷与刑名，动系人生死。惟公讼乃平，惟勤盗斯止。"强调了处理政事的客观性的重要性，这也是为官清廉必备的修养。

三、注重传承

之所以当下还能了解和研究传统家训文化，是因为传统家训以不同的方式被记录下来流传至今。传统家训文化形式非常丰富，有的通过口口相传，有的通过文字记录，也有的通过建筑、饰物、祭祀用品等实物流传下来。中国人有敬天地尊祖宗的传统，所以最早的家训文化形式就是口头形式以及实物形式。随着历史的发展时代的进步，人们有意识地将家训文化用文字记载下来以传承后世。从古书上可考证的第一篇家训文献开始，我国的家训历经了几千年的时间，变化过多种形式，其中常见的有专著、专篇文章、家书、诗词歌赋、宗谱、法令条规、女训、帝训等。后来又发展出家训集、家规、家仪、家书集、家训诗等传承家风的载体，下面简要介绍几种载体。

（一）家书

家书是我国传统家训中较早出现且流传极广的一种较为随意性的家训形式，人们用这种方式教育子孙时不像写家训专著那样古板，而是怎么想就怎么说且具有极大的感情色彩。如"今我告尔以老，归尔以事，将闲居以养性，覃思以终业；自非拜国君之命，向族亲之忧，展敬坟墓，观省野物，胡尝扶杖出门乎。家事大小，汝一承之。"这是一封非常典型的家书的内容，是汉末郑玄教育其子的文章，题为《戒子益恩书》。

（二）女训

真正意义上的女训文献，现存最早的是汉代班昭的《女诫》。班昭的《女诫》不仅是现存最早的具有家训性质的女训之作，而且还是以后同类的女训之作中最有影响的一部，它的出现开启了以后历代文人学士仿作女训的先河。

（三）遗训

遗训指家训的主体在临死前对自己的儿子或亲人的教诫。如后汉祭彤在其《临终救其子逢参等》中就说："吾奉使不称，微功不立。身死惭恨，义不可以受赏赐。汝等责兵马，诣边乞效死前行，以副吾心。"这是临终教诫儿子们要继承遗志，以了却自己生前未能了却的心愿。

（四）诗歌

由于诗歌以其特有的格式合着押韵，朗朗上口，用这种形式写出的家训更易于记忆，因此在诗歌盛行的唐代，也出现了家训诗这种特有的形式，如韩愈的《符读书城南》，"灯火稍可亲，简编可卷舒。岂不旦夕念，为你惜居诸。"

（五）帝训

帝训在我国有着悠久的历史，它的出现实应早于一般家训（这里只是就文献家训而言），如《尚书》中的某些浩类篇章，就夹杂有帝王训诫的成分。以后历代帝王均很重视这种教育方式，如汉高祖刘邦有《手救太子》、魏武帝曹操有《诫子植》、蜀先主刘备有《遗诏救后主》、魏文帝曹丕有《诫子》、南朝宋文帝刘义隆有《诫江夏王义恭书》、梁简文帝萧纲有《诫当阳公大心书》等。

（六）其他载体

除此之外，传统家训还运用多种文体，如语录体、散文等多种形式的家训文化共同对中国人的家风传承发挥着重要作用。语录体如《尚书》中的《无逸》篇，这篇文章是周公告诫成王如何戒逸的，其言切于常实用，具有浓烈的生活气息和亲情训导成份。通观《无逸》，会发现它有两个特点：一是它是以对话形式行文，处于语录体状态；二是它是后人追记的，家训的主体与家训文献本身是分开的。《论语》中也有很多类似的例子，《论语·季氏》中讲道："……（孔子）尝独立，鲤趋而过庭，曰：'学诗乎。对曰：'未也。'不学诗无以言。'鲤退而学诗。他日又独立，鲤趋而过庭，曰："学礼乎？对曰：'未也。'不学礼无以立。'鲤退而学礼。"陆游的《示儿》以诗歌的形式传递了深厚的爱国主义情怀，在潜移默化中规范儿子的行为。

无论是口头传承还是文字传承都可能随着时间的流逝而丢失，为了更好地传承传统优秀家训文化，新时代党和政府充分发挥互联网的优势，利用互联网的传播范围广、速度快以及方便储存备份等优势，更好地传承优秀家训文化。

（七）现代媒体载体传承与发展

不仅如此，信息科技的发展还推动传播媒介朝着多元化的方向发展。如今人们主要通过传播媒体尤其是通过网络媒体收集讯息，传播媒体所传达的价值观念很大程度上影响着人们的观念与思维。我们应在立足时代精神、满足社会发展需要的基础上，利用现代媒体拓宽以书籍为载体或者口耳相传为方式的家训文化传承方式，拓宽优秀传统家训文化的宣传渠道，发挥现代媒体的教育功能，营造全社会的良好德育氛围。广播、电视、报刊等传统媒体具有较高的严谨性和科学性，微信、微电影等新媒体灵活便捷。要努力将传统媒体与新媒体相结合，抓住线上、线下两个阵地，为优秀传统家训文化的传承提供良好的平台，在实现扩大输出的同时又坚持正确的舆论导向。如电视、广播可以开设有关弘扬优秀传统家训文化的栏目，以优秀传统家训文化与公民道德建设相契合的价值观念解读一些道德失范问题，引导人们主动进行讨论，引起人们的共鸣；电视、广播可以进行中国传统家训文化的专题讲解，通过讲述家训故事、展览家书等形式深化人们对优秀传统家训文化的认知，引导人们从自身做起，弘扬家训文化，构建家庭文明；制作传播优秀传统家训文化的公益广告，通过表达其中的道德精神，使观众深受感染；积极利用网上宣传阵地，在牢牢把握住互联网等新兴媒体的正确导向，抓好对虚拟社会道德水平的管理的同时，鼓励人们在网上进行有关优秀传统家训文化的话题讨论。总之，要借助弘扬优秀传统家训文化的现代媒体营造全社会德育氛围。

第六章 中国传统家训文化的激励功能

激励，即激发鼓励。管理学上的激励是指影响人们的内在需求，从而加强、引导和维持行为的活动或过程。心理学家阿特金森和瓦格纳认为，激励是对行为的触发、方向、强度和行为持久性的直接影响。教育心理学中的"皮格玛利翁效应"给我们以启示：信任和期待具有一种能量，它能改变人的行为，增强自信心、自尊心，具有一种催人奋进的动力，在一定程度上体现了感化的激励功能。激励通过激发人的动机、挖掘人的潜能、提高人的行为效率，从而促进人之动力的社会整合，充分调动人们的积极性，实现预期目标。而中国传统家训文化的激励功能，则主要通过感化教育的有效实施，极大调动和激发人的积极性、主动性、创造性，它是以社会的要求和个人内在的需要、动力的有机结合为特征的，是一种积极向上的行为导向。在传统社会的家庭教育中，激励功能经常被用到。《庞氏家训》就规定要利用定期的家庭聚会来彰德遏恶，以实现"善恶之当鉴戒"的目的；姚舜牧的《药言》也有利用祭祀聚会之机表彰先进，惩诫过恶，从而教育族人的记载。可以说，激励是高校思想政治教育工作所经常采用的方式之一。以一定的价值追求为目标，对符合目标要求的行为方式给予相应的肯定或鼓励，对违背价值目标的行为进行道德或规制上的约束，有助于提高大学生的积极性和自觉性，朝着价值目标所要求的方向行动。

中国传统家训文化的激励功能主要体现在道德激励、情感激励和行为激励上。

第一节 道德激励功能

中国传统家训文化的道德激励是指利用中国优秀传统家训文化中丰富的道德内容，以帮助受教育者提高自身的道德品质、道德品格以及形成良好的道德风范与道德行为，体现在无形激励与有形激励相结合，使思想政治教育主体自发地效仿，自觉地对标自己的言行举止、思想道德规范，形成与国家和社会要求一致、全社会共同认可的道德情操，对思想政治教育的实效性与获得感有着突出的作用。中国传统家训文化的道德激励主要通过一系列的传统家训体现出来，激发、鼓励受教育者养成相应的道德品质。

一、孝悌仁爱

在训诫子孙时，古人往往将有关"孝悌"的道理放在教育之首。如：姚舜牧在《药言》中指出"孝悌是人之本，不孝不悌，便不成人了。"在他看来，尊敬父母，友爱兄弟是做人的根本，那么不讲孝悌、对血缘至亲无动于衷的人，不能称之为人。同时，一个人若能做到遵守孝道，那么他在其他方面的品行也不会太过偏颇。王永彬在《围炉夜话》中谈道："人须从孝悌立根基。""孝悌"是美好的德性的象征，更是一个人生而为人的根本之所在，是成"仁"的基础。此外，曾国藩也以孝悌为本。在致其诸弟和禀父母的家书中，他多次谈到孝悌的重要性。他在《致诸弟·劝述孝悌之道》的家书中提道："于孝悌二字上，尽一分，便是一分学，尽十分，便是十分学，今人读书皆为科名起见，于孝悌伦纪之大，反似与书不相关。""若果事事做得，即笔下说不出何妨；若事事不能做，并有亏于伦纪之大，即文章说得好，亦只算个名孝中之罪人。"曾国藩认为，孝悌要落到实际行动中，若空谈孝悌，即使文章写得再好，也只是个"名孝中之罪人。"在其家书中，他也多次提到托人带补药、衣服、银两回家，甚至借银两寄回家用，以供家中的老人生活舒适、安享晚年。

在"孝悌"的修养工夫上，大部分家训都主张这样一种观点，即"孝悌"的施行，离不开双方成员共同的努力，以"孝"治家并非仅针对晚辈的一种单方面的责任和要求，而是"夫风化者，自上而行于下者也，自先而施于后者也"。父母长辈需要主动身体力行，以一种"榜样"的力量，在潜移默化中对晚辈加以引导，让他们在日常生活中有所感悟，从而自觉去模仿和学习。

传统家训强调为人父母长辈者，对待子女应一视同仁，不可偏心。《药言》深刻揭示了父母偏爱导致的后果："偏爱日久，兄弟间不觉怨愤之积，往往一待亲殁，而争讼因之。"父母在世时，子女或许还能维持表面的和平；一旦等到父母离世，就易爆发矛盾，兄弟姐妹离心离德，最终导致争斗与诉讼。从长远看，父母的这种做法的确是不利于家庭关系和谐与稳定发展的，对子女人格的养成也无益处。对为人子孙后辈者，家训提出要在日常生活的点滴中表达对父母的孝心。平日里，能够为父母做到"抑搔痒痛，悬衾箧枕"。即当父母感到身上痒痛不舒服时，为他们瘙痒止痛；在父母起身后，主动为他们整理衣服和床被。又或者做到如孔子所云："父母在，不远游，游必有方。"父母在世时，不离父母太远，能时常陪伴、照料父母，即使有不得已的理由，也及时告知父母情况，不让他们太过担心。面对年迈的父母，他们的有些行事作风难免会与孩童相似，"喜得钱财微利，喜受饮食、果食小惠，喜与孩童玩狎"。子女就需要给予他们更多的包容，在非原则性问题面前，顺应老人们的意愿，使他们能够"尽其欢"。

子女对父母长辈不仅要有"孝"的行动，还需要表现出"敬"的态度。在孔子看来，"今之孝者，是谓能养。至于犬马，皆能有养；不敬，何以别乎？"对父母的奉养不能仅仅停留在养活父母的层面，若是不能对父母心存敬意，那便与饲养牲畜没有太大区别，这种方式自然不能被称为是对父母奉行孝道了。

在对"行孝以敬"的看法上，《袁氏世范》认为，一个人的孝行只要是源自那种发自内心的、真挚深厚的情感，即所谓的"诚笃"，就算在礼节上做得不够到位，也可以感天动地。相似的观点还能在《了凡四训》中找到，袁黄认为，"在家而奉侍父母，使深爱婉容、柔声下气，习以成性，便是和气格天之本。"能让上天感动的是那些真正深爱父母，为行孝道把柔声和气变成习惯的人。至于那些"事亲不务诚笃，乃以声音笑貌缪为恭敬者"，对奉养自己的父母都只假意恭敬，不愿施以真心，那就更加不可能去教育好自己的子孙后代，让家族保持昌隆了。

还有一种"孝"也是传统家训强调的，即孔子所说的"无违"。"生，事之以礼；死，葬之以礼，祭之以礼。"对父母长辈的孝道不仅体现在他们在世时的用心奉养，还体现在他们过世后，依照规定的礼节去埋葬和祭祀，"惟送死可以当大事"。《孟子·尽心上》里就举过这样一个例子，"齐宣王想短丧"。公孙丑的观点是"守一年孝总好过不守孝"。而孟子却不认同他的说法，在他看来，守孝这种举动本就应该是出自内心对父母真正的"孝敬"，是一种自觉的行为。没有迫不得已的原因就想缩短孝期，也是一种不孝。所以应该对齐宣王加以规劝，教他孝敬父母。很多家训中对孔孟的观点予以认同，也都有谈及这部分内容，认为"丧葬送终为大事"，需要遵循一定的礼度。可以无需繁文缛节，但"务尽诚敬"。一个家族是否能永葆生机和活力，最主要的原因在于对祖先的尊敬，以及对后世子孙的不断教化中。铭记祖先的艰辛伟大，才能更好地体悟生活的不易，并且促使族人同心同德，携手共进；辛勤培育子孙，才能更好地面对未来的风险，稳固家族的根基，促进家族的血脉亲情，铸造坚实稳固的和谐家族。

传统家风文化中的这些思想都是优秀的传统文化，值得我们深入挖掘和创新发展。儒家传统所提倡的"孝""慈""悌"可以延伸到对国家的忠诚，以对待父母的孝心转化为对国家的忠心；在家庭中，有抚养子女赡养父母的责任，在社会生活中，也要担负起自己的责任；"落地为兄弟，何必骨肉亲"，要以友善对待他人，更要像对待自己的兄弟姐妹一样对待其他人。然而对传统文化我们要在批判中继承，要摒弃一些腐朽思想，如"三从四德""男尊女卑""棍棒下面出孝子""唯父命是从"等落后愚孝思想。社会主义的家庭美德还提倡人们以"五爱"——爱祖国、爱人民、爱科学、爱劳动、爱社会主义规范自己的行为。其实不论是邻里关系还是"五爱"，都或多或少地受到儒家"仁爱"思想的影响。总而言之，中国传统家训的道德修养观在有关"孝"的表述时，是具有非常丰富和深刻的含义的。它既是作为一种联系家庭成员关系的纽带，是"家齐"的必备因素，也是道德修养观体现在齐家之道的核心所在。

二、以义为上

（一）在修身持家方面坚持以义为尺、义贯始终的原则

在传统社会的道德体系中，"义"的重要性不亚于"仁"。"君子义以为上"

是中华民族对有着高尚情操的君子的统一认识。"义薄云天""大义凛然"更是对人格至高的道德评价。在丰富的家训典籍中，"义"是经常被提及的价值准则。"义在古代个体品德培育中对人言行的范导作用，决定了义也是家训教诫的重点。"

第一，在修身方面，"义"是个体培育品德应遵循的必然要素。义者正也，孔子视其为做一个君子所要具备的基本素质，"君子以义为质，礼以行之，逊以出之，信以成之。君子哉！"（《论语》）。所以，对于个体修身而言，培育义德极其重要。明代的高攀龙在教子如何修身做人时便指出："以孝悌为本，以忠义为主，以廉洁为先，以诚实为要。"所以，义为君子之道，一些儒学思想家认为义与利是人天生就有的本性，但圣人或君子应当做到"'欲利'不克其'好义也'"，一旦"欲利"过之，则甚有利而大无义，就可能会破坏人际关系，引来很多麻烦。因此，"义"不但为修身之要德，也是处理家庭关系的必要准则。在处理夫妇关系上，古人主张夫义妇顺，"夫妇之道，有义则合，无义则去"（《礼记·檀弓》）。在男尊女卑的传统社会，离婚虽然是丈夫的'专利'，但并非无原则地任丈夫恣行，"如果作为丈夫不能以义为上，那么妻子也照样有不从不顺之权利。"传统家训在处理兄弟关系上，讲究遵循兄友弟恭的原则，并着重强调兄弟间不与争利、友爱团结对于家庭稳固的重要性，所以古代家训在这方面特别强调要重义轻利，以消除因财产分配与继承问题而带来的兄弟间争利、反目甚至相残。

第二，在个人利益与家族、国家利益关系方面，传统家训也强调应以集体或整体利益为重，不得为一己之私而损害自身人格和民族大义，充分体现了儒家的义利观。许多家训都要求家族成员谨行仁义之德，以家族、社会与国家为本位，必要时牺牲自己的利益。例如，《颜氏家训》明确指出："夫生不可不惜，不可苟惜。涉险畏之途，干祸乱之事，贪欲以伤生，馋慝而致死，此君子之所惜哉；行诚孝而见贼，履仁义而得罪，丧身以全家，泯躯而济国，君子不咎也。"后世名人贤士纷纷以此观念来教导晚辈子弟。这种注重社会公利，舍小利取大义的精神，培养出了诸如文天祥、岳飞、于谦等许多为集体和国家利益献身的英雄豪杰，给后世树立起了崇高的道德榜样。

（二）在待人接物中遵循义为利先、先义后利的原则

人生在世不可能孤立地生存，必然要与周围的人或物建立起一定的社会联系。每个人都有自身的意志和愿望，不同个体之间的需求、利益汇织在一起，摩擦和矛盾难以避免。因此，传统家训教诫子女在待人接物过程中要把"义"作为重要的价值参考尺度，要含仁怀义、见利思义，决不能负德背义、损人利己。

首先，在交往观上，主张不得"以利相交"，不可"因人分轻重"，要摒弃功利的处世观念。袁采就曾批评了一些势利人的做法，"因人之富贵贫贱设为高下等级，见有资财、有官职者则礼恭而心敬，资财愈多、官职愈高则恭敬又加焉。

至视贫贱者则礼傲而心慢，曾不少顾恤，"并对这些嫌贫爱富，趋炎附势的行为嗤之以鼻。应当说，很多家训都明言人际交往中不得刻意攀高结贵、巴高望上，也不能贵智傲愚、欺贫爱富，这是待人接物之大忌。"见富贵而生谄容者，最可耻；遇贫穷者而作骄态者，贱莫甚"。这实际上是对功利主义交往观的一种否定，强调的是不管贫富穷达，无论贵贱智愚都要给予应有的尊重。清代学者谢启昆，位居高官，他在《训子侄文》中专门论述名与利的道理，并对世人短视浮躁的"受用"观予以强烈抨击："古人行事，计是非，不计利害。今人利害亦不计，国法则日可以幸逃，地狱则日何曾眼见。当世之名，后世之责，更所不计，大都图目前受用而已。呜呼！受用二字，若辈何曾解得？"

其次，传统家训也强调在待人接物过程中要遵循仁义之道，不能为"利"而做出损人利己之事。"凡作事，第一念为自己思量，第二念便须替他人筹算。若彼此两利，或于己有利于人无损，皆可为之。若利于己者十之九，损于人者十之一，即宜踌躇。若人与己之利害正半，便宜辍手，况利全在己，害全在人者乎！"袁采也指出，"盖财物交加，不损人而益己，患难之际，不妨人而利己，所谓忠也。"清人张英在家训中曾详尽论述与人相处之道，并阐明了义以为先的观点。"与人相交，一言一事皆须有益于人，便是善人……一言一动能皆思益人而痛戒损人，则人望之若鸾凤，宝之如参苓，必为天地之所佑，鬼神之所服，而享有多福矣。此理之最，易见者也。"话语中彰显着浓浓的利他思想，可见境界之高尚。可以说，行事之宜，不做损人利己之事，见利思义、见得思义，这是古代家长教育子女待人接物的基本原则。

（三）在商业活动中，恪守以义制利、义以生利的经营原则

传统社会重义轻利的价值取向不仅渗入了民众日常的居家生活与为人处世中，同时也成为人们从事经济行为与活动的总纲，并对当时的商业活动产生了重要影响。古代的很多商贾之家在日常的经济生活和经营管理中重视道德价值，遵循诚信经营、见利思义的价值取向，形成了富有特色的经营伦理观，并在家训中得到充分体现。

一是教育子弟经商要以义制利。先秦的一些儒学家并不完全否定和反对"利"，孔子曾言"富与贵，是人之所欲也"。也就是说，孔子承认追求富贵是人的本性，但所追求的利益必须否符合道义的要求。所以，孔子又云"不义而富且贵，于我如浮云"。这种思想被很多良贾义商所接纳，他们本着"义内取材"的准则来经营生意并用以教育子女，希望子女能遵守商德，并以道德理性来规范自己的商业活动。明朝富商王文显曾训诸子曰："夫商与士，异术而同心。故善商者处财货之场而修高明之行，是故虽利而不污。善士者引先王之经，而绝货利之径，是故必名而有成。故利以义制，名以清修，各守其业。天之鉴也如此，贝子孙必昌，身安而家肥矣。"从中可见，这些义商认为经商和道义是可以统一的，但是要以义制利、义然后取，而不能违背德行去赚黑心钱。为了引导业内子弟培

养"临财不苟取""非义不可取"的商德,明清时期的晋商给经营的计量工具"秤杆"赋予了强烈的道德含义:秤杆的准星、刻度以金色镀之,代表心中坦荡,光明磊落;秤杆上的北斗七星、南斗六星分别象征着在商业经营中要品行端正,志同坚定;秤杆上的福、禄、寿三星则是提醒要公平交易,不可短斤少两,掺杂使假。通过这种做法希望使商人们警钟长鸣,一拿起秤杆就想起商德戒律。

二是倡导义以生利的经营理念。义能制利,亦能生利,主要看当事人如何取舍。如果交换过程中不遵循道义原则,不择手段地获取利润,短期内可以获得一时之利,但长此以往将失去信用,玷污名节,终砸自家招牌。相反,如果能遵守仁义之准则,做到货真价实,取财有道,便可以集聚良好的口碑和信誉,使买卖越做越大。正如徽商鲍凤占所言:"利者人所同欲,必使彼无所图,虽招之将不来矣,缓急无所恃,所失滋多,非善贾之道也"。"财自道生,利缘利取",这也是古代良商义贾们训诫子弟以义为利,处理好义利互动关系的寓意之所在。

三是告诫子弟不得见利忘义,要守法经营。教育子弟从事守法、合法生意是商贾家训一个很重要的内容,一桩买卖前首先要先考虑的是该不该去赚这笔钱,而不是先想着赚多少钱。对于不义之财,万不可贪慕,否则可能会倾家荡产。"凡犯禁物件,虽明明买来转卖利钱加倍,不可见利贪心,防有官吏兵差人等缉私,不但本利尽失,而且身家性命不保,贻累不浅。"《士商十要》甚至把对商人子弟的守法教育放在第一位:"凡出外(经商),先告路引为凭,关津不敢阻滞;投税不可隐瞒……此系守法,一也。"很多良贾义商认为应服之劳役、应纳之贡税决不能少之。因此,经营中依章守法,明确是非善恶观念,警戒妄想贪求,也是古代商人教育子弟正确处理义利关系的重要内容。

改革开放唤醒了人们的主体意识和利益意识,在新的经济体制下如何审视中华传统的义利观,并建立符合当代现实需求的新型义利观成为了理论界关注的焦点和热点。党的十四届六中全会决议第一次明确了社会主义义利观,形成了"把国家和人民利益放在首位而又充分尊重公民个人合法利益"的新型义利观。义利观作为大学生价值观的一个重要组成部分,加强对其引导教育,使大学生进一步认同社会主义义利观应是高校人才培养不可或缺的内容。但同时我们也要注意到影响大学生义利观形成和完善的社会环境是多变而且复杂的。在科技高速发展带来物质文明巨大飞跃的今天,工具理性被最大化张扬,价值理性被大为忽略,人类对利益和物欲的追求到了极致,道德理想被弃之不顾。在利欲熏心、世俗泛滥的当下社会,我们要如何升华大学生群体中各种低层次的义利取向?该怎样匡正青年学子身上各种消极的义利观?我想我们需要从传统文化中探寻答案,需要从传统家训中借鉴经验。

当然,我们不是机械地将传统社会"重义轻利"的思想移植于大学生思维中,也不是简单地复归儒家"君子喻于义,小人喻于利"的某种义利取向。毕竟在市场经济体制下,物质利益是很多国人干事创业的动力,我们大力发展经济必须要保护公民合法所得的物质利益。正如邓小平同志所言："不讲多劳多得，不重视物质利益，对少数先进分子可以，对广大群众不行，一段时间可以，长期不行。"我们需要科学地扬弃，积极吸收传统家训义利思想的精华部分，将其与当代大学生社会主义义利观教育相融合，引导大学生养成一种"义以为上"的价值取向，使其能更好地统筹兼顾各种利益关系，将道德原则和利益原则完美统一于民族复兴的社会建设中，这应该是高校德育工作努力的方向。

具体来说，传统家训"重义轻利"的价值导向有利于培养当代大学生的集体主义情感。它在处理人与社会关系时所遵循的集体至上的原则，所秉承的集体利益高于个人利益的义利观，能让大学生更深刻体会到个人利益与集体和国家的利益是休戚与共的，个人的发展是建立在国家、集体发展的基础之上，当二者利益相矛盾之时，个人利益应当服从集体和国家的利益，这也是社会主义义利观倡导"把国家和人民利益放在首位"的价值指向之所在。同时，传统家训在处理人与自身关系上所推崇的"以义为尺"的精神超越的原则，对于端正一些大学生过度功利主义、实用主义的价值标准，引导大学生改变重利轻义、先利后义的价值取向也具有重要的教育价值。在人与他人的关系上，传统家训所倡导的见利思义、见得思义的思想，能让大学生更好地明白奉献与索取、效益与竞争的关系，更好地懂得社会主义市场经济体制下诚实劳动、辛勤所得是公民应有之权利，但必须建立在不损害他人、社会和国家利益的前提下，从而更好地引导其处理义与利的关系，摒弃那种见利忘义、为实现个人利益而不择手段的消极义利观，这也是我们对大学生进行社会主义义利观教育的目标之所在。

总之，新时期大学生的义利观面临多元的发展趋势，这是社会发展和大学生主体意识觉醒的客观结果。但多元的背后必然夹杂着可变性与盲目性，正因为如此，我们需要对其进行"一元"主流的引导，汲取传统家训义利之辨的文化精髓，将其贯通于大学生社会主义义利观的实践教育中，这对于大学生义利观"自觉"认知的养成，无疑具有重大的道德启迪与价值推动作用。

三、以俭养德

"崇尚节俭，鄙弃奢侈"是传统社会一直提倡的一种生活方式，它体现了古代家庭消费中所蕴含的基本价值导向。老子将"俭"视为为人处世的"三宝"之一（《老子·六十七章》）。《周易》也指出："君子以俭德辟（避）难，不可荣以禄。"孔子把"俭"和温、良、恭、让均视为重要的美德。从留存的家训史料看，有关节俭的箴言戒语更是随处可见。譬如诸葛亮《诫子书》云："夫君子之德，静以修身，俭以养德，非淡泊无以明志，非宁静无以致远。"在当时世人"以俭相诟病"的世风下，他仍坚定不移地秉承俭德。在《训俭示康》的家训中他告诉儿子："众人皆以奢靡为荣，吾心独以俭素为美。"在生产力高度发达的今天，节俭作为中华民族重要的传统美德仍未过时。挖掘传统家训中的节俭思想，对于培育当代大学生勤俭节约的道德品质具有重要激励作用。

节俭美德的形成是与传统社会客观的生存环境密不可分的，在以农耕经济形态为主的封建社会，人们对于物质生活资料的获取相对艰难。因此，只有勤奋不惰、谨行俭用才能保障生计，使家庭得以延续。

颜之推在《颜氏家训·治学篇》引用孔子的话说："奢则不孙，俭则固；与其不孙，宁固"强调"俭而固"的重要性。宋朝学者江端友在其家训中恳切地告诫子孙要懂得生活资料来之不易，不可过分奢求："凡饮食知所从来。五谷则人牛稼穑之艰难，天地风雨之顺成，变生作熟，皆不容易"。司马光特别重视对子女的节俭教育，并为此写了专文《训俭示康》，被后人奉为居家训子之道的家训范本。可以说，节俭是古人治家的重要准则，也是维持和发展家业的必要条件。因为，在古代节俭总是和勤劳联系在一起，"勤"和"俭"正是社会生产和消费两个领域基本的价值要求。只有依靠勤劳生产，才能创造财富；但是财富好比流水，只有通过节俭将其"蓄存"，才会不断充盈；如果顺其流离，终将干涸。所以，俭能聚财、俭以治生的理念被古代很多家长所采纳。因此我们必须珍惜，从日常生活、穿衣吃饭做起，养成勤俭节约的美德，杜绝铺张浪费，形成正确的消费观。

传统家训不仅认为节俭是治生与持家的必要手段，而且也将其视为修身养德的途径之一。古人认为每个人都有欲望，对美物美食的贪恋是人的本性。但欲望是无限的，而每个人的财富和精力又是有限的，所以一味地逐欲会让人难以自拔，误入歧途。

司马光在《训俭示康》中说道："君子多欲，则贪慕富贵，枉道速祸；小人多欲，则多求妄用，败家丧身。是以居官必贿，居乡必盗。"意思是欲望固然无法根除，但依靠节俭的生活则可以实现控制。"君子寡欲，则不役于物，可以直道而行；小人寡欲，则能谨身节用，远罪丰家"。也就是说先人们很早就意识到了人的欲望和奢俭行为之间的联系，但是欲望本身没有对错之分，只能通过道德的规束来引导，通过节俭的生活方式来"克己制欲"，以将精力用在更高的精神追求上，因此节俭也被视为修身养德的一个重要方式。勤俭之人不会不沉迷于骄奢淫逸的生活，能端正自己的品行，能修养良好的身心，所以如果为官者勤俭，有助于培养廉洁的工作作风，形成清廉的政治风气。清朝的张廷玉在家训中指出为官的第一要义就是要廉政、不贪，而这种品格是从勤俭中养成的；节俭会使人逐渐形成克制自身欲望的能力，不去奢望过多财富，就不会占有别人的东西，就不会贪，就能做到廉。正所谓"惟淡可以从俭，惟俭可以养廉"。唐太宗告诫其子作为君王应该以俭德涵养其性，方能安定祥和。"夫君者俭以养性，静以修身。俭则人不劳，静则下不扰。人劳则怨起，下扰则政乖。"康熙在《庭训格言》中也把节俭与官德联系在一起，认为奢侈的生活方式会引发贪污腐败："若夫为官者，俭则可以养廉。居官居乡只缘不俭，宅舍欲美，妻妾欲奉，仆隶欲多，交游欲广，不贪何以给之?"并强调节俭能使人廉洁，奢侈能使人贪婪，这是千真万确的道理。

从传统典籍对俭德的极力倡导，可见节俭作为个人德行与社会风尚的重要标杆，是加强人格修养及促进节俭社会氛围形成的内在根基。勤俭作为中华民族的一个优良传统美德，在中国社会的各个历史发展过程中都发挥了积极的作用，对勤俭的推崇传承也一直延续至今。然而，在当代社会，人们对待勤俭的态度与古人相比却不容乐观，甚至着实让人心痛。在物欲横流、纷繁复杂的当今，"勤"的观念已经淡化甚至扭曲。"劳动光荣"在一些人心里已变成笨拙的代名词，他们更多希望的是不劳而获，幻想着一夜之间当上"有钱人"。有些人不是靠自己的辛勤劳动获得成果，而是为了钱财不择手段，更甚者危及了他人生命。在节约方面，奢侈浪费之风在当今社会盛行。在享乐主义的影响下，一些人不顾当前国家还不是很富裕的现状，纸醉金迷，导致资源过度使用和耗费。更糟糕的是，在思想层面的价值认同上，一些人不以耻为耻反以耻为荣，不以荣为荣反以荣为耻，完全颠倒了对正确人生观和价值观的判断。这种不良的享乐之风也随着市场经济浪潮快速扩散，大有愈演愈烈之势。"一个国家，一个民族，如果不提倡艰苦奋斗、勤俭建国，人们只在前人创造的物质文明成果上坐享其成，贪图享乐，不图进取，那这样的国家和民族毫无希望，没有不走向衰落的。"

在大学校园中，尤其如此。大学生群体热衷于追求新鲜刺激的事物，且自身辨别是非的能力不强，价值观也相对不够成熟，这些因素导致一些大学生容易被流行思潮带偏，从而背离勤俭节约的传统美德。

（一）粮食浪费现象严重

不少学生吃饭时总会伴随着浪费，食堂总是一桶桶地向外运送学生们的剩菜剩饭，垃圾桶里不仅是食物的残渣还有许多没吃完的饭菜，大学生浪费粮食的现象极为严重。虽然在食堂内随处可见提醒大学生珍惜粮食的标语，但大家已经完全忽视了这些标语的存在，没有真正思考过标语的警示意义。有的买了饭菜，吃了不到一半，剩下的就会全部丢掉，有的买到不合自己口味的饭菜就会全部扔掉等，形成严重的粮食浪费现象。同时，浪费掉的不光是粮食本身，这些粮食和蔬菜从种植到收割，再到加工成熟食，整个环节过程中投入了大量的时间、资金和人力、物力，连同这些也全部被浪费掉了。

（二）公共资源浪费现象十分普遍

其中，水（电）资源浪费所占比重较大。在学生公寓的公共水房里经常可以看到水龙头没有关紧，嘀嗒漏水；同学们清洁拖布、抹布时，不是将水存放在桶（盆）等容器里，而是直接接着水龙头清洗；有的同学甚至用长流水洗漱、洗食物、洗衣服。有人曾做过测算，一个未关紧的水龙头，水一滴一滴地流，每小时会流失 3.6kg 的水，一天就会有 86.6kg（相当于一个成年男子的体重）的水白白流走。另外，宿舍、教室或自习室长明灯的现象时有发生，有的同学整天开着电脑，经常玩游戏直到深夜。对于纸张、日用品、包装袋等的浪费现象也比比皆是。

（三）盲目攀比、铺张浪费

大学生的自主意识逐渐增强，促使大学生们喜欢并崇尚个性化十足的时尚元素，随时代不断转变，高消费已走入大学校园，从女生使用的化妆品，到男生穿着的运动鞋，从衣服饰品，到手机电脑，选择名牌成为某些大学生的"共识"。有些大学生同学为了名牌运动鞋、名牌化妆品或者名牌衣服，不惜牺牲自己的其他必要开支，甘愿节衣缩食，甚至走向网贷以满足自己的欲望等，而这种日趋膨胀的虚荣心极易形成无休止的攀比心理。在当代大学生群体中，大多数是独生子女，在家里受到呵护和关爱较多，大部分没有从事过劳动生活，没有农村生活的经历，所以他们感觉不到劳动的艰辛，更体会不到浪费的严重性和节约的重要性。

青年学生是国家的未来，更是民族的希望。因此，制止这股奢靡之风继续蔓延刻不容缓。习近平总书记强调，节俭意识的培育需要多方共同努力，共同践行，先从思想意识塑造开始再慢慢向实际行动转化。大学生作为先进知识分子，有着独立的思想和人格，帮助他们树立节俭意识不应该只关注资源节俭的问题，更应该关注正面的思想风尚，健康的精神理念，对别人对自己对社会都有较高的责任感和公德心。

必须明确的是，实现社会的全面发展离不开广大群众的辛勤劳动，更离不开劳动创造财富之后勤俭节约的精神。一方面，我们通过自己的辛勤劳动来创造了财富，改善了自己的生活，也创造了人类劳动的成果。另一方面，通过劳动和在勤俭中的锻炼，我们的本质获得了不断完善，精神境界得到了升华，思想也得到了不断改造。

因此，在物质财富较为丰富、人们伦理观念呈现多元化的今天，节俭这一美德并不过时，我们应该深入学习中国传统家训文化，秉持"静以修身，俭以养德"的理念，教育广大公民尤其是青少年时刻谨记"一粥一饭当思来之不易，半丝半缕恒念物力维艰"，在日常生活中珍惜劳动成果，牢记历史"俭节则昌，淫佚则亡"的经验教训，承继优良传统，在节俭与奢侈问题上要明辨美丑、善恶与是非，克勤克俭、以俭养德，弘扬节俭的良好社会风尚。

第二节　情感激励功能

中国传统家训文化的情感激励是指通过情感激励，能够转化受教育者的思想行为，自觉地把社会目标转化为个人目标。中国传统家训文化的情感激励主要体现为涵养家国情怀、激发责任意识以及激扬进取精神，能够在全社会形成一种积极向上的价值取向。

一、涵养家国情怀

中华民族历经几千载，均以儒家传统文化作为道德的指引与规范，在家国同构的关系里，重视民族的整体性变得尤其重要，以家国情怀及爱国主义为核心的民族精神更是需要重点培养与传承。回顾历史，有无数名人先贤，他们坚持"家齐而后国治，正己始可修身"的信念，他们心怀"苟利国家生死以，岂因祸福避趋之"的情怀。简言之，家庭正是塑造正确家国关系的摇篮，尤其是对培养"修身齐家、利满宗族、和睦乡邻、忠诚爱国"的"家国情怀"有着重要的推动作用。

（一）修身与齐家

修身齐家理念在中国优秀传统家训文化中百花齐放，其中，儒家作为齐家思想的集大成者，如前文所述，修身以齐家不离"父慈子孝""兄友弟恭""父义妻贤""长幼有序"的人伦要求，所谓："夫家之所以齐者，父曰慈、子曰孝、兄曰友、弟曰恭、夫曰健、妇曰顺"，说的正是这个道理。此外还涉及诸多家庭美德，如勤俭、忍让、仁爱、谦虚、忠孝、好学、和睦等，这些都属于"修身以齐家"的范畴。需要强调的是，有鉴于家庭与社会关系之密切，注重家人子弟为人处世品德的修养是儒家家庭教育中"修身以齐家"思想的重中之重，为历代家教所承继，以至于很多家庭教育在实践过程中都提出了诸多具体的修身理念。

1. 修身齐家之家国情怀源远流长

朱熹曾指出："天下之本在国，国之本在家，家之本在身。"[①] 他认为，一个人只有品德高尚才能为其他人所尊敬，才能给家人树立好榜样，才有利于治理好家庭和国家。因此，修身齐家二者相互作用，修身是齐家的基础，齐家是修身的目标。范仲淹强调"圣人将成其国，必正其家。一人之家正，然后天下之家

---

① ［宋］朱熹. 四书集注山 [M]. 长沙：岳麓书社，2004.

正。"① 他认为有国才有家，正国必先正家。范仲淹主张在践行家国情怀中要先从家庭入手，从个人品德与精神塑造上入手，要将家国情怀根植于每个家庭成员的心中。叶梦得在《石林家训》中强调："汝曹以吾言书诸绅而铭之心，以修身焉，虽非至善，而亦不失于不善"②，他认为"安燕而气血不惰""劳倦而容貌不枯""怒不过夺、喜不过与"是各位子弟最当培植的品德，他希望诸子弟能够遵循他的修身之法行事。汪祖辉在《双节堂庸训》中提出的修身理念为"尽心""实干""务本""立志""耐苦""心平气和""惜时""脚踏实地""做事有恒""顾廉耻""慎小节""好名""勿好胜""财色两关尤当著力""不废因果""欲不可纵""贫贱不失节""遵法纪"③等。曾国藩为教导诸子弟修德养性，提出《修身五箴》，即"立志""居敬""主静""谨言""有恒"④等。并把耕读传家作为治家之基本准则；把孝悌为先作为治家之伦理准则；把勤俭睦邻作为治家之价值准则。由此可见，家庭的安稳必须依托国家的长治久安，只有国家稳定安康，家庭才能幸福长久。

2．利满宗族

从传统上来说，我国是一个血缘宗法社会。而在"家国同构"的社会治理结构的伦理型社会中，国家之外最重要的社会组织就是宗族。《尚书·尧典》中提道："克明俊德，以亲九族，九族既睦，平章百姓。"《颜氏家训》指出："兄弟不睦，则子侄不爱；子侄不爱，则群从疏薄；群从疏薄，则童仆为仇敌矣。"⑤由此可见，宗族成员的关系势必影响着家族发展的进程，同时也可影响社会的和谐稳定。

利满宗族首先要做到宗族间需团结和睦、扶危救困、患难相恤，稳固亲情关系。《论语》中记载，孔子曾给做家宰的原思九百石粟，奉劝他用此接济族人乡党。孟子也指出："乡里同井、出入相友、守望相助、疾病相扶持。"⑥"老吾老，以及人之老；幼吾幼，以及人之幼"⑦，教导人们关爱他人要与爱护自己的亲人一般。《仪礼·丧服传》中说："异居而同财，有余则归之宗，不足则资之宗"，认为宗族间有通财之义。《礼记·礼运》描绘的大同社会也是"人不独亲其亲，不独子其子，使老有所终，壮有所用，幼有所长，矜寡孤独废疾者，皆有所养"的宗族之道。在汉朝几经发展之后，贵族阶层逐渐形成，宗族及其相关的制度文

① 李勇先，王蓉贵．范仲淹全集上［M］．成都：四川大学出版社，2007：144．

② ［宋］叶梦得：《石林家训》。

③ ［清］汪祖辉：《双节堂庸训》。

④ ［清］曾国藩：《曾国藩全集·家书》。

⑤ 王利器．颜氏家训集解［M］．北京：中华书局，1996：27．

⑥ 杨伯峻．孟子译注·滕文公上［M］．北京：中华书局，2015：126．

⑦ 杨伯峻．孟子译注·梁惠王上［M］．北京：中华书局，2015：16．

化开始得以复兴，因而史书中也有了关于宗族相救恤的记载。如《汉书·朱邑传》对朱邑抚恤宗族乡党给予了称赞，并评价道："身为列卿，居处俭节，禄赐以共九族乡党，家无余财。"① 类似的记载在东汉以后的史书中屡见不鲜，《后汉书》《三国志》《南史》《北史》《隋书》《旧唐书》等都有记载②。这就说明，宗族相扶助的理念已逐步被视为是值得称道的社会伦理标准。宋代时期，恢复宗族制度受到自上而下全社会的推崇，并成为了一项社会运动。在社会运动过程中，周恤亲族的理念得以发扬光大，范仲淹的作为一度堪称表率。范仲淹认为宗族是一个和谐的命运共同体，在血缘亲情、同宗共祖的基础上更要重视宗族的发展。哪怕自己身居高位，也要出于对祖先的敬仰以及对后世子孙福泽的顾惜而对宗族周恤亲族、周济穷困族人。这样才可使家族后世获得绵延福报，保佑子孙幸福安康，保佑宗族长治久安。范仲淹认为宗族的建设以及永续的发展十分重要。他从不吝惜钱，将大部分积蓄投入宗族建设之中，以致于个人生活异常节俭，身后事都办得非常简朴，卒后"敛无新衣，友人醵赀以奉葬。诸孤亡所处，官为假屋韩城以居之"③。

中国传统家训文化既注重对宗亲的周济，也注重对族人的规诫引导和教育。其中，族塾义学作为宗族教育方式的一种最为典型的教育形式。同时，后世制定的大量家规、族约等已成为族人言行的准则。历史上，明代理学家罗伦在《戒族人书》中指出："为人祖宗父兄者，惟愿有好子弟。"④ 他认为培养好子弟是家族的头等大事。而"好子弟"的定义并不在于有好田宅、好官爵来显耀乡里，应是要有好的名节。因为好的名节可以"与日月争光，与山岳争高，与霄垠争久，足以安国家，足以风四方，足以奠苍生，足以垂后世"⑤，以此勉励宗族子弟为国家建功，赢生前身后名，做人人效法的道德楷模。此外，范仲淹主张以学治人，以教传德，讲究以教育促宗族发展。据《范文正公义庄义学蠲免科役省据》所言，范文正公"置买义庄田，养赡宗族，及创义学，以教子孙"⑥。范仲淹深知穷困是救济不完的，因此，对宗族的救济将救助与扶智相结合，需要族人共同努力。而范仲淹指出扶智最主要的就是广泛实施教育，只有重教育才能保全宗族，才能将宗族的精神与文化传承下去。因此他在宗族中设立"义学"，着重培养族内子孙，以此保证宗族的有序发展。

---

① ［汉］班固. 汉书·卷八十九·循吏传第五十九·朱邑传［M］. 北京：中华书局，2000：2695.

② 常建华. 宗族志［M］. 上海：上海人民出版社，1998：318—319.

③ 李勇先，王蓉贵. 范仲淹全集中［M］. 成都：四川大学出版社，2007：824.

④ ［明］罗伦：《戒族人书》。

⑤ ［明］罗伦：《戒族人书》。

⑥ 周鸿度，等. 范仲淹史料新编［M］. 沈阳：沈阳出版社，1989：132—133.

（二）和睦乡邻

重视邻里关系是中国的传统，处理好邻里关系更是古代家庭教育的重要内容。《尚书·大传》中关于邻里的记载道："古八家而为邻，三邻而为朋，三朋而为里，五里而为邑"①，《左传·僖公十三年》中说："救灾恤邻，道也。行道有福"②，《左传·隐公六年》中也说："亲仁善邻，国之宝也。"③这些记载说明了作为基层社会组织形式的邻里以及邻里间相互扶助、亲仁善邻等的理念。"与邻为善"是中国人的传统美德，蔡襄在《福州五戒》中说："居乡党之间，则为良善。"这种美德的形成是和家庭教育分不开的。

孔子主张在邻里关系上遵循一定的道德原则，从以上的事例来看，邻里间相处"直"与"不直"就包含着道德判断的因素。因此，"与邻为善"的同时要坚持一定的道德规范来作为行事的要求。邻里间相处不能"掠美市恩""慷他人之慨"。袁采继承儒家思想，指出邻里乡党间相处要坚持忠、信、笃、敬的道德理念，以这样的角度来看，乡邻们实行的实际是矫饰过的"忠""信""笃""敬"，表面看来对人诚敬，实则不然。

邻里乡党间相处要尊老爱幼、扶贫济困、热心公益，不能因富贵贫贱而区别对待邻里、乡党。乡党间贫富有差异，人的社会地位也可能有这样那样的不同，但这些不应该妨碍人之间的交往，更不能以身份论高低，对乡党区别对待，《袁氏世范》中指出"礼不可因人轻重"。《朱子治家格言》中所言"见富贵而生谄容者，最可耻；遇贫穷而作骄态者，贱莫甚"的道理体现。虽然这种要求已经超越了单纯的邻里关系的范畴，但是对于邻里之间相处这一理念仍然具有现实意义。与此同时，邻里风尚对人的成长具有重要的熏陶作用，所以必须要慎重选择邻居，通过与心仪的乡邻同处来潜移默化影响子弟的成长。孔子曾言："里仁为美。择不处仁，焉得知？"朱熹对此解释道："求善居而不处仁者之里，不得为有智也。"④"里有仁厚之俗为美。择里而不居于是焉，则失其是非之本心，而不得为知矣。"⑤孔子此语实际是说邻里长期相处形成的淳朴仁厚的风尚最为重要，家人子弟就要选择生活于这样的邻里环境中，否则就不明智。在颜之推看来，子弟年少，心性俱未成熟，容易模仿周围人的言行举止，长此以往就会习以为常，"自然似之"，周围若俱是善良之人，则子弟行为多受其影响，自然向好，否则会

① 《尚书大传》，见《四库全书总目·卷十二·经部十三·书类存目一·尚书大传》。

② ［春秋］左丘明. 左传·僖公十三年（上）［M］. 郭丹，程小青，李彬源，译注. 北京：中华书局，2012：389.

③ ［春秋］左丘明. 左传·隐公六年（上）［M］. 郭丹，程小青，李彬源，译注. 北京：中华书局，2012：55.

④ ［三国·魏］《论语集解义疏》。

⑤ ［宋］朱熹：《论语集注》。

对子弟造成不良影响。这既是强调了家居环境的重要性，也透露出"居必择仁"的居乡理念，《袁氏世范》中的"邻居当鉴王吉"的说教也表达了类似的理念。从家庭教育方法的角度来看，注重环境浸染作用实际上就是隐形教育法或曰"感染教育法"，感染教育法是现代德育过程中最主要的方法，"就是人们在无意识和不自觉的情况下，受到一定感染体或环境影响、熏陶、感化而接受教育的方法。"① 看来，这样的方法古今通用。

（三）忠诚爱国

"天下兴亡，匹夫有责"的爱国主义信念是家国情怀思想的合理内核，是构成家国情怀思想的重要组成部分。在中华民族的发展进程中，无数的仁人志士用自己的实际行动诠释了报效国家、忧国忧民、变革进步、舍身为国的爱国主义信念。孔子曾言："志士仁人，无求生以害仁，有杀身以成仁。"② 他认为仁者不畏艰难，不要因小利而害大义，应见义勇为。孔子身居异乡依然怀念鲁国，为鲁国子民的教育前景、乡风民俗之日下担忧。中华乡土情结的一个重要体现就是安土重迁、叶落归根。孔子晚年回到了自己的母国，结束了他漂泊的生活，却始终保持"身闲未敢忘国忧"的家国情怀。身闲心不闲，尽自己的绵薄之力为鲁国前途命运建言献策。孟子亦对人苟且偷生和成全大义的两难处境中能够舍生取义提出了希冀。这是对爱国主义的最崇高表达。历史上虞潭母教子"舍生取义"③ 的事迹等就是对爱国忠君思想的生动体现。《孝经·广扬名章》还说"以孝事君则忠"，把家庭伦理的"孝"和社会伦理的"忠"联系起来，使"忠孝"成为了对传统中国家庭教育之爱国主义教育的高度概括，这种教诲成为后世砥砺名节、报效家国的精神动力之源。吴越国王钱镠于《钱氏家训·国家篇》中提到"利在一身勿谋也，利在天下者必谋之"④。"利在一时固谋也，利在万世者更谋之"⑤。《陈氏家训》也记载："国之本在家，家之本在身，一身之荣辱，一家之安危，系于国家之盛衰。国盛则社会稳定，家庭和谐安宁。"⑥ 传统优秀家风往往将个人、家庭、国家与民族利益相结合的同时，将国家、民族的利益置于首位，并提出个人、家庭利益在与国家、民族利益发生冲突之时，个人、家庭利益要服从、服务于国家。

古代家风起源于名流世家，体现于心忧家国矢志不渝的情怀。宋代是民族矛盾尖锐的时代，爱国主义在这一时期的家庭教育中占有相当重要的地位。岳飞是

---

① 郑永廷，等. 思想政治教育方法论 [M]. 北京：高等教育出版社，2010：165.
② 杨伯峻. 论语译注·卫灵公 [M]. 北京：中华书局，2016：228.
③ 少锦，陈延斌. 中国家训史 [M]. 北京：人民出版社，2011：312.
④ 钱镠. 钱氏家训新解 [M]. 牛晓彦，注. 北京：北京理工大学出版社，2014：191.
⑤ 钱镠. 钱氏家训新解 [M]. 牛晓彦，注. 北京：北京理工大学出版社，2014：191.
⑥ 陈宏谋. 陈氏五种遗规 [M]. 北京：北京联合出版公司，2017：17.

南宋著名抗金将领，他"精忠报国"的事迹给后人留下了深远的影响。岳飞身上体现出来的爱国精神是与他秉承"汝为时用，其殉国死义乎"的爱国主义家教思想一脉相承的。其母姚氏深明大义，在岳飞早年从军过程中就勉励他以国事为重，勿要惦念家中老小，还曾让人代她向在征战中的岳飞捎话："为我语五郎，勉事圣天子，无以老妪为念。"民间传说岳母为了激励岳飞一心报国，曾在岳飞后背刻有"尽忠报国"四字，以勉励岳飞不忘家仇国恨，报效疆场以洗国耻。岳飞精神最值得珍视的除了他身上表现出来的"精忠报国"不计个人安危的献身精神外，还有他严于持家的精神。岳飞时刻未忘国忧，这正是他"北虏未灭，臣何以家为"之信念的写照。岳飞教子甚严，在"封妻荫子"盛行的时代，随着岳飞战功卓著，其子岳云追随乃父征战沙场，骁勇善战、屡立战功，但岳飞对他严格管束，要求他身先士卒、奋勇抗敌，在军功面前一视同仁，甚至对其子要求格外严格，曾多次推辞朝廷给予其子的封荫。他说："正己而后可以正物，自治而后可以治人，若使臣男受无功之赏，则是臣已不能正己而自治，何以率人乎？"不仅不为屡立战功的岳云请功，还时常训导他要奋勇杀敌报效国家。岳飞以忠孝、忠义为主要内容的家教对其家庭产生了重要影响，后人评价道："岳飞的家教是卓有成效的。在儿辈中，培养了岳云这样名垂青史的青年将领；在孙辈中，出了岳珂这样著名的学者。"①

同样是生活于南宋内忧外困时期的朱熹，其家庭教育也充满爱国主义的内容。朱熹不忘家国，时刻惦念着国家的前途命运，当他听闻金主完颜亮领兵百万意欲一举消灭宋廷时，他作《感事》以明志："闻说淮南路，胡尘满眼黄。弃躯惭国土，尝胆念君王。却敌非干橹，信威藉纪纲。丹心危欲折，伫立但彷徨。"表达了捐躯赴国难的爱国忠君思想。随着宋金战事的变化，朱熹也在不同的作品中表达着他对国运的忧愁，他的《次子有闻捷韵四首》《闻二十八日之报喜而成诗七首》《与黄枢密书》《感事》等都是他心念家国、为国分忧的真实写照。朱熹到晚年仍然感叹道："尝记年十岁时，先君慨然顾语熹曰：'太祖受命，至今百八十年矣'叹息久之。铭佩先训，于今甲子又复一周，而衰病零落，终无以少塞臣子之责，因和此诗，并记其语，以示儿辈，为之尽然感涕云。"②足见父亲忠君体国的爱国行迹和遗训对朱熹影响之深远。赵构退位之后，宋孝宗赵昚继位，贬斥主和的秦桧一党，起用抗战一派。朱熹上《封事疏》主张抗金，其中讲道："夫金虏于我有不共戴天之仇，则其不可和也义理明矣。"宋廷在出师北伐继而失利后，孝宗在抗金事宜上表现出妥协的一面，朱熹连上三疏仍力谏抗金。他认为君父之仇不可不报，"然则今日所当为者，非战无以复仇，非守无以制胜，是皆

---

① 龚延明. 岳飞评传［M］. 南京：南京大学出版社，2001：311.

② ［宋］朱熹：《朱熹集·卷九·蒙恩许遂休致陈昭远丈以诗见贺已和答之复赋一首》（转引自张立文《朱熹评传》，南京：南京大学出版社，1998：5.

天理之自然，非人欲之私忿也。陛下亦既有意于必为矣，间者不知何人辄复唱为邪议，以荧惑圣听，至遣朝臣持书以复虏师，而为讲和之计。臣窃恨陛下于所不当为者不能必止而重失此举也。"① 在朱熹看来和金人议和是有违天理的，他义正辞严地规谏触犯了孝宗，被降职虚位以待，但这些都不曾使他关心国家民族前途之心有所动摇。在关于爱国主义的家教中，陆游的家庭教育有着鲜明的特色。陆游生长于宋金民族矛盾激烈的时代，是南宋著名的爱国主义诗人，年纪轻轻的他就树立了保家卫国的崇高志向。他曾在《书叹》中寄语"少年志欲扫胡尘"②，在《小圆》中畅怀"少年壮气吞残虏"③，他常以先辈们纵然危身害家也不负家邦的事迹勉励自己和子孙。在其流传下来的近万首诗篇中，就有 200 多篇家教诗，这些家教诗篇中亦有很大一部分是表达对国事安危之牵念的。陆游一生主张抗金，晚年仍不忘北伐事宜，他有多首《示儿》诗传世，如"仆顷在征西大幕，登高望关辅，乐之。每冀王师拓定，得卜居焉。暇日记此意，以示子孙"，其中最为脍炙人口的名篇《示儿》至今仍是人们耳熟能详的爱国家教诗篇中的典范："死去元知万事空，但悲不见九州同。王师北定中原日，家祭无忘告乃翁。"④ 从中可以看出其对国家振兴的殷切期望，用这样的诗文来传示子孙，无疑是鼓励他们牢记国耻，投身于国家振兴的事业之中，而他的其他诗篇也大都"向子弟进行为官之道的教育，他要求儿子无论是务农还是做官，都要报效国家，为民造福，实实在在做事做人。"⑤ 晚明入清的文人士大夫，在家庭教育中十分注重气节教育，如顾炎武的母亲在明都沦陷后绝食明志，并遗嘱顾炎武道："无为异国臣子，无负世世国恩，无忘先祖遗训。"⑥ 顾炎武在明亡后坚持抗清，失败后著书立说，身体力行了母亲的临终教诲，还不忘教导他在清廷为官的外甥砥砺名节。诸如王夫之、史可法的家庭教育都有不忘前朝、守身明志一类的训教。这些内容构成了中国古代儒家家庭教育中关于爱国主义教育最为光彩的一面。由此也可以看出，中国古人的爱国主义情结早就深入到了普通家庭，化为了人们的实际言行。

二、激发责任意识

　　责任意识是中华民族精神的重要体现，千百年来形成于中华民族的发展进程当中。责任意识深藏于中国优秀传统家训文化的精神内核之中，是传统家训文化当中最本质的精神，更是中华儿女积极进取、奋发有为的巨大情感激励。

---

　　① ［宋］朱熹：《朱熹集·卷十三·癸未垂拱奏劄二》（转引自张立文《朱熹评传》，南京：南京大学出版社，1998：16.

　　② ［宋］陆游：《书叹》。

　　③ ［宋］陆游：《小圆》。

　　④ ［宋］陆游：《示儿》。

　　⑤ 徐少锦，陈延斌. 中国家训史［M］. 北京：人民出版社，2011：458.

　　⑥ ［明］顾炎武：《日知录·正始》。

中国优秀传统家训文化中的责任担当理念与我国古代传统知识分子也就是"士"阶层的责任、担当品行交叉相融、互相促进。一方面，在责任担当意识的影响下，这些饱读诗书、居于仕途、德行极高的士大夫无不具有强烈的责任观、担当观，他们的言行中无不将各种集体的利益置于个人的私利享乐之上，往往能够在危难面前挺身而出，以大无畏的气概肩负起匡扶社会的重大责任，时刻践行着传统家训文化中的责任担当理念；另一方面，这些士大夫的担当品行又不断丰富、扩展家训文化中的担当理念，这些古人先贤的担当品行包括为国家担当、家庭担当以及个人担当，这些担当德行也成为后世责任担当精神的重要理论渊源。

（一）国家责任担当

国家担当是传统担当意识中体现得最为丰富的一项内容。为国担当是古人先贤身上最亮眼的担当底色，我们所熟知的无论是古代饱读诗书的文人骚客还是有一官半职的为官之人，首先都渴望国家和平独立、思虑民族前途命运，并尽自己所能担当那一时代国家对其提出的要求。比如杨家将"忠君爱国、奋勇杀敌"的无畏精神；岳飞"精忠报国、宁死不屈"的牺牲精神；林则徐"苟利国家生死以，岂因祸福避趋之"的高尚情操。这样的家风培育和锻炼了一代代忠勇爱国之士，这种家风不仅刻在了他们的心里，更是融进了他们的血液里。爱国主义作为中华民族精神的核心，使得在历史上的无数仁人志士对国家责任担当意识体现得特别鲜明，像"精忠报国"这样的爱国担当贯穿民族史册。《礼记》有云"苟利国家，不求富贵"，司马迁则说"常思奋不顾身，以殉国家之急"。从霍去病的"匈奴未灭，何以家为"到马援的"马革裹尸"；从诸葛亮的"鞠躬尽瘁，死而后已"到陆游的"位卑未敢忘忧国"；从林则徐的"苟利国家生死以，岂因祸福避趋之"到周恩来的"为中华之崛起而读书"，代代表述虽有不同，但无不体现了他们的家国情怀，体现了他们对国家的强烈的担当意识。

（二）社会责任担当

这种对社会民生的当下和今后发展的责任担当所包含的内容有许多方面：既有对民生的忧患担当，也有文化的使命担当，还体现为对今后社会发展的责任担当。而且这种社会责任担当意识往往与强烈的使命意识和忧患意识结合在一起，从而成为几千年来中国知识分子理想主义和精英意识的象征。在传统文化中，社会担当意识首先体现为对民众生计的关注和担当，如屈原的"哀民生之多艰"；杜甫的"安得广厦千万间"；范仲淹的"先天下之忧而忧，后天下之乐而乐"。其次还表现为对社会发展和伦理、文化的深度忧思。如孔子的忧道、求道、践道、弘道，甚至可以以身殉道；以屈原、范仲淹、王阳明、曾国藩等人为代表的"铁肩担道义"和"上下求索"的社会批判和追求启迪真理的精神"知其不可为而为之"的精神。在传统家训文化中，这种社会担当意识最集中也最具有代表性的体现是横渠四句：为天地立心，为生民立命，为往圣继绝学，为万世开太平。^① 张载的这四句话最能代表中国知识分子的社会担当意识，激励着他们心怀天下，为道义、为苍生而奔波求索。

（三）家庭责任担当

家庭责任担当是德行较高的哲人先贤在日常生活中努力做到的担当的重要方面。家庭担当既包括担当复兴家族、保障家庭成员积极健康成长的使命，也包括将家族的价值观奉为自身价值观终生矢志遵循。名垂千古的家庭担当的例子不胜枚举，"孟母三迁"的故事就体现了孟子的母亲高瞻远瞩的家庭担当品质；"岳母刺字"中岳飞的表现也体现了他严谨遵守家庭教诲，将家族的价值观作为自身价值观的担当之心；"画荻教子"、"养不教，父之过"体现的是父母对子女的责任担当，"花木兰替父从军"体现的是儿女对父母的责任担当。"此外，中国传统文化中还有大批家庭教育著作，如诸葛亮的《诫子书》，嵇康的《家戒》，向朗的《戒子遗书》，颜之推的《颜氏家训》，朱伯庐的《朱子治家格言》等，这些古代的教育理论也十分重视家庭伦理道德建设，重视家庭责任，重视对家庭责任的担当"^②。

三、激扬进取精神

优秀传统家训文化作为中华民族文明的重要纽带，它不仅是培育个人形成积极有为、自强不息进取精神的巨大推动力，还是不断推动历史前进的重要精神力量。"天行健君子以自强不息，地势坤，君子以厚德载物。"这种奋发有为的进取精神可以促使人们在前进过程中积极主动，奋发图强，不仅如此，还可以激发人们投身社会建设、建功立业的雄心壮志^③。中华优秀传统家训的情感传承有助于引导人们树立积极向上的心理状态，激扬拼搏进取精神。

君子要立身处世，关键在于积极有为的进取精神。而传统家训认为，志向对人生有着不可磨灭的影响，人生首先重在树立志向。嵇康在其《家诫》中反复强调"人无志，非人也"^④ 的立志态度，正如杨继盛在《给子应尾、应箕书》中交代儿子"人须要立志"^⑤ 一样，都把立志当作为人的根本。因此，"为人，须先立坚卓之"^⑥，一个人只有志向坚定、专一，这样才会力气充足、全力以赴。中

---

① 张载. 张载集［M］. 北京：中华书局，1978：320.

② 李君利. 中国传统担当精神在当代大学生思想政治教育中的价值研究［D］. 安徽工程大学，2017.

③ 杨峻岭. 传统家训的道德意蕴及其创新发展——以宋代《袁氏世范》为主要对象［J］. 伦理学研究，2020（1）：75－78.

④ 喻岳衡. 历代名人家训［M］. 长沙：岳麓书社，2003：51，87，99，39，181，165.

⑤ 冯天瑜，张艳国. 家训辑览［M］. 武汉：武汉大学出版社，2007：138，149，257.

⑥ 郦波. 郦波评说曾国藩家训（下）［M］. 北京：中国民主法制出版社，2011：4.

华传统家训倡导成功贵在坚定志向的过程中践行志向，必须通过自立自强、奋发进取之道，努力实现个人志向。正如曾国藩在《致九弟季弟》中训诫其弟时所言："从古帝王将相，无人不由自强自立做出；即为圣贤者，亦各有自立自强之道，故能独立而不俱，确乎而不拔。"①千古家训《曾国藩家训》中指出，实现志向的过程如果遭遇逆境，唯有艰苦奋斗。"战战兢兢，即生时不忘地狱；坦坦荡荡，虽逆境亦畅天怀。"在实现理想的过程中，如果遇到顺境，要谨慎行事；如果遭遇逆境，也要眼光远大，胸怀宽广，把困境作为磨砺，奋力拼搏，才是君子所为，才可以把事情做大做久。同时，追求志向须从小处着眼，小事做起，脚踏实地、诚心求之、虚心对待，只有这样，不管大事还是小事，才可能成功。

"自古明王圣帝，犹须勤学，况凡庶乎！……及至冠婚，体性稍定，因此天机，倍须训诱。有志向者，遂能磨砺，以就素业；无履立者，自兹堕慢，便为凡人。"②《颜氏家训》中指出，无论帝王还是平民百姓，都要努力学习，积极进取，磨练自己的意志，维护家族的荣誉。同时，颜之推认为，志存高远、积极有为是君子立身处世之要。因此，他相当关注子女的志向教育，从小便教育子孙后代"有志尚者，遂能磨砺，以就素业，无履立者，自兹堕慢，便为凡人。"他认为有志向的人，能够磨练自身坚强的意志力，从而成就一番大事业；而没有坚守自身操行的人，任由自己甘愿堕落，便成为了一介凡夫俗子，无法成就功业。他觉得一个对自己人生有明确规划和拥有远大志向的人，必定可以承受住世事的考验与磨练，从而成就一番高尚的事业，没有志向的人就会成为默默无闻之辈，人生的意义很大程度决定于你对志向的选择，你若甘愿吃努力奋斗的苦，便会少一点遭受人生的磨难。颜之推关于家庭教育中培养"立志"的观念仍是后世授之以渔的良方，身为乱世的封建主义士大夫，站在修身齐家的基础上教育子孙后代，学习不单单只是求取功名的途径，同时也是完善自身品德不可或缺的方式。此外，颜之推指出，积极进取、勤奋读书有助于安身立命，天下太平时，可以立身扬名；天下大乱时，还可以保全性命。"有学艺者，触地而安。自荒乱以来，诸见俘虏，虽百世小人，知读《论语》《孝经》者，尚为人师；虽千载冠冕，不晓书记者，莫不耕田养马，以此现之，安可不自勉耶？若能常保数百卷书，千载终不为小人也。"③由此可见，志向的实现并非出于偶然性因素，而在于以远大的抱负为目标，并坚持不懈地为之奋斗，以自强自立、积极进取之道作为精神支柱。

---

① ［清］曾国藩. 曾国藩治家全书［M］. 长沙：岳麓书社，1997：77，210，445.
② 颜之推：《颜氏家训》中《勉学篇》
③ 颜之推：《颜氏家训》中《勉学篇》

第三节　行为激励功能

中国传统家训文化的行为激励是指为使人们朝着预期目标前进而采取积极行为的活动。行为激励可以调动人的积极性，激发人的创新精神，促使其为实现既定目标而奋斗。被激励的人的需要是多方面的，因而家庭教育需要具有多种激励办法，对于不同的人采取适合其需要的激励措施。中国传统家训文化的行为激励始终将言传身教、严慈相济、知行合一等方法贯穿其中，向我们呈现了"天下兴亡，匹夫有责"责任观，又为我们谱写出了永垂不朽的赞歌和感天动地的诗篇。

一、言传身教

孔子云："其身正，不令而行。其身不正，虽令不从。"[①] 家长作为子女的第一位也是终身教师，更需要身体力行，努力提升自己的道德素养，并以自己的实际行动影响子女。言传身教是家庭教育的基本方法，"正己正人""榜样示范"说的都是"身教"，"言传"亦是家庭教育的基本方法，是家庭教育施教者运用先贤的先进思想观念及其优良家风，来有目的、有计划地对受教育者进行的灌输和说教，使受教育者明晓教育内容自身包含的事理，以自觉践行。孔子的教育思想是中华民族珍贵文化遗产的一部分，也是我国传统家风教育领域的道德基础和思想源泉。儒家家庭教育注重家庭施教者自身的身教和正反典型的示范教育作用。《春秋纬·元命苞》："教之为言，效也，上为下效，道之始也。"说的是在上者的榜样引领作用。这里的榜样有两种意思，一是指父母自身的身教，二是指以古圣先贤的行为事迹教育子弟。这与儒家强调正己正人的思想是一致的，儒家认为只有施教者以身作则、身先示范才能更好地实行教育，施教者本人首先要严以律己，端正自己的品行，才能以此示范别人，达到教育的目的。具体到家庭教育中，在施教的过程中就希望子弟学做君子、圣贤，所谓"希圣希贤"，就是以古圣先贤的往行作为子弟学习效法的榜样。父母是子弟的第一任教师，所谓"师者，人之模范也。模不模，范不范，为不少矣"[②]，就要求家长要都能以身行教，通过自身言行的榜样示范来实现教育感化的目的。此外，榜样示范法还提倡世人借鉴过往正反两面的家庭教育历史经验，从古人的典型施教中吸取家庭教育的智慧。需指出的是，通常我们理解榜样示范的教育方法，多从正面的角度来理解，其实负面典型也是儒家提倡的家庭教育方法，所谓"见贤思齐，见不贤而内自省也"，家庭教育除了运用好正面引导外，还要运用好反面典型的规诫作用，引导

---

① 杨伯峻. 论语译注·子路 [M]. 北京：中华书局，1980.

② [汉] 杨雄. 法言·学行 [M]. 韩敬，译注. 北京：中华书局，2012：10.

受教育者认识到反面典型所造成的不良后果，在正反的对比中弃恶从善、择善而从、改邪归正，即所谓的"见善如不及，见不善如探汤"。

孔子教学的教材以《诗》《书》《礼》《乐》为主，这些奠基在传播孔子教育思想的同时，也保存了中国古代文化。一方面，孔子将道德教育放在首位，主张"仁者爱人"，同时将"立志""克己""力行""中庸""内省""改过"作为道德修养应该遵循的原则，教育人们要志存高远，明确人生的前进方向。他力求走在中庸之道上，自觉进行思想检查，改过迁善。另一方面，孔子也很注重教育的作用，他强调学思结合的教学理论，主张"学而不思则罔。思而不学则殆"。同时也倡导启发性教育，发展学生的思维能力。孔子的教育思想和德育思想为后人在修养道德方面和教育子女方面都提供了思想蓝本。他提出的道德修养原则，为现代人在个人道德修养、家庭美德以及社会公德修养方面提供借鉴。孔子学说影响了中国封建时代的经济、政治、文化，也影响了他的后人，使他的后人和弟子在其家风的教育和熏陶下，继承和发展了孔子的儒家思想，使其家族在历史的风浪中经久不衰。当然，我们应当坚持历史唯物主义观点，批判地继承这份珍贵的文化遗产。

清帝康熙在《庭训格言》中有讲："凡人有训人治人之职责，必身先之可也。《大学》云：'君子有诸己而后求诸人，无诸己而后非诸人'，特为身先而言也。"①父母的以身示教是中国传统家训文化中的必然性规定。如在我国流传甚广的曾子杀彘的故事，就体现了我国家庭中父母言传身教的榜样作用对家教的重要影响。可以说，正是曾子以实际行动纠正了妻子对孩子许下的谎言，才让这个故事成为《大学》中父母榜样教育的经典。可见，在家庭教育中，父母教育子女时一定要言行一致，言而有信，若失信于子女，不仅会给他们留下说谎的不良影响，说谎者也容易因失信而失去权威。晚清政治家曾国藩的家风家训，备受后人重视。他的家风思想主要包括对先辈的尊爱、对子女的怜爱、对兄弟的友爱、对妻妾的敬爱、对后人的关爱。首先，他孝敬自己的祖先，就在他进入仕途、官位节节高升时，也不忘祖父勤俭持家的教导，在军营像祖父一样垦地种菜。其次，在教育子女方面，曾国藩对子女倾注了他全部的父爱，而他教育子女的方法非常灵活。如以书信为教育载体，形成《曾国藩家书》。注重琐碎的事，对子女的教育事无巨细，不厌其烦。他要求子女读书，当儿子读书取得进步时，他会予以鼓励。再者，曾国藩关心和提携兄弟姐妹，无论是生活上还是学业上都做到了无微不至。最后，他与妻子相敬如宾。对后代关爱有加，他对后代的教诲是老实、规矩、勤奋、谨慎。后代对曾国藩满怀敬仰之情。"曾氏家风"为我们培育家风提供了借

---

①　成晓军. 名儒家训、名臣家训、慈母家训、帝王家训［M］. 武汉：湖北人民出版社，1996.

鉴和路径，值得我们研究和学习。清代名臣林则徐的家风则说："子孙若如我，留钱做什么？贤而多财，则损其志；子孙不如我，留钱做什么？愚而多财，益增其过。"他的主张是要教育子孙要有奋斗意志，也不能过分地溺爱子孙。他的优良家风使后人受益，成为中华民族优秀家风的典范。中华家风文化源远流长，有着深厚的历史根基。近代著名教育家、政治家梁启超在教育子女方面，可堪称是家庭教育的典范。梁启超的一生致力于学术研究和政治研究，他在家庭教育方面著成了上万字的《饮冰室合集》，也有教育子女方面的家书。在家庭教育中，梁启超倡导博爱教育，教育子女不但要爱惜自己，更要宽爱他人。在家风的涵养方面，他特别注重爱国家风的铸造，因此，在子女们很小的时候，他便给子女讲述爱国英雄的事迹，子女长大后，他便以家书的形式将爱国思想传递给子女，在这种教育环境的熏陶下，他的九个子女皆学有所成，俊秀满门，为祖国的建设奉献了自己的力量。梁启超还倡导寒士家风教育。他提倡"俭以养德"，以此为寒士家风的精神。他的寒士家风教育目的是磨砺子女的人格，希望他们具有勤俭、自强、上进的品质。梁启超对子女的教育犹如辛勤的园丁，以苦心和匠心去细细耕耘、以爱心和责任心去辛勤浇灌。因此，梁氏子女包括梁思成、梁思礼、梁思永满门为俊秀，个个为英才，分别在建筑、火箭、考古方面有所建树。

二、严慈相济

严慈相济是指在家庭教育中，父母亲的一言一行要相互配合，要将慈爱与严格要求相互交融，这是在家庭教育中对子女的基本要求。《颜氏家训》的治家篇中记载了一个故事，梁孝元帝时期，有一位中书舍人，治理家庭没有方寸，过分地严厉而又刻薄，后来他的妻子和侍妾合谋，买通了一名刺客，等这位中书舍人醉酒后就伺机把他杀死了。由此可见，治理家庭没有规矩，不注重严与宽的结合，产生的后果是没办法想象的。

慈爱有节，即父母对子女的爱都要有分寸，不能一味地溺爱和放纵。一是要爱憎明确，使子女明白对错。即父母对于子女的言行，该表扬的要褒奖，该批评的则不应嬉笑袒护。诚如颜之推对当时一些父母"盲目之爱"的批评："吾见世间，无教而有爱，每不能然。饮食运为，恣其所欲。宜诫翻奖，应诃反笑。至有知识，谓法当尔。骄慢已习，方复制之，锤挞至死而无威，忿怒日隆而增怨，逮于成长，终为败德。"[①] 二是对待所有子女要均等"严爱"。即父母对待自己的子女都应一视同仁，不能对某一孩子过多偏爱，而冷落另外的孩子。如南宋袁采在《袁氏家范》中就讲过："同母之子，而长者或为父母所憎，幼者或为父母所爱，

---

① 杨萧. 颜氏家训袁氏示范通鉴·颜氏家训·教子第二 [M]. 北京：华夏出版社，2009.

此理殆不可晓。窃尝细思其由，盖人生一二岁举动笑语，自得人怜。……为父母者又须觉悟，稍稍回转，不可任意而行，使长者怀怨，而幼者纵欲，以至破家。"[1] 三是父母对子女不能"爱恤过甚"。即父母不要对子女过分地溺爱，不要迁就姑息子女不好的言行，表明爱其实很简单，只要从日常生活方面入手即可。譬如，唐翼修就在《家训》中从医学的角度阐述了关于爱的方法，他指出："凡生养子女，固不可不爱惜，亦不可过于爱惜。爱之太过，则爱之实所以害之。……犹系小事，一切刑祸，从此致矣。为父母者，亦曾念及此乎?"[2]

严而有度，即父母对子女的严格要有尺度，不能一味地专横和粗暴。一是态度要严厉。家庭伦理教育中"严"的最高层次是对于家人子弟的败行恶德决不姑息迁就，决不妥协纵容。天下父母固然疼爱自己的子女，但却不能袒护他们的过错，瞒得过一时，却瞒不了一世，须知掩盖隐瞒子弟的过错和罪恶，非但不会贻爱他们，反而只会贻害他们。长辈在进行教育的时候往往饱含着呵护与关切之情，这是人类自然本性的体现，但是关爱没有限度则会导致子女的德行丧失，形成负面的教育效果。曾国藩在给儿子曾纪泽的家书中写道，纵容孩子就是危害孩子，就如同将孩子杀死。因此，善于德教的人应该讲求家教的完整性，注重爱护与管教相结合，才能使慈爱不至于有失偏颇。传统家训中"严"的最高要求是对家人子弟的败坏德行绝不姑息迁就，《庞氏家训》中就指出：子孙故意违反了家训，应该当众抓到祠堂，祷告祖宗，对其严加惩治，晓谕他反省改正。如果抗拒不从，并且屡错不改，那就是自毁其身。教育子女后辈讲求严慈相济，扩展到治理家庭、治理国家也是采用同样的方法，讲求宽猛相济。"明定赏罚，才肯用心"[3] 在家庭管理中，要明确赏罚，这样人们处理家里的事才会用心。传统家训中对子女的教育推及社会国家，认为鞭笞发怒这样的行为在家中废止了，那么小孩子们就会立马出现过错。刑罚不用，那么民众就会手足失措。治理家庭的宽厚和严厉，就像治理国家一样。如曾国藩在其家训中就讲过："预严而有威，必本于庄敬，不苟言，不苟笑，故曰：威如之吉，反身之谓也。"[4] 二是行为要文明。"严"不是动辄打骂，而是严格要求，是教育者教导受教者的行为要得体，不能严而无度。简单而粗暴的教育方式不仅达不到理想的教育效果，还会适得其反，使子女与父母之间产生情感上的隔阂，造成家庭教育的失效。正所谓"鞭扑之子，不从父之教"，道德教育必须以感情为基，以理为本，即"慈爱不至于姑息，严格不至于伤恩"[5] 如曾国藩在教育子女如何处理兄弟之谊时就明确说过："至

① 包东坡（选注）. 中国历代名人家训精粹［M］. 合肥：安徽文艺出版社，2000：165.
② 李忠秀. 名人家训［M］. 济南：山东友谊出版社，1998：78.
③ 原野. 家书谱传承：中国古代励志家书［M］. 北京：中华工商联合出版社，2015.
④ 马道宗. 曾国藩家训［M］. 北京：中华工商联合出版社，2001.
⑤ 徐少锦，陈延斌. 中国家训史［M］. 西安：陕西人民出版社，2003：555.

于兄弟之际，吾惟爱之以德，不欲爱之以姑息也。"①

传统家训文化中展现的严慈相济的教育方法，很好地解决了爱与教之间的矛盾，既严格约束，又以情动人。这种方法不仅适用于教育子女，而且同样适用于管理家庭和治理国家。严慈相济的"严"不只是对被教育者和被统治者提出的，也是对教育者和当政者自身提出的，他们也要严于律己、以身作则，这才是传统家训文化中严慈相济方法的全面阐释。

三、知行合一

知行合一，指的是道德意识和道德践履的融合，强调的是在进行道德教育过程中不仅要让个体深刻地认识到道德理论、道德知识，还应当将道德认知应用于实践当中，只有把"知"和"行"统一起来，才能达到人生的巅峰。在强调道德意识与道德实践相结合方面，传统家训中有很多思想资源值得我们学习借鉴。古代家长在对待"修身、齐家、处世"的真理性认识上，不仅只是将其作为教育后人的理论认知，更是教其进行"知行合一"的践行准则。曾子杀猪教子以存"信""易席训子以德礼"的典故至今广为流传；"孟母三迁择居住，孜孜教子成名儒"的故事更是值得称道；南宋文学家陆游常向后代传述族中先辈的学问素行，更写出了"纸上得来终觉浅，绝知此事要躬行"的著名诗篇，教导子孙后代遇事躬行，做到知行合一。由此可见，中国传统的知行哲学一直是许多先哲圣人做人做事的基本准则，从而延传后世。

浦江郑氏家族家训《郑氏规范》是我国历史上一部罕见的内容完整、操作简明的治家法典，通过细致的规范将"德""礼""法""义"的家教落到实处，促进子孙后代自觉培育美德。其中第一百一十八条规定："子孙自八岁入小学，十二岁出就外傅，十六岁入大学，聘致名师训饬。必以孝悌忠信为主，期抵于道。"从小培养族人的孝道意识；第一条至第十二条细致讲述了郑氏家族的祭祀规范，直接表达了敬神畏灵、崇祖睦族的意愿；第一百一十四条说："子孙毋习吏胥，毋为僧道，毋狎屠竖，以坏乱心术。当时以'仁义'二字铭心镂骨，庶或有成。"将义融入到日常生活的之中。南宋灭亡之际，四世祖郑臣保"以一臣不侍二君，乘桴渡海，定居高丽看月岛，成为韩国瑞山郑氏始祖"；靖难之役时，郑洽至死不渝地陪伴在建文帝身边。郑氏家族一次次将对大义的实践付诸对国家的忠诚上，以其道德践履影响着郑氏后人。

元末明初思想家刘基14岁之前的读书和生活都是在父母影响下进行的，父母的良善使他养成了行善的习惯；父母的满腹经纶也促使他勤于学问，以致他将自己的品行、成绩完全归功于父亲的教诲。明代《水澄刘氏家谱》的制定者都是

---

① 马道宗. 曾国藩家训［M］. 北京：中华工商联合出版社，2001.

饱受儒家伦理熏陶的宗族长者，一致认为言传和身教是相辅相成、缺一不可的，其中以身示教更甚于言辞相传，因而长辈总是以身作则，率先垂范。譬如《守常府君家训》言："其言卑之无甚高论，而切中有家成败之理，立身行己之要，正无取于高谈阔论。"通过适当的仪式而将家规教化落到实处，并最终实现抑恶扬善的目标。《水澄刘氏家谱》提到："人生各有六大：俯仰衣食婚丧。众庶开百忧，只是一不俭。"对子女的诸多告诫也都源自长辈的切身体会，给子孙后代树立了良好的榜样。

以程颢、程颐、朱熹为宋儒主要代表人物的程朱理学继承儒家衣钵，主张"性即理"的论调，认为"理"是决定人性一切问题的根源之所在，要解决人性的问题，必须"即物穷理"[①]。程颐基于这样的论调，对知行合一的看法也就逃不出"性即理"的范畴，他认为："君子之学，必先明诸心，知所养，然后力行以求至，所谓自明而诚也。"朱熹的论述也不例外："知之愈明，则行之愈笃，则知之益明。"此外，朱熹以弘扬理学为己任，奉行"格物致知、实践居敬"的教育理念，力主以"存天理、去人欲"为内容的道德修养，力求重整伦理纲常、道德规范，重建价值理想、精神家园。但不能不指出的是，程朱二位的基本立场终究是以知为先、行随其后，知行分两边，这种理路日渐脱离了日常生活实践。明代王阳明立足实践，对儒家经典《大学》进行了再诠释，并认为："明明德"是出发点，亲民是路径，止于至善是目的，三者三位一体，而"致良知"乃为本体："阳明子曰：'大人者，以天地万物为一体也。其视天下犹一家，中国犹一人焉。'曰：'然则何以在亲民乎？'曰：'明明德者，立其天地万物一体之体也；亲民者，达其天地万物一体之用也。故明明德必在于亲民，而亲民乃所以明其昭德也。'"[②] 在王阳明"心学"的影响下，"孝道""孝心"传世甚广。"心之体，性也。性即理也。故有孝亲之心，即有孝之理；无孝亲之心，即无孝之理矣。"王氏家族的"立心""孝心"由来已久。可以说，王氏家族不崇拜权威、不迷信教条、不随波逐流的风尚，以及尊重自我、尊重个性、遵从内心的家风，影响着这位日后的心学大师。同理，王阳明视弟子如亲子，视亲子如弟子，将这种家风留给后人和门徒。王阳明先生"知行合一"的家风家训代代相传。"王门四句教"言："无善无恶是心之体，有善有恶是意之动，知善知恶是良知，为善去恶是格物。"在贯彻传统"五伦""五常"的伦理过程中，王氏家风家训注重发自内心、落到实处，在当时历史背景下具有相当程度的启蒙意义。

总而言之，古人不仅以耳提面命的形式对子孙实施道德教育，更要求他们在生活实践中践履笃行，从而在行为上起到了对子孙后代的激励作用。

---

① 王阳明，张靖杰，译注. 明隆庆六年初刻板〈传习录〉[M]. 南京：江苏凤凰文艺出版社，2015：121.

② 冯友兰. 中国哲学史 [M]. 上海：华东师范大学出版社，2000：287.

第七章　中国优秀传统家训文化的创新发展

第一节　中国优秀传统家训文化创新发展的体系架构

中国优秀传统家训文化传承发展的体系应当由目标、原则、要素组成。三者在体系中占有不同的地位，发挥着不同的作用。其中，目标是方向，规定和制约着中国优秀传统家训文化传承发展的一切方面；原则是保障，保证中国优秀传统家训文化的传承发展不偏离既定的方向；而要素则是系统的基本组成部分，中国优秀传统家训文化传承发展体系的基本要素是主体、客体、环境、载体与机制，这五个要素"五位一体"，是中国优秀传统家训文化传承发展活动不可缺少的部分。

一、中国优秀传统家训文化传承发展的目标定位

目标是人类活动的出发点和最终目的，目标定位体现着人的活动最基础、最本质、最合理的愿望和要求。在一项活动开始前，制定活动目标、明确活动任务是必不可少的环节，目标确立与否直接影响到活动能否实现、在多大程度上实现等问题。2017 年《关于实施中华优秀传统文化传承发展工程的意见》（以下简称《意见》）的出台，对传统文化传承发展提出了总体目标，即"到 2025 年，中华优秀传统文化传承发展体系基本建成，研究阐发、教育普及、保护传承、创新发展、传播交流等方面协同推进，并取得重要成果，具有中国特色、中国风格、中国气派的文化产品更加丰富，文化自觉和文化自信显著增强，国家文化软实力的根基更为坚实，中华文化的国际影响力明显提升。

具体到中国优秀传统家训文化而言，其传承发展的目标是教育者按照一定的社会要求和客观实际所提出的总的设想，笔者认为可以从三个层面来进行规划，即在个体层面上以塑造德行完备的理想人格为目标，在家庭层面上以重拾以德为先的家教理念为目标，而在社会层面上则以凝聚社会领域的价值共识为目标。中国优秀传统家训文化传承发展体系目标的制定是在遵循《意见》基本要求的基础上，根据传统家训的特点有针对性地提出，从这三个方面明确目标，既有助于我

们有步骤、有目的地建构中国优秀传统家训文化传承发展体系，也有助于以传统家训文化的传承发展促进传统文化的传承发展。

（一）个体层面：塑造德行完备的理想人格

从道德角度而言，"人格"可以简单理解为人的品格，是作为人应当具有的品德、尊严以及由此而表现出来的行为方式，人格应当具备两个基本规定性，即内在的品格和外在的行为。理想是与现实相对的一个范畴，理想作为人们的一种美好想象和设想，是在实践过程形成的、对具有现实可能性的事物的追求和向往。理想反映着现实的而不是虚假的可能性，是一种实际的而不是虚幻的想象，理想是人们现实活动的动力。从理想和人格的关系看，人格是理想的承担者，理想是人格的主观体现。

而理想人格，则是人应当达到的做人目标，是人因具备良好的品德修养、道德素质而呈现出来的一种德行完备的表现状态，从理论而言，它是人性本然状态、理想状态的思想结晶、修养境界；从实践而言，它是社会道德规范、职业操守、生产技能、生活方式的道德化身，是真、善、美的和谐统一，也是知、信、行的融会贯通。理想人格是个体对于理想人性的真正占有。中国优秀传统家训文化传承发展的目标之一就是以优秀传统家训的教育理念、教育方法来影响人、改变人，完善人的品格、塑造人的德行，使人能够求真求善求美，实现知情意行的统一，从而做一个符合社会发展要求的具有高尚道德的人。

传承发展优秀传统家训文化是为了塑造德行完备的理想人格，这种培养人、塑造人的目的从传统家训文化产生之日起就存在，但是传统社会所要塑造的理想的、完美的人格是孔子口中的"圣人"，是通过仁义礼乐这种成人之道来达到一种"人皆可以成尧舜"的圣人之德。传统家训文化以儒家思想理念为核心，自然也是按照这种思路教化子孙，使子孙立志成为圣人君子以光耀门楣，这可以说是古人制定家训的初衷之所在。在新的时代背景下，我们要传承优秀传统家训文化、要根据新的社会要求塑造人、培养理想人格，就不能停留在传统社会的思维方式上，而是要转变思路，赋予理想人格以新的时代内涵，将培养"圣人"转化为培养"平民化的自由人格"。

平民化的自由人格由冯契先生提出，平民化是说每个普通人都可以通过自身努力而达到，而自由人格则是每个人的个性和能力都得到充分发展。这种理想人格模式是对以往儒家所提倡的培养圣人的单一模式的超越，它充分考虑到了人的不同个性，不仅重视人内在德性的发展，同时还强调个性解放和人的多样化发展。这种说法比较符合当前社会培养时代新人的要求，也是传统家训文化当代传承的迫切要求。要实现这种理想人格的培养，冯契先生提出最核心的一点在于"化理论为德性"，也就是将真理性的认识通过教育和实践转化为人们自然而然的德性。对于传统家训文化来说，就是首先要继承和弘扬优秀的传统家庭教育理念，使其得到人们的认同和接受，并成为人们的一种理想信念，进而付诸实践，形成习惯，在这个过程中，也就实现了对人的塑造。

（二）家庭层面：重拾以德为先的家教理念

以德为先是指在家庭教育中，要树立道德品质教育第一位的家教理念。之所以重拾以德为先的家教理念，是因为在中国古代历史上，道德教育始终是家庭教育的重心，并为家庭或家族的持续发展以及个体发展发挥了重要作用，积累了许多成功的家教经验。新的时代背景下，家庭教育活动应当积极借鉴古人的家教方法和理念，找出当前家庭教育存在的问题，从而最大程度上发挥出家庭的功能，培育时代新人、建设良好家风，这也是传承发展中国优秀传统家训文化在家庭层面的目标之所在。

在古人这种重视道德教育、重视家庭成员品行修养的环境下，极为有效地促进了人的发展，培育了传世家风，也稳定了社会秩序，净化了社会风气，为封建社会的统治输送了大量人才。因此，在家庭教育实践中，道德教育是重中之重，是我们应当继承的优良传统。

在当今社会，家庭教育、学校教育与社会教育是现代教育体系中的三大组成部分，三者各司其职、各有特点，在个体的成长发展中担负着不同的教育任务。对于家庭教育来说，它是个体成长的起点，与学校教育、社会教育相比有自身独特的优势，在人的发展中起着至关重要的奠基作用。首先家庭教育具有基础性，正如习近平所指出："家庭是人生的第一个课堂，父母是孩子的第一任老师"，每个人从一出生就受到家庭成员、家庭环境、家庭理念的熏陶和影响，个体最开始受到的教育来自家庭。其次，家庭教育具有鲜明的针对性。

与学校教育不同，在长期的生活共处中，父母对子女有最为真实、全面、深入的了解，因而能够灵活地、有针对性地因材施教、对症下药。此外，家庭教育还具有强烈的感染性。血缘亲情使父母子女之间关系密切，容易相互感染，也容易使子女更加信服父母的教导。家庭教育所具有的这些特点既是优势又恰恰容易转变为劣势，假如不能正确把握，反而会造成更为恶劣的后果，从而影响孩子的一生。家长的教育理念是一个不可忽视的重要方面。习近平强调："孩子们从牙牙学语起就开始接受家教，有什么样的家教，就有什么样的人。"对于家庭来说，教育子女做人、培养子女良好的思想品德是首要任务，不可以削弱而只能够加强。传统家训文化的大力传播和弘扬，目标就在于改善当前家庭教育存在的问题，促使家长树立以德为先的教育理念，使家庭在个体道德素质的提升上发挥出应有的作用。

（三）社会层面：凝聚社会主义核心价值共识

传统家训文化的传承发展在个人层面和家庭层面的目标是最基础、最基本的目标，在社会层面凝聚价值共识则是更大范围上的、更为深远的目标。这一目标的实现是建立在个人和家庭基础之上的，社会就是由不同的个体和无数的家庭所组成的，只有作为社会基本细胞的个人和家庭在道德规范上不断提升，才能从更大程度上构建和谐社会，推动社会的持续发展。

凝聚价值共识具有重要的现实意义。首先，凝聚价值共识有助于缓解、避免个体之间的价值冲突。不同个体在价值观念、价值行为等方面存在很多差异，在日常交往中的摩擦不可避免，价值共识的达成使人与人之间缓解了因价值取向对立而引发的紧张及对峙关系，避免冲突进一步升级，进而有助于维护社会公共秩序，促进社会和谐。其次，价值共识也为解决不同文化之间的矛盾冲突提供了有效手段。我们说，价值共识不仅仅存在于不同个体之间，还产生于不同的民族与国家之间。不同的民族拥有不同的语言、不同的文化传统、风俗习惯、价值观念，在全球化大背景下，国家间文化和价值观的交流日益频繁，摩擦和碰撞时有发生，而要缓解、减少这种现象，使不同文明形态求同存异和谐共处，不断磨合以形成价值共识是一条有效的解决路径。

在当代中国，我们所要达成的价值共识是社会主义核心价值观。只有在核心价值观上形成最大范围内的认同和接受，才能维护社会的安定有序、和谐稳定。社会主义核心价值观内涵丰富、极为凝练，而人们理解、认同进而自觉践行社会主义核心价值观也是一项长期工程。中国优秀传统家训文化蕴含着极为丰富的思想道德资源，其最突出的特点是它植根于家庭中，它独具特色的修身齐家处世的思想与社会中的每个个体、家庭联系十分密切，不管是在人与人、人与群体还是人与社会之间都提出了许多普遍的道德准则，能够在具体道德行为上给予指导，尤其是在社会主义核心价值观"爱国、敬业、诚信、友善"的个人层面能够起到良好的引导和促进作用。因此，传承发展中国优秀传统家训文化是培育与践行社会主义核心价值观的重要途径，有助于凝聚社会主义核心价值共识。

二、中国优秀传统家训文化传承发展的原则导向

中国传统家训文化传承发展的原则导向是指教育者在开展传统家训文化活动时应该遵循的基本行为准则，基本原则的确定反映了传统家训文化传承发展的客观规律。想要正确认识和把握传统家训文化传承发展的原则与规律，就要在基本原则的指引下开展相关的教育活动，这对于实现传统家训文化传承发展目标具有重要的理论和实践意义。

（一）坚持马克思主义的方向性原则

方向决定道路，道路决定命运。方向性原则是最根本的原则，是传统家训文化传承发展的本质要求和规律遵循。坚持以马克思主义为指导的方向性原则是指在传统家训文化传承发展活动中要始终坚持以马克思主义及其中国化的马克思主义理论为指导，始终坚持以马克思主义的立场、观点和方法来思考问题和解决问题，始终坚持正确的政治方向不动摇。主义如同旗帜，马克思主义不仅仅是我国社会主义文化建设的一面旗帜，而且也是我国政治、经济、社会等各项现代化建设事业永不褪色的旗帜。

中华文化新辉煌的实现和社会主义文化强国目标的达成都有一个以什么样的理论为指导的前提性问题，指导思想的科学性是文化建设科学性的根本保障。马克思主义作为认识世界和改造世界的科学理论，它的唯物论、辩证法、认识论、科学社会主义学说以及其多种理论是我们进行文化建设的强大的思想武器。传统家训文化的传承与发展唯有坚持以马克思主义基本原理及其方法论来考察和处理传承发展过程中的问题，才能保证传统家训文化传承发展各项活动的科学性、方向性，才能引领社会主义先进文化建设和社会主义精神文明建设，才能保证以正确的价值观念塑造新时代家风。

（二）坚持批判继承的创新性原则

不忘历史才能开辟未来，善于继承才能善于创新。坚持批判继承古为今用的适用性原则是指在传统家训文化传承发展活动中要秉持辩证否定、一分为二的观点对传统家训文化进行有鉴别地对待、有分析地批判，克服传统家训文化中的消极、落后内容，吸收、转化传统家训文化中的积极、有益部分，取其精华去其糟粕，以达到以古鉴今古为今用的目的。批判继承是自觉运用马克思主义分析问题的一种方法。

我们党历来重视文化问题，早在新民主主义革命时期，毛泽东就曾经提出："决不能无批判地兼收并蓄"，习近平在此基础上继续深化，在十九大报告中明确提出实现传统文化的创造性转化和创造性发展，为传统家训文化的传承发展指明了方向。传统家训文化的传承与发展坚持批判继承古为今用的适用性原则是十分必要的。

如何坚持批判继承的创新性原则，或者说坚持这一原则的具体要求是什么？须明确，批判是前提、是手段，而非目的，批判后的继承才是目的，是批判的价值所在，批判与继承应当是有机统一的。那种只批判而无继承，或者盲目地、不假思索地、毫无批判地简单承继都是不可取的。正如习近平总书记所说，对待传统文化应当"进行正确取舍，而不能一股脑儿都拿到今天来照套照用。要坚持古为今用、以古鉴今，坚持有鉴别地对待、有扬弃地继承，而不能搞厚古薄今、以古非今，努力实现传统文化的创造性转化、创新型发展"，要做到批判的继承、"双创"的实现，应该经过这样几个步骤。首先，必须要对传统家训文化进行客观地反映与再现。客观的认识是研究传统家训文化的前提，我们对传统家训文化的继承、改造、转化等都是建立在这个前提之上。所谓客观反映与再现，就是要客观而非主观地、如实而非臆造地认识、反映传统家训文化，使其呈现出本来的面目。基于对事物客观地、真实地再现，我们才能"克服由于时代的间距所造成的我们与前人的历史落差，我们才能与前人真正沟通起来。"而这种反映与再现的过程实际上就是研究者对传统家训文化理解阐释的过程。这就要求传统家训文化研究者要"将自身置于传统的一个过程中"，在这个过程中，研究者对已有的传统家训文化语言与意义系统结合新的社会背景做出新的说明与理解，讲清楚、说明白传统家训文化的历史渊源、发展脉络、价值理念、话语体系等，破除传统与现代的障碍，达到传统与现代的融合。然而，客观地再现与阐释还只是第一步，批判继承的过程还没有完成。对传统家训文化的研究还只停留在解释、说明层面上，尚不是一种批判活动。因此，必须要进行到下一步，即必须要对对象进行理性分析。理性、逻辑地分析是对我们业已理解、阐释的传统家训文化的辨析、过滤、批判。只有经过这个步骤，才能真正实现对传统家训文化的批判继承。

（三）坚持交流互鉴的开放性原则

文明因交流而多彩，文明因互鉴而丰富。如果说，坚持批判继承的创新性原则是从时间角度把握传统家训文化历史和现代的关系，那么坚持交流互鉴的开放性原则便是从空间的维度来处理传统家训文化与外来文化之间的关系。坚持交流互鉴的开放性原则，在促进传统家训文化的传承发展时，应该本着开放的、包容的心态，相互交流、相互学习，积极借鉴其他国家和民族思想文化的优秀成分，取长补短、兼容并蓄，在保持本民族文化特色的同时，增加文化的包容性和丰富性。

在我国坚持文化交流互鉴有深刻的历史渊源。正如习近平总书记所说："在长期演化过程中，中华文明从与其他文明的交流中获得了丰富营养，也为人类文明进步做出了重要贡献。"可见，中西文化之间从来不是单向的输入与输出关系，而是一个双向的"输入－吸收－输出"的过程。到了近代社会，中国共产党人汲取前人智慧，进一步发展了交流互鉴的文化观。毛泽东同志提出："我们应该在中国自己的基础上，批判地吸收西洋有用的成分。"在新的时代背景下，习近平在讲话中多次强调要不忘本来、吸收外来、面向未来，"虚心学习、积极借鉴别国别民族思想文化的长处和精华，这是增强本国本民族思想文化自尊、自信、自立的重要条件"，为新时期文化建设提出了明确要求。

不同文明各有所长各有所短，坚持交流互鉴兼容并蓄的开放性原则，有助于以人之长补己之短，有助于消除文化之间的隔阂、对抗和冲突，也有助于在文化的交流碰撞中增添活力获得新生，加快传统文化创新和传统文化走出去。交流互鉴是文化发展的本质要求，那么对于传统家训文化来说，在传承发展过程中，应当如何落实交流互鉴的开放性原则呢？就传统家训文化和传统文化的关系而言，传统家训文化是传统文化的一个部分，所以，坚持传统文化交流互鉴就内在地包含着传统家训文化的方面，因此，在普遍意义上讲，对于传统家训文化，也应当如习近平总书记所言坚持正确的态度和原则。

第一，坚持文化相互尊重、平等相待。每一个国家的文化都是这个国家自然环境和社会条件下的独特创造，都代表着本国、本民族的价值观念、心理特征和风俗习惯，是本国、本民族智慧的结晶，"文明只有姹紫嫣红之别，但绝无高低优劣之分"，因此应当尊重文化多样性，促进不同文明之间的深度交融。

第二，坚持开放包容、互学互鉴。对于文化发展而言，只有各个国家发挥自己文化的优点和长处，并且欣赏认可其他文明的优点，促进各个国家优秀文化之间的交流和融合，才能实现不同文明的和谐共生。坚持宽阔的胸襟，开放的姿态，用沟通代替攻击、用包容代替贬损、用学习代替排斥、用理解代替隔膜，世界文明才能万紫千红、生机盎然、丰富多彩。

第三，坚持独立自主、有需要地借鉴。广泛地学习、吸收其他民族文化的长处为我所用，也要时刻牢记坚持独立自主的文化发展道路，而我们所借鉴来的东西也要考虑社会和大众的需要和接受性，不经过社会需要和大众接受的过滤和消化，文化的传播和交流也只是暂时的。鲁迅先生曾经针对汉唐时期文化取得的巨大成就说道："那时我们的祖先对于自己的文化抱有极坚强的根据，绝不轻易动摇他们的自信心，同时对于别系文化抱有极宽阔的胸襟与极精严的抉择，绝不轻易地崇拜或轻易唾弃。"这句话在今天看来也是应该始终坚持的基本观点。

（四）坚持以人民为中心的导向性原则

人民群众既是历史的剧中人，也是历史的剧作者。坚持以人民为中心的导向性原则即在传统家训文化的传承发展中，要坚持一切以广大人民群众为根本，依靠人民群众发展传承传统家训文化，又要使传统家训文化服务于人民，满足人民群众的文化需要，将促进人的全面发展和素质提升作为衡量传统家训文化传承发展的根本目的和最高追求。

在传统家训文化的传承发展中，坚持以人民为中心的导向性是坚持马克思主义唯物史观的具体体现。在人的实践活动中，首先，人是社会物质财富的创造者。人民群众正是通过劳动创造了基本的物质生活资料，满足了人生存和发展的需要。其次，人在物质资料生产的基础上又进一步进行精神方面的生产，创造了精神财富。人民群众在生产实践和生活实践中不断产生出新的生产关系代替旧的生产关系和思想观念，因而成为社会变革的决定力量。自十八大以来，习近平在政治、经济、文化、思想宣传等领域多次强调以人民为中心，十九大报告中，以人民为中心的新发展理念成为习近平新时代中国特色社会主义思想的一部分，以人民为中心思想深刻融入在统筹推进"五位一体"总体布局和"四个全面"战略布局中。在关于传统文化的发展问题上，习近平在《意见》中明确提出"坚持以人民为中心的工作导向"，"不断增强人民群众的文化参与感、获得感和认同感"，为传统家训文化的传承发展指明了基本原则。

在传统家训文化的传承发展中，坚持以人民为中心的导向性原则有重要的现实意义。传统家训文化的教育者是人，受教育者也是人，人始终是最重要、最关键的因素。在古代因为有教育者和受教育者的存在，才催生了传统家训文化，也只有依靠人，才能进一步推动传统家训文化的当代传承，试想缺少了人的存在，教育活动如何开展？教育活动又何以存在？坚持以人民为中心，以家训文化的精神力量引导人、教育人，促进人的道德提升，也依赖人的主观能动性发扬家训文化，应当是最基本的出发点和落脚点，也是深入贯彻习近平新时代中国特色社会主义思想的内在要求。在具体实践活动中，落实这一原则，就是要做到将以人民为中心的创造导向作为一切传承发展工作的逻辑起点和逻辑终点。具体如下。

第一，在传统家训文化传承发展中树立人民主体观。开展传统家训文化传承发展活动，一是为了发扬优秀的传统文化，滋养社会主义先进文化建设，涵养社会主义核心价值观，二是促进个体以优秀的家训、家风文化提升道德修养，培养道德人格，从而促进人的全面发展，实现文以化人的目的。因而，人是传统家训文化教育的出发点和中心，也是教育的目的和归宿，开展传统家训文化必须搞清楚为了谁、依靠谁这个根本问题，以人民主体观为逻辑而展开。

第二，树立人民力量观。人始终是开展传统家训文化教育活动的能动性因素，是教育的基础，只有发动人民群众参与到传统家训文化传承发展活动中来，依靠并调动一切教育者和受教育者，也就是传统家训文化传承主体的创造性力量，才能促使活动顺利开展，一旦脱离群众，传统家训文化就成了无源之水无本之木。

第三，树立人民利益观。各项具体活动的制定和开展如果不能够满足人民群众的发展需要，不能为人民群众带来实实在在的获得感、满足感，则很难得到大众的支持和认同。

第二节 中国优秀传统家训文化创新发展的核心要素

中国传统家训文化传承发展体系由主体、客体、载体、环境、机制五种基本要素构成，主体是指传统家训文化传承发展的教育者与受教育者；客体是指传统家训文化本身；载体是指承载传统家训文化信息、并为主体所运用的教育手段和方式；环境要素，顾名思义，即与传统家训文化传承发展活动发生互动、与受教育者发生密切关联的外部环境；机制即实现传统家训文化传承发展目标的一套规章制度。总体说来，主体要素是关键、客体要素是根本、载体要素是重点，而环境要素是基础、机制要素是保障，任一种要素都在传统家训文化的传承发展中发挥着不同的功能。在传统家训文化传承发展目标的指引下，五种要素相互联系、相互作用，"五位一体"才能发挥出整体大于部分之和的效果。

一、中国优秀传统家训文化传承发展的主体

传统家训文化的传承发展依靠的是人的能动性、创造性力量，传统家训文化内容的传播、载体的运用、环境的掌控与调节、机制的制定与实施都需要人来推动，人始终是传统家训文化传统发展最关键的因素。人即传统家训文化传承发展体系的主体，这也就是说，教育者（或称传播者）与受教育者（或称接受者）都是传统家训文化传承发展的主体。明确主体的内涵、特点及其在传统家训文化传承发展中的作用，对于充分发挥主体的积极性和能动性具有重要意义。

传统家训文化的传承发展也是一种对象性的活动，借鉴哲学上对主体概念的界定及习近平总书记讲话精神，本文认为传统家训文化传承发展的主体是教育者（或称传播者）与受教育者（或称接受者），教育者是传统家训文化传承发展的发起者、组织者、实施者，主要包括教师、家长、文化工作者、宣传者、领导者、团体组织等，受教育者则是教育者所指向的对象，例如学生、子女、社会大众等不同的个体与群体。而传统家训文化传承发展的客体就是传统家训文化的内容、资料等一些实物性的和精神性的中介。教育者与受教育者以共同的传统家训文化内容、资料为客体，双方表现为"主体—客体—主体"的关系。他们相互影响、相互作用，各自在传统家训文化的传承发展中发挥不同的主体性。

传统家训文化传承发展主体的最根本的特点是具有主体性。尽管教育者与受教育者都是主体，但是二者的主体性体现却是不一样的。

首先，传统家训文化教育者的主体性体现在统筹设计安排传统家训文化传承发展活动的全过程，组织、引导受教育者参与到传承与创新活动中，具体表现为教育活动中的主导性、主动性、创造性。主导性是指教育者在传统家训文化的传

承发展中处于支配地位，起着重要的引导作用。不管是教育活动前教育方案、教育目标的制定还是教育过程中教育方法的选择、教育环境的调控都需要教育者规划安排。教育者的主动性即是说作为传统家训文化的教育者要去积极主动地认识受教育者并带头传播弘扬传统家训文化，这是有效保证传统家训文化传承发展必不可少的前提条件。受教育者的素质、能力、年龄、心理发展状况千差万别，对于浩瀚悠久的家训文化的了解情况也是差异明显，只有全面、客观认识受教育者，才能用更具针对性的方法对其施加影响。也只有教育者充分认同、带头推动才能促进传统家训文化的传播与发展。创造性体现在教育者灵活采用教育方法，勇于探索传统家训文化的时代内涵，发挥创新精神和创新能力，实现传统家训文化的创造性转换和创新性发展。

其次，受教育者的主体性突出体现为积极主动地参与到传承发展传统家训文化的过程中来。第一，作为与教育者平等的主体，受教育者不再是一味被动地接收来自教育者所传递的传统家训文化信息，而是具有较强的独立意识、自主意识，能够对教育者传递的信息进行判断、选择、接受、内化，并且当代的受教育者，特别是学生群体，因为他们是在网络新媒体技术发展下成长起来的一代，他们从小便接触网络，知识面广、获得信息快、个性观点多，能够在传统家训文化的传承发展中与教育者积极互动，教学相长。第二，受教育者的主体性还体现在对教育过程的制约性上，传统家训文化的传承发展是教育双方以共同的家训文化为中介，通过教育者的传授、受教育者的接收达到传承家训文化、提高个体道德修养的目的，因此在具体活动的开展中，教育方案、目标、手段等必须根据受教育者的实际情况来制定。第三，受教育者还对传统家训文化的传承发展结果起到检验、反馈作用。传承发展传统家训文化的效果如何，是否有效地提高了受教育者的个人品德、思想水平，并进一步外化为道德行为，需要通过受教育者的自身状况来检验、反馈。

总之，本文认为关于传统家训文化传承发展的主体应当从两个方面去理解，一个是教育者，另一个是受教育者，前提是双方都参与到传统家训文化的传承发展活动中，而双方不同主体性的发挥即双方在此过程中所具有的不同作用。

二、中国优秀传统家训文化传承发展的客体

传统家训文化传承发展的主体是教育者与受教育者，而客体是传统家训文化的相关资料、内容，双方通过这个共同的中介相互作用、相互影响，达到主体与客体在传统家训文化的传承活动中共同发展的目的。人生活在现实世界中，总是要进行认识和实践活动，人认识和实践的目的是去改造客体满足自身需要，所以客体既是认识和实践活动的出发点，又是认识和实践活动的归宿。客体是与主体

相对的哲学范畴，是指进入到主体认识和实践活动领域并与主体发生了现实联系的事物，这是哲学上关于客体的本质规定。客体具有三个明显的属性。

第一，客体是对象性的存在。这就是说我们不能把客观存在的事物都看作是主体的对象性的事物，只有那些与主体发生了现实联系、为主体所实践的事物才是客体，否则便是与主体无关的事物。对此伟大思想家马克思曾说："非对象性的存在物，是一种非现实的、非感性的、只是思想上的即只是虚构出来的存在物，是抽象的东西"，而这种抽象的东西"对人来说也是无。"因此客体的存在必须以主体的存在为前提并被主体所作用。

第二，客体具有社会历史性。客体并不是一成不变的，总是在一定的历史条件下成为主体的对象，主体能力不同就会有不同的对象、客体，当然，随着主体认识能力的不断提升，对客体的认识水平也会随之提高，从而将从前没有被主体认识和实践的对象或者说潜在的、可能的对象转化成现实的、具体的对象。

第三，客体是多样化的。客体按照不同的标准划分，有自然客体与社会客体、天然客体与人工客体、物质客体与精神客体等形态。依据马克思主义关于客体的基本观点，我们认为传统家训文化传承发展的客体简单来说是指传统家训文化的主要内容，具体说来就是传统家训文化的德育理念、德育方法以及一些蕴含着传统家训文化思想的实物性客体，例如传统家训文化书籍、相关的传统家训文化资料等。需要明确的是，传统家训文化的内容是根据社会发展要求，针对受教育者的思想状况，经过教育者制定教育目标和教育方案后有目的、有计划地传递给受教育者的传统家训文化信息。

根据客体的内涵及其本质规定，传统家训文化传承发展的客体也应当具有对象性、历史性与多样性的特点。

首先，传统家训文化传承发展的客体必须是作为主体的教育者和受教育者所认识和实践的对象性客体。传统家训文化所涉及的内容非常之繁多，相关的资料、文献难以计数，甚至还有很多我们迄今为止尚未挖掘、发现、整理的家训史料，那么，当前我们所能够传承和发展的只能是那些业已收集到的、经过梳理和提炼的传统家训文化内容，这部分内容是教育者和受教育者能够发挥主观能动性去认识、掌握、转换、创新的部分，其他的只能是潜在的实践客体。

其次，由于客体并不是一成不变的，受到历史条件及主体认识能力的制约，所以在认识工具、认识水平的提升之下，主体的认识范围会不断扩大，这部分尚未被认识和实践的传统家训文化内容也会逐渐转化为对象性的客体，从而充实传统家训文化理论研究。

最后，我们说传统家训文化是关于古人修身、治家、处世的学问，在本质上是一种文化形式和意识形态方面的东西，同时，传统家训文化又以一些实物性的形态呈现出来，譬如石碑、祠堂、家谱、乡约等，因此，传统家训文化传承发展的客体是丰富多样的，可以是精神性客体，也可以是物质性客体。

整体地看，传统家训文化内容作为客体在其新时代的传承发展体系中处于主干地位，是传统家训文化传承发展体系的中心要素，传统家训文化传承发展工程要始终围绕这个中心去运作。从客体与其他要素之间的联系看，客体与主体、载体、环境、机制紧密相连，共同组成传统家训文化传承发展的系统。传统家训文化传承发展目标的制定、方案的实施、载体的运用以及环境的协调、机制的保障无不是建立在这个中心之上，最终目的也是为中心——传统家训文化的内容而服务的。

此外，客体与其他要素之间也形成了相互制约的关系，传承发展的内容不仅受制于载体、环境及保障体系，同时也受制于主体的能力，特别是教育者对传统家训文化的把握、运用能力，直接关系到受教育者是否能够在教育者的引导下自觉做传统家训文化的传承者。

三、中国优秀传统家训文化传承发展的载体

传统家训文化的传承发展总要通过一定的载体才能进行，传统家训文化载体是传统家训文化传承发展体系建设不可或缺的重要因素。传统家训文化传承发展目标的实现，传承发展内容的实施，传承发展教育者与受教育者之间的互动，等等，都离不开一定的载体。

构建传统家训文化的传承发展体系，就是教育者以传统家训文化的修身立命之道、齐家睦亲之道、处世交友之道等核心理念传递给受教育者，从而提高受教育者的思想道德素质，动员社会大众自觉、主动传承中国优秀传统家训文化。要实现这一目的，教育者就要选择一定的教育手段或形式来开展教育活动。概括地说，所谓传统家训文化的载体，是指在传承发展传统家训文化过程中，能够承载和传递传统家训文化的内容，为主体所运用，促使传统家训文化传承发展的主客体之间发生相互作用的活动形式和物质实体的总称。例如，传统的教学活动、现代的校园文化建设、社会实践活动、新媒体传播等，都可以是传统家训文化传承发展的形式，也即传统家训文化的载体。

传统家训文化的载体具有显著特点，一般来讲，承载性、可控性、中介性、目的性等是其主要特征。

第一，承载性是传统家训文化载体的最基本特征。传统家训文化的载体必须能够承载传统家训文化的内容、理念、原则、目的等基本信息，才能够称为传统家训文化的载体而不仅仅是一个单纯的形式。如微博、微信、社会实践等形式，与作为传统家训文化载体的微博、微信、社会实践的区别在于后者有明确的传统

家训文化传承发展目的、蕴含着丰富的传统家训文化信息。

第二，可控性是指载体只有为主体所运用和控制，能够将传统家训文化内容传递给受教育者时，才表示载体发挥出了本身所具有的价值。试想，如果载体没有被主体所运用，那么载体只是承载着信息的躯壳。

第三，载体的内涵内在地包括了载体是教育者与受教育者之间信息往返流转的一个中介，双方可以借由这种形式发生互动这层含义。教育者借助载体传递传统家训文化的基本内容，受教育者通过载体接收传统家训文化，载体为双方提供了相互作用的空间。并且，载体因被主体所运用而具有了主观色彩，而载体也对教育者与被教育者产生了一定的客观影响，因此，载体也是联系主观与客观的中介。

第四，目的性是指载体的被选择、被运用是朝着一定的目的进行的，在传统家训文化载体的操作中，载体从一开始就被赋予了明确的指向性，帮助教育者完成教育任务和教育目标。

传统家训文化的载体作为承载、传输传统家训文化的形式，具有两种基本功能。其一，承载、传递信息的功能。传统家训文化的载体必须能够承载传统家训文化信息，然而承载信息并不是目的，在教育者的操作下将传统家训文化的思想、理念、精神等信息传递给受教育者，并使受教育者内化于心、外化于行才是目的，才是传统家训文化载体功能的体现。只有依托课堂教学、校园活动建设、社会宣传、网络新媒体传播等各种载体形式，教育者才能向受教育者传输传统家训文化信息，引导受教育者有效接收这些信息。其二，导向功能。传承发展传统家训文化的过程就是教育者借助载体，引导受教育者按照教育者所设定的目标行进的过程，因此载体在被选择时就带有教育者明确的目的性和明显的价值取向，体现了载体的导向功能。

载体所具有的功能使其在传统家训文化的传承发展中承担着重要的角色。从载体自身所具有的重要作用看，载体是传统家训文化传承发展体系必不可少的组成部分。载体承载着传统家训文化的基本内容，促进了教育者与受教育者的互动，并发挥着文化传递的重要功能。如果没有载体，家训文化的传承与发展就无法正常运行。从传统家训文化传承发展体系的构成要素及相互关系看，载体是连接客体、主体、环境、机制等核心要素的重要枢纽，缺少载体，主体便无法发挥作用，受教育者也无法接收有效信息，至于环境、机制等其他要素更是不能够脱离载体而单独存在，每一个要素都与其他要素形成了相互依存、相互作用的关系，共同构成传统家训文化传承发展的体系。实现传统家训文化在新时代的传承与发展是一个综合的、复杂的文化工程，载体的存在能够促使各要素相互协调，进而产生强大合力，反之，则会使各要素产生紊乱，对传统家训文化的传承发展造成不利影响。

四、中国优秀传统家训文化传承发展的环境

中国传统家训文化是在一定的环境里发展起来的，因此传统家训文化的传承发展也要在一定的环境中进行。环境对人的道德修养的提高和家训文化的传播都有着重要影响。深入研究传统家训文化传承发展环境，揭示其概念、特点以及人与环境的关系，对于优化文化传承环境、实现传统家训文化在新时代的进一步继承与转化，都有十分重要的意义。

关于环境及其影响，中外许多哲学家都有过相关阐述。中国古代的哲学家非常注重道德教育与环境之间的关系，先贤孔子在《论语·阳货》中提出"性相近也，习相远也"；孟子的母亲为了让孟子有一个好的学习环境举家三次搬迁；《荀子·劝学》中荀子著名的"染于苍则苍，染于黄则黄，所入者变，其色亦变"的观点，都认为人会被所生活的环境同化，从而形成不同的品行，强调了环境对人所产生的影响。同样的，在西方哲学史上也有类似的观点。古希腊著名思想家苏格拉底认为合格公民的培养离不开良好的社会环境。法国著名教育家卢梭在其著作《爱弥儿》中提出要创造优良环境维护人们先天的善，而避免恶劣环境对人天性的扭曲。

此外，英国哲学家洛克、行为主义者华生等都认同环境对教育和人的发展的作用。马克思主义经典作家也对环境及其影响做了深入的探讨，马克思主义认为，不仅"人创造环境，同样，环境也创造人"，明确指出人在客观环境面前具有能动作用，同时环境也决定了人的发展，"一句话，人们的意识，随着人们的生活条件、人们的社会关系、人们的社会存在的改变而改变"。

环境，一般指围绕人的一切外部因素的总和。传统家训文化传承发展的环境即对传统家训文化传承发展工程所产生影响的一切外部因素的总和。这也就是说，只有那些与传统家训文化传承发展活动发生互动，与受教育者发生密切关联的环境因素才是传统家训文化传承发展的环境。从这个意义上说，传统家训文化传承发展环境具有如下特征。

（一）多维性

影响传统家训文化传承发展的环境因素是一个广泛的、立体的系统。社会存在的多样性决定了环境具有不同的类型、丰富的层次。特别是在现代社会，生产力的高度发展使人与自然、人与社会、人与人之间的关系越趋复杂，客观上导致环境也越来越细化。传统家训文化传承发展的环境不仅有宏观上的政治、经济、文化环境，也有更为具体的家庭环境、学校环境、社区环境等。个体不同的需要和选择也拓展了环境的广度，而更具多样化的分类。

（二）复杂性

传统家训文化传承发展环境的复杂性是与其多维性相联系而存在的。如果说，多维性是针对环境的表现形态而言，那么复杂性则是针对环境对人造成的影响而言。就影响性质来说，环境的多维化、立体化使其对人的影响不仅有良性的、积极的一面，同时也存在恶性的、消极的一面；在影响方式、影响程度上，也存在直接与间接影响、深层与表层影响、显性与隐性影响之分。

（三）可创性

马克思主义经典作家认为，环境是可以被创造、被改变的，人在环境面前具有能动性。传统家训文化传承发展的主体可以对环境进行调控，采取措施控制环境对传统家训文化的传承发展造成的不良倾向，积极营造良好环境氛围。

在传统家训文化的传承发展体系建构中，环境因素十分复杂多样，按照不同的标准，可以划分为不同的类型。

（1）按照环境的范围可分为宏观环境与微观环境。宏观环境是对传统家训文化的传承发展产生根本性、决定性作用的大环境，如政治环境、经济环境、文化环境等，而微观环境则是指与传统家训文化的教育者、受教育者以及教育活动联系较为密切，产生直接影响的局部环境，如家庭环境、学校环境、社区环境、人际交往环境等。

（2）按照空间类型可分为现实环境与虚拟环境。现实环境，顾名思义是指那些对传统家训文化的传承发展起到影响作用的一切现实因素的综合，而虚拟环境则是现代信息技术快速发展下的新生事物，是借助于网络进行交往、互动的一种虚拟场景。在现代社会，网络虚拟环境对人们的影响越来越大，它丰富了人们的活动内容和活动形式，延伸了活动空间，也拓展了传统家训文化传承发展的维度。但是也应当注意到虚拟环境所带来的人们行为缺乏约束、道德失范等不良影响。此外，按照不同的性质，环境可分为积极环境与消极环境、按照不同的要素还可分为物质环境和精神环境，等等。

环境在传统家训文化传承发展体系中也有其特殊的功能。环境最突出的功能是具有感染作用。传统家训文化传承发展工程的开展总是由主体来实现的，又服务于主体，使教育者和受教育者能够在学习、吸收传统家训文化精华的过程中，达到提升自我道德修养，完善道德人格的目的，环境的感染功能无疑促进了这一目标的实现。环境营造了一种氛围，促使人们通过彼此的比较、效仿等心理作用来影响人们的行为。这种感染作用"主要表现为情绪感染、形象感染、群体感染"。

情绪感染是指传统家训文化借由人们之间情绪上的波动、感染达到一种传播、弘扬的目的。形象感染则是人们在较为直观的事物和较为典型的事例前受到启发、引导的一种感染形式。比如，在观看古人制定家训教导子孙，培养出杰出人才的视频资料时就会对受教育者形成一种强烈的感召力和积极的影响，从而有助于人们认识到家教、家风的重要性。群体感染是指通过群体的力量及群体内个体间的互动来影响个体，群体感染也是一种实现家训文化有效传承的手段。

五、中国优秀传统家训文化传承发展的机制

在传统家训文化传承发展体系建构中，机制也是一个不可或缺的要素。机制同主体、客体、载体、环境要素五位一体，共同构成一个完整的传统家训文化传承发展系统，并在五个要素的相互配合、相互作用中更好地促进传统家训文化传承发展目标的实现。

随着社会的发展，人们逐渐把机制的概念引入到社会生活领域，泛指在社会的某些部门、组织等"有机体"中依靠有效的规则、程序、制度等保障措施来维护该系统的正常运行。因此，机制对于整个系统来说是应当是十分重要的一环，并且机制对系统内的其他要素不仅具有促进作用，同时也具有制约作用。

传统家训文化传承发展机制有这样几个基本特征。

（一）协调性

传统家训文化传承发展体系的构建是一项十分复杂的系统工程，系统内各要素既有各自鲜明的特点和独特的功能，又与其他要素联系紧密，共同存在于系统内部。机制的协调性体现在将这些既彼此独立又相互联系的要素进行整体性的协调，使各要素在机制的联结下处于良性运行状态，发挥出各要素内在的功能并最终形成强大的合力。

（二）动态性

机制的动态性源自系统内其他构成要素不断变化的属性，由于各要素是相互制约、相互联系的关系，因而传统家训文化传承发展的机制也处于持续性的变化之中。机制的动态性要求我们必须时刻关注系统内部各要素状况，根据客观条件的变化，将不符合实际情况的具体机制进行适时改进和调整，从而使机制实现不断的创新与超越。

（三）约束性

机制是以制度、规范、章程等为表现形式的一种硬性的运行机理，对于主体、客体、载体与环境要素及其功能的发挥都有明确的导向性，并且在机制的制约作用下正常运转。

机制同系统内其他要素一样，也是传统家训文化传承发展体系建构中不可缺少

的一环，不同的机制形式有不同的功能，总体上来说，机制的重要功能主要体现为激励、保障、反馈、调节作用等方面。笔者认为传统家训文化传承发展体系内部矛盾运动是传统家训文化传承发展的根本动力，而传统家训文化传承发展体系的内部矛盾主要是主体的需要与客体的满足之间的矛盾，就是作为客体的传统家训文化及其思想理念如何获得作为主体的教育者和受教育者的认同并进行自觉传承发展之间的矛盾，载体的选择与运用以及环境的营造与优化也嵌入在这个主要矛盾之中。机制有助于解决这个主要矛盾，例如，激励机制能够激发主体的积极性和创造性，促使教育者深入思考如何调动受教育者的学习情绪、如何选择更加有效的教育方式，刺激受教育者发挥出最大潜能提升自身素质修养，从而使教育双方形成良好的交往互动关系；保障机制的实行能够从队伍、资金、政策等方面给予支持，保障传统家训文化传承发展工程的开展；评估反馈机制的制定有利于改革创新传统家训文化传承发展的内容和形式，减少盲目性、增强针对性，实现传统家训文化传承发展的科学化，等等。

总之，机制在传承发展传统家训文化中发挥着独特作用，是不能忽视的一部分。

第三节　中国优秀传统家训文化创新发展的现实困厄

传统家训始自西周，历经隋唐、宋、元、明、清各朝各代，又与农耕经济、宗族制度、儒家文化交织渗透，包含了先人在修身、处世、治家上的古老智慧，是当今社会各个领域道德建设的优秀蓝本。然而，传统家训文化的当代传承面临诸多困难，传统家训文化赖以依存的经济基础逐渐衰落、政治基础逐步瓦解、思想文化基础遭受冲击，这造成其原生根基的全面消解与断裂；社会转型所带来的价值冲突与道德危机、家庭变迁与家庭伦理嬗变以及家庭德育弊端和困惑又造成传统家训文化的当代隐没；传统家训文化社会普及力度微弱、资源开发利用不足以及传承发展人才短缺的现代境遇也致使传统家训文化面临许多现实桎梏，总体上形成了传统家训文化传承发展的"三重"困境。

一、传统家训文化原生根基的消解与断裂

传统家训文化的产生与发展与它所处的那个时代的政治、经济、思想文化等因素都有着深刻的联系，传统家训文化并不是人们随心所欲创造的，而是一定历史条件下的产物，换句话说，传统家训文化根本不能够脱离社会而孤立存在。封闭自足的自然经济、宗法分封的政治制度以及儒家思想所提供的理论基础是传统家训赖以存在的社会政治、经济、文化根源，同样，近代以来经济领域的一系列

变革、封建宗法制度的土崩瓦解以及以儒家思想为中心的传统文化在近代遭受的外来冲击，使其原生根基不复存在，带来了传统家训的日渐萎缩，成为传统家训文化在当代传承发展的第一重障碍。

（一）传统家训文化所植根的经济基础逐渐衰落

在漫长的人类文明史中，为了谋求生存和发展，人类历史上逐渐形成了不同的文明体系。就作为世界文明主体的东西方而言，有逐水草而居的游牧文明，有以渔猎贸易为生的海洋文明，也有安土重迁的农耕文明。不同的文明形态内在地包含了不同的思维方式、不同的文化理念以及迥异的生活方式与经济生产形态，而之所以如此，在某种程度上是由不同的自然环境所决定的。

我国以农业为主的自然经济历史悠久，早在四五千年前黄河流域及长江中下游地区就已经出现了农耕文明的痕迹，三代时期，农耕业已经成为先民生活资料的重要来源。随着农业生产力和农耕技术的发展，我国农耕面积也进一步扩大，并在农耕中心转移到长江流域之后，在南方更加优良的自然条件下，发挥出巨大的发展潜力，"苏杭熟，天下足"的古谚语即反映出在当时的封建社会南方的耕作区及产量已经能够基本满足全国粮食需求，也可看出农耕型自然经济已经发展到相当高的程度，是我国传统经济的主要形态。

马克思曾说："经济的前提和条件归根到底是决定性的"，经济基础对上层建筑具有决定作用，不同的生产方式决定了劳动者不同的素质、道德观念、价值标准，中国古代以农为本的生产方式和生活方式决定了农耕民族必然十分注重分工与协作，注重家庭与各种人际关系，决定了个体家庭只有勤劳、节俭、互帮互助才能长久维持生活的基本资料。这种思维方式也自然映射在个体家庭的家教理念中。一是传统家训具体内容的展开是建立在以农为本、重农抑商的基调之上。例如，陆游在《剑南诗稿》中教诫儿子："食尝甘脱粟，起不待鸡鸣。萧索园官菜，酸寒太学菜。时时语儿子，未用厌锄犁。"颜之推的《颜氏家训·涉务》中也对家人说明了粮食及耕作的重要性，告诫家人"安可轻农事而贵末业哉！"庞尚鹏的《庞氏家训·务本业》也令子孙"惧要亲身踏勘耕管"。民以食为天，保证基本的生存是其他一切的前提。二是传统家训在强调如何与人交往，处理家庭内外的人际关系时所规定的道德准则，也是长期以来农耕经济所熏陶的结果，这方面的内容我们在前面章节已经有较多阐述。三是传统家训提倡聚族而居、提倡同居共财合爨，某种程上也是为了聚集更多的劳动力从事农业生产。毕竟在生产力低下的传统社会，农作物产量的增长不是依靠科技而是依赖人力，所以"劳动力的增值显得至关重要"。

由此可见，传统家训文化深深植根于中国数千年农耕型自然经济体制。中国传统社会农耕型自然经济并不仅仅局限于农业生产这一种经济发展方式，还存在手工业、商业等多种经济成分。商品经济在先秦典籍中就已经有所记载，然而商品交换活动始终是以一种依附于农耕型自然经济的姿态而存在，在我国古代社会并没有得到实质性的发展，更不用说对自然经济造成任何冲击。但是，传统经济发展到封建后期，鸦片战争以及第二次鸦片战争相继爆发，资本主义国家疯狂向我国倾销低廉商品，使农业和家庭手工业牢固结合的传统生产结构受到严重冲击，并逐渐分离，此时的商品经济已经对传统自给自足的小农经济发挥出巨大的腐蚀作用，并不可避免地在资本主义狂潮下加速解体。商品活动、商业资本以空前的速度和规模侵蚀农村，此时家训中"重农抑商"的相关条款有所松动，人们也不再固守"耕读传家"的旧观念。在这样一个内忧外患、风雨飘摇的时局和环境下，即使救亡图存的使命催生了爱国人士、官僚士大夫、洋务派以及革命派人士家书形式的家训，那也仅是短暂地延续了传统家训虚弱的生命，再加上近代资本主义民主思想的传入，五四前后对传统文化的猛烈抨击以及宗法政治制度的瓦解更是进一步促使传统家训文化退出历史舞台，衰落趋势已是不可避免。

（二）传统家训文化所依赖的政治结构逐步瓦解

传统家训文化的发展除了植根于农耕型自然经济基础之外，社会政治结构也起着至关重要的作用，宗法思想和家族制度的长期存在是传统家训文化所赖以存在的社会政治背景。宗法家族制度严格区分了家族成员的不同等级，使家族成员以血缘和地缘为纽带聚族而居，并赋予父家长绝对的权力和地位，以严密的家训、族规维护家族的稳定和安全，逐渐形成家国同构的政治格局。然而，当这一政治结构随历史发展不断被瓦解并最终走向解体时，也使得附属其上的传统家训文化日渐衰落甚至退出历史舞台。

1. 宗法制度

宗法制度最早产生于商代后期，代表着原始氏族社会的血缘关系，后来西周建立，周公制礼作乐，进一步确立了完整、系统的宗法制度。西周的宗法制度是一个非常复杂的概念，它与分封制紧密结合，核心是嫡长子继承制。宗法制度明确了同姓之间的血缘亲疏关系及父家长权力，也规定了大宗与小宗之间的权利义务关系，初步奠定了家天下的政治格局。周王朝制定宗法制度是企图通过大宗对小宗的直接控制达到维护家族利益和政治统治的目的。需要指出的是，随着西周奴隶社会的结束，宗法制度也随之消亡。但是，宗法制度的核心要素（或称宗法思想），即血缘、父家长与等级区分却被后世充分继承，一直深刻影响着中国社会几千年，甚至宗法制度这一说法也一直沿用。在此后的封建社会家族中，家长或者族长被赋予绝对的权力和地位，个体小家庭以血缘关系为纽带聚族而居，受族长统一管理。在动荡的传统社会，家族制度一直长盛不衰、非常稳固、并深深嵌入国家的组织系统与权力配置中，使国家打上家族结构的印记，形成了"家国同构"的政治格局。宗法制度对家族的深刻影响，使得后世常常将宗法制度与家族制度混在一起，也存在笼统的宗法家族制度这一说法。

2. 宗法思想下的家族制度是传统家训文化的社会基础

学者徐扬杰对我国传统家族制度的发展及其演变做了详细阐述，他认为原始社会的父家长制家族是我国传统家族制度的雏形和源头，随着社会的发展，逐渐经历了"殷周时期的宗法式家族、魏晋至唐代的世家大族式家族、宋以后的近代封建家族"等形式，其中封建家族是中国传统家族制度的最完备状态，也是持续时间最长的一种家族形态，他们设祠堂、修族谱、置族田、立族规，井然有序、组织严密。然而，不管是在原始社会、奴隶制社会还是封建社会时期，家族制度的表现形态虽有不同，但其内在逻辑却始终没变，即共同的血缘关系、聚族而居的地缘关系以及管理宗族成员的组织系统与基本规范。

所以，受根深蒂固的宗法思想影响下的家族制度是传统家训文化赖以依存的社会基础。

3. 家族制度的解体

明清时期家族制度发展到了顶峰，尤其是在南方的农村中，几乎每个人都生活在家族组织之中。但是，鸦片战争以后自然经济结构的解体，破坏了家族存在的经济前提，家族组织日渐松懈。在五四运动之后，家族制度甚至被认为是"万恶之源""洪水猛兽"，遭到了猛烈批判，更是难以维持，最终"人民民主革命的胜利和土地改革的完成彻底摧毁了封建家族制度"，记载家族血缘亲疏的家谱不仅被焚烧，连同昔日被看作神圣不可侵犯的家族祠堂也被充公或是销毁，家族的家法族规也随之失去效力。加之，随着现代化进程的加快，大量传统村落快速消失在城镇化和工业化的浪潮中，同时农村人口急剧外流，村庄空心化现象严重，血缘与地缘关系也逐步淡化消解，社会边界变得日益模糊，村中的组织机构及其治理也随之发生改变。这样就使得封建社会后期出现的大量的由个体小家庭聚族而居形成的村落家族共同体快速走向瓦解，也同样加速了传统家训文化的衰落。

另外，家族制度下父家长权威的日渐弱化也象征着传统家训文化的衰落。在现代家庭中，父母与子女不再是服从与被服从、支配与被支配的关系，甚至双方的地位发生了逆转。在传统社会，父家长权威是保证家法族规、家训得以有效运行的强制性力量，当家长权威不再之时，定然不利于家训的制定与执行。

（三）传统家训文化所依附的思想基础遭受冲击

几千年来，儒家思想不仅构成封建统治的合法性基础，成为官方哲学和社会意识形态，也是传统家训文化赖以依附的思想来源。传统家训文化以儒家价值规范作为其教化子孙的思想主旨和理论根基，将儒家学说的仁、义、礼、智、信、忠、孝、悌等主要德目以及中庸之道深刻融入家训家规的修身、齐家、处世等各方面内容之中，实现了儒家价值观念的家庭化。

儒家学说自产生到成为中国传统文化的核心，经历了一个跌宕起伏的过程。历史地看，在秦朝，秦始皇焚书坑儒，使儒学遭受重创，大批儒学典籍焚毁殆尽，随后儒学经过八十余年的整合、改造、创新，反而在汉初成为最具生机的学派，以全新的面貌赢得了汉武帝的青睐；魏晋时期，经学变得僵化、繁琐，给了佛教、道教、玄学以可乘之机，而儒学不仅没有就此中断，而是以其强大的包容性，从异质文化中吸取养分，形成更加适应社会需要的宋明理学，达到了新的理论高度；晚明时期，阳明心学以反传统面目冲击被奉为正统的程朱理学，"异端"李贽更是公开反对以孔子的是非观为是非标准，对理学造成了一定冲击，但最终也没有动摇儒学的正统地位。纵观这几次反儒学思想运动，都曾对儒学带来或多或少的影响，然而儒学在经过一番自我发展、自我调节之后，最终都化险为夷，摆脱困境，始终雄踞中国传统文化核心之位。儒学的这种超稳定结构根源于封建经济、政治制度的稳定。但是，鸦片战争爆发以后，儒学的独尊地位便逐渐呈现衰落趋势。西方国家的坚船利炮毫不留情地打开了中国紧闭的大门，西方文明强势东来，这一次儒家文化遭受的冲击，比以往任何一次都要严重、强烈，一直到五四新文化运动，儒学最终遭到了彻底解构。

从洋务运动到戊戌维新变法、清末新政再到辛亥革命、五四新文化运动，是儒学一步一步发生蜕变直至解体的一个过程，尽管这个过程是缓慢的，但却是不可回避的历史潮流。在这个过程中，来自西方文化的强大冲击无疑是儒学没落的重要因素，但却不是根本原因。对此，张岱年先生认为文化变革的"根本原因和动力是中国近代社会发展的需要"，有学者进一步总结到西方资本主义文化的冲击是一个"重要条件"，而"封建专制制度的崩溃"与"自然经济的解体"才是儒家文化衰落的"直接原因"和"最深刻的原因"。

儒家学说在近代遭受的巨大冲击使其不可遏制地衰落下去，传统家训文化也随之失去了思想根基。

二、社会转型造成传统家训文化的当代隐没

如果说近代以来对家族制度的批判是家庭遭受的第一次强烈冲击，使家庭改革初现端倪，"开启了家庭在国家的视野中边缘化的过程"，那么改革开放及现代化建设的纵深推进则为家庭变迁印上了深刻的烙印，使家庭变革成为社会巨大变迁下一个无法绕开的问题。当代家庭在结构、功能上的变化是传统家训文化传承发展的不利因素，家庭伦理的嬗变、家庭道德教育呈现的弊端与困惑以及社会变

革引发的普遍的价值冲突与道德危机也暗示着传统家训文化在现代社会并没有发挥出应有的道德规范、调节、引导等功能。社会转型造成了传统家训文化的当代隐没，使其在近现代社会生存空间日趋逼仄，这是传统家训文化传承发展的第二重困境。

（一）现代社会的价值冲突与道德危机

社会转型内在地包含了政治、经济、文化、民众心理、生活习俗等多个方面的转变，社会转型不仅带来社会各方面的巨大变化，促进社会细胞新陈代谢，快速走向现代化，而且也带来了一系列问题，引发了普遍的价值冲突与道德危机。

所谓"价值冲突"不是指价值本身的冲突，而是指"价值观念的冲突"，价值观念的冲突意即在人们的不同价值选择中所折射出的不同价值观念相互对立、相互否定的状态。价值冲突有多种表现形式，从宏观上看，有传统价值观念与现代价值观念之间的冲突，这种时间维度上的价值冲突，极易造成人们之间尤其是代际之间出现难以逾越的鸿沟或隔阂，使代际关系遭遇情感交流障碍，其实质是新旧时代之间的冲突与对抗；也有西方价值观念与本土价值观念的冲突，这种形式可以看作是一种空间维度上的价值冲突，来自西方的自由、民主、个人本位等新鲜思想观念与传统中国价值观念彼此抗衡交织于当前社会中，成为高度开放化时代中难以避免的社会现象；同时，市场经济体制追逐金钱、追求利益最大化的原则，在价值选择面前，道德底线频频让位于利益金钱，引发利益与道德之间的尖锐对立与社会性的道德危机。

道德危机具体表现为道德信念的缺失、道德权威的下降、道德相对主义泛滥以及道德冷漠等道德失范现象。有学者曾经对道德危机作过非常深入的剖析，认为道德危机不在于人们"应当遵守什么样的道德"这一表层上，而是发生在要不要遵守道德"这一更为根本的问题上"。因此，道德危机在其实质上是"道德信念危机"，"是道德权威性的下降以及由此引起的道德自律或道德约束力的不断弱化。"

道德信念的动摇或者说道德信仰的缺失是道德危机更为根源性的问题。道德信念坚定与否，决定了个体在进行社会活动和道德行为选择时能否自觉地遵守道德规范，能否在面临道德困境时保持清醒头脑，将道德准则放在第一位，而一旦道德信念发生动摇，对道德信仰产生怀疑甚至是否定，也就意味着道德权威在人们心中的下降，在现象层面表现为一系列道德失范行为。尤其是近年来频频发生的道德冷漠行为，反映出一种民众集体性的道德退化，众多社会悲剧本可以避免，却在众人的冷漠、无视、"事不关己高高挂起"的病态心理中发生。

总体上来说，现代社会所存在的价值冲突与道德危机现象表明传统的伦理道德规范在当代社会出现了严重断层，人们在盲目追逐个人利益的同时忽视了道德上的自我约束和自我提升，特别是发生于家庭领域中的诸多道德失范现象，深刻凸显了现代家庭教育的缺位，传统家庭教育思想和方法在当代家庭中处于"消隐"状态，没有得到足够的重视。家庭是社会的细胞，家庭风气是社会风气的窗口，一旦家庭风气或家庭教育失守则会给社会带来严重危害。社会主义核心价值观亟需占据大众精神高地，以主流观念引领和规范社会大众道德行为，为人们的道德选择和道德评判提供明确的参考标准，而对于社会的基本组织——家庭来说，重视家庭教育、重塑以德为先的家教理念，合理采用传统家训文化中的教育理念和教育方法是必要的也是可行的，家庭教育的改善能够大大缓解社会范围内的道德危机。

（二）当代中国家庭变迁与家庭伦理嬗变

当代中国家庭的变迁主要包括家庭结构、功能的变化，以及在此基础上引起的家庭伦理道德由传统转向现代的变化。在新的时代背景下，家庭出现的诸多新变化对家训文化的现代传承带来许多不利影响。

1. 家庭结构的多样化

家庭结构指的是一个家庭的基本构成、存在状态。一般认为，传统社会中占主流地位的家庭结构是核心家庭，即由一对夫妇及其子女所构成的"小家庭"，而扩大家庭或者联合家庭这类的"大家庭"虽然是一种普遍存在的社会现象，但却从来不是传统社会的典型家庭模式，在当时全国范围内所占的比例并不大。有学者将中国古代的家庭划分三种类型，认为"自秦统一后直至明清，中国家庭历经'汉型家庭、唐型家庭、宋型家庭'的模式变迁"，不管在哪个阶段，"由父母及未成年子女组成的核心家庭户却一直是民间的主要家庭形态之一"，并且在漫长的历史进程中始终保持着一种相对稳定性，这就为家训的良好运行提供了有利的家庭环境。自新中国建立以后，特别是在改革开放的持续推进以来，家庭深深内嵌在社会的巨大变迁之中。现代家庭模式打破了过去那种单一的、稳定的家庭结构，而越来越呈现出多样性、动态性的特点。

家庭结构的变化是多方面因素作用的结果，例如人口的流动、生育政策、人口老龄化以及婚姻观念、住房等都是重要的影响因素。家庭结构的这种变化导致家庭基本关系的轴心更加偏向于夫妻姻缘关系而不是代际血缘关系，空巢家庭、单亲家庭、单身家庭、丁克家庭、隔代家庭等核心化小家庭形式的日益增多极大地改变了家庭的传统样貌，也直接关系到家庭的稳定性、家庭教育和家庭伦理关系。然而，无论在哪个时代，家庭始终是个体道德品行、人格修养的第一课堂，父母的培育教导是个体走向社会化的第一步。传统社会中训诫子女的家训文化之所以能够持续存在，离不开一个完整、稳定的家庭结构。完整、稳定的家庭为家训文化的产生、运作、发展、传承提供了原始场域和基本载体，家庭训导的制定者与执行者构成了家训的内在逻辑。当一个家庭缺少了基本的人员构成和在此基础上形成的家庭人员关系，就会出现家训文化由谁来制定、由谁去执行、怎样去执行等一系列问题。因而，多样化、变动性的现代家庭模式加深了家庭的脆弱性，在一定程度上影响了家训文化的传承与发展。

2. 家庭功能的弱化与转移

社会变迁无疑也重塑了家庭功能，使传统家庭功能与现代家庭功能产生许多新的差别。家庭功能指的是家庭作为基本的社会单位在人类家庭生活和社会发展方面所起的作用和职能。在这个意义上说，家庭的功能不仅包括在具体的家庭活动中所具有的内在作用，同时还包括了家庭在与社会外界的联系中所起到的作用。一般说来，家庭功能主要有生产功能、生育功能、抚养和赡养功能、教育功能、情感交流功能等。家庭的各项功能内在地包含着家庭成员之间的情感联系、家庭规则、家庭沟通以及应对外部事件的有效性，良好的家庭功能为家庭成员的生理、心理以及社会化都能提供一种健康的、有利的环境条件。

在传统社会，家庭结构较为单一、家庭成员组成较为完整，家庭高度囊括了人们的各项活动，传统"家本位"使家庭功能得到了最大程度上的发挥。而且需要强调的是，家庭的教育功能尤其是子女的道德教育及其社会化基本上是在个体家庭中完成的，保障这种道德教化的手段就是家庭内部的家规家训，因此家庭功能特别是这种道德教育功能与家规家训形成了相互依存的关系。但是，家庭功能深受家庭结构的影响，当代家庭结构上的变化使得某些家庭功能开始脱离家庭而被外部社会所代替。例如，近年来工业化、城市化对家庭带来严重冲击，父母为了给子女提供更好的生活条件，不得不将大部分时间用于赚取生活资料，从而压缩了陪伴子女、赡养老人的时间，特别是乡镇家庭，落后的生活条件迫使他们大量地往城市流动，留守儿童、留守老人成为工业化、城镇化持续推进中不可避免的一种现象。在这种背景下，个体家庭的教育功能、情感交流功能出现不同程度的弱化，尤其是在结构不完整的家庭中，将本该属于家庭的教育职能转移到了学校和社会。再加上身处网络时代，新媒体对家庭功能又带来一次巨大冲击，父母子女之间面对面的交流被网络所阻断，子女更愿意在网络上寻找情绪的出口，而不是与最亲近的父母交谈，从而使代际冲突、情感隔阂成为一种普遍的社会问题。

家庭功能的存在归根结底是为了促进家庭的发展，而家庭发展的核心在于人的全面发展。当家庭功能出现弱化和转移时，我们不得不思考，家训文化作为联络家庭成员情感、体现家庭成员彼此制约、促进家庭发展的一种传统机制，将如何继续存在并持续发挥作用。

3. 家庭伦理的嬗变

深刻而剧烈的社会转型不仅引起家庭结构、功能上的变化，而且对家庭伦理道德也产生了深远影响。一方面，近代以来的辛亥革命、新文化运动以及文化大革命等革命运动对传统文化、传统伦理道德进行了猛烈的批判和抨击，家庭伦理作为传统伦理道德的基础也不可幸免，造成了传统伦理精神"纵切面"的断裂；另一方面，市场经济的发展使得本应适用于经济领域的市场逻辑、经济理性入侵到家庭领域，动摇了家庭的稳定性、破坏了家庭秩序，再加上受西方思想文化的影响，个人主义、功利主义等多元价值观念与传统文化激烈碰撞，又导致了传统伦理精神"横切面"的撕裂。道德裂变、新旧道德杂陈、外来文化冲击必然导致个体以冲突形式展现这一矛盾运动，对于家庭而言表现为诸多的伦理问题和道德困境，例如子女缺乏责任感、婚姻关系不稳定、离婚率上升、代沟严重、家庭成员关系紧张、青少年犯罪，等等。

面临巨大挑战，因为在黑格尔看来家庭是以爱为其基本规定性的。传统家庭伦理中父慈子孝、夫妻和睦、兄友弟恭等血缘伦理秩序、伦理规范被动摇甚至被打破。家庭伦理道德呈现的淡漠与失序不仅是传统伦理认同遭遇深刻危机的表征，是伴随社会转型而来的伦理阵痛，同时也是与新的时代背景相配套的家庭伦理规范尚未建立，无法起到引导、约束个体行为作用的结果。

中国传统文化从其实质上来说是一种伦理型文化，而家庭伦理在整个社会伦理体系中处于基础性地位，家庭伦理对社会伦理也具有广泛的感染作用，因为社会从其本质上来说，是由一个个小家庭构成的，家庭风气直接关系到社会风气。

在传统社会，正是由于家长将家庭伦理教育作为家庭教育最主要的内容，才催生了世代相承的家风、家教，并由家庭扩展到社会，带动社会伦理秩序的井然有序，正所谓"一家仁，一国兴仁，一家让，一国兴让。"与之形成鲜明对比的是，在今天的社会，人们对家庭伦理道德的漠视与践行难的问题已经极大地影响了新时代的家风建设，从而也影响了社会风气的形成，重视家庭伦理教育，给予传统家训文化再次生长的空间，在社会主义核心价值观的引领下规范家庭伦理秩序已是十分必要。

（三）现代化进程中家庭德育的弊端与困惑

在当今社会，培养教育青少年的主要途径是家庭、学校和社会。对于家庭而言，在传统社会中不仅承担着道德教育的功能，同样也是青少年知识学习的主要场所，随着社会的巨大变迁，学校教育体制的日渐完善使得学校取代家庭成为青少年智能、知识习得的主要场所，而现代家庭则更多地给予一种情感上的陪伴、心理上的抚慰以及对青少年德行上的引导、约束，也就是我们通常所说的家庭教育。然而，家庭德育现状却是不容乐观，还存在许多问题。

当前家庭德育现状中较为突出的一个问题就是家庭德育的边缘化。中国的父母普遍有一种望子成龙、望女成凤的心理，希望自己的孩子将来都可以成为有用之才，为此他们毫不吝啬对子女的投资和付出，从孩子几岁起便能力所及地选择最好的幼儿园，之后便一路选择最好的小学、初中、高中，直到把孩子送进心仪的大学。在这个长达二十年的过程中，中国父母倾其所有，付出了全部心血。这是当代中国家庭的普遍写照，也是一代代中国家长的必由之路。重视知识教育、重视学习成绩，把孩子培养成才毫无疑问是每个父母心之所系和为之奋斗的最终目的。然而，在这种过于功利化的教育理念背后却衍生出一个非常严峻的问题，即孩子的品德教育在父母过于重视成绩、重视升学的情况下被遮盖了，成为父母眼中可有无可的事情或者可以说家庭德育被边缘化了。在现代家庭观念中，部分家长认为品德教育与智力教育相比，是一件见效慢、体现不出价值的事情。在他们看来，成绩和分数才是子女应对激烈社会竞争的有力武器，而道德却是虚无缥缈的东西，于是在现代家庭中，我们经常可见家长教育子女"管好自己的学习就行了"，其他事情在学习面前都是次要的，试问，在这样的教育理念下，如何能让子女养成良好的品德修养呢！这种现象不仅存在于普通家庭中，甚至在一些条件优渥的高知家庭中也是存在的。这样的例子不在少数，直接反映出家庭德育的不足，父母在下大力气培养孩子的才艺技能的同时，忽视了孩子的德行教育，这也暴露出青少年德育问题是不分家庭背景而广泛存在的一个社会现象。

家庭德育不仅仅是被边缘化的问题，还有家长及子女在面临道德选择时迷茫、困惑甚至是左右摇摆的问题，这种问题的产生根源在于没有树立起明确的、肯定的道德评价标准。

所谓的"善"即对社会发展起促进作用的道德行为，反之则是"恶"。然而，"善""恶"并不是绝对的，而是相对的，在很多复杂处境中"善""恶"之间没有十分清晰的界限，于是也客观上导致道德主体在道德处境中处于两难境地。相比较而言，在传统社会，道德评价以儒家三纲五常为标准，一切是非善恶皆以儒家道德规范为标尺，家庭、社会等各个层面之间始终保持统一的道德评判准则，因此家庭中的长辈以清晰明了的道德准则培育子孙晚辈的道德认同，树立那个时代所推崇的道德观念，进而在长辈的谆谆教导中外化为符合要求的道德品行。但是，在社会的巨大变革以及现代化建设下，新时代的家庭已经与传统社会的家庭大不相同，社会的快速转型使得家庭结构、功能以及伦理道德发生了诸多变化，同样也使得传统家庭最为注重道德品行教育的传统被打破。并且，在现代社会，由于新的价值体系尚未完全建立，西方国家价值观对我国持续渗透与输入，多种观念交织、冲撞，再加上现代社会道德评价标准较为宏观、抽象，难以对具体的、复杂的道德行为提供有效指导，因此常常使个体在面对道德选择时产生迷茫和困惑，甚至是成年人有时也难以准确做出符合社会道德规范的行为。反映在家庭中，家长的道德困惑致使在教育孩子时往往会产生一种"无力感"，出现前后不一、左右摇摆的言行，导致青少年难以适从。而明确的道德评价标准具有导向性、规范性和约束性，能够帮助个体作出合乎社会要求的道德行为。

综上所述，社会变革中家庭德育的边缘化、道德评价标准的不明确以及教育者自身价值观不同导致的行为选择方式的差异，显而易见是当代家庭德育中令人担忧的主要问题，这既反映出传统家训文化的传承发展面临来自家庭场域的阻碍，同时也表明这是重新重视家训、重视家庭德育的重要机遇。希冀在社会主义核心价值观的不断推进与落实落细中，中国的家庭道德教育能够直面问题、克服挑战，逐渐进入一种有序状态。

三、传统家训文化传承发展的现实桎梏

在中国古代社会，家训具有不可替代的作用，甚至可以说大部分民众的道德品质都是通过家训来塑造的。家训文化从明清时期的盛极一时，到近现代的陡然衰落，纵然与社会结构的巨大变迁以及现代家庭的时代变革密切相关，传统家训文化在近现代的资源开发利用不足、社会普及力度微弱与传承发展人才短缺，也是其进一步传承发展的具体和现实的限制因素，这显然不利于传统家训生命活力的激发。

（一）传统家训文化资源开发利用不足

要深入研究传统家训文化的当代传承发展在资源方面所遇到的难题，需要首先明确什么是资源、什么是传统家训文化资源。资源是人类社会生存和发展的基础。一般认为，资源有狭义和广义之分，狭义上的资源是指满足人类生产和生活需要的价值性要素，如土地、矿产、森林等自然资源，而广义的资源除了自然资源之外，还包括人类在经济、政治、文化等活动中所创造出的各种社会资源的总和。由此，我们可以定义传统家训文化资源应当是一种广义上的文化资源，它是指人类在生产和生活中所开发利用的有关于家训文化的各种实物性文化资源和精神文化资源的总和。在这里，实物性文化资源是承载着传统家训文化思想的各种实物形态的载体，例如历史遗迹、博物馆、书籍文献等，而精神性文化资源则是指价值观念、意识形态、风俗习惯等非实物性资源。

传统家训文化的当代传承发展是在对传统家训文化资源挖掘整理、开发利用的基础上进而创造、转换的过程。然而，当前传统家训资源建设还存在诸多困难。

第一，传统家训文化资源挖掘与整理难。就史料资源来说，尽管自改革开放

以来，特别是 20 世纪 90 年代以来，我国传统家训整理、出版进入了一个新时期，学者们在继承和弘扬传统家训文化遗产方面做了许多工作，这在一定程度上有效地保护了传统家训文化。但是总体上看，关于家训的文献还相对零散，缺少系统全面的搜集，也缺少整理、勘误、编校，出土家训文献和散佚家训文献需要抢救性发掘整理。

比如，我国传统家谱中内含着大量教训子孙、族人的家法、族规，对于这部分内容应当进行细致地抽取、整理，这对于家训文化资源来说是非常重要的补充。除此之外，在我国部分地区，特别是南方以及少数民族聚居的地区，传统生活习俗保存相对完整，也保存了部分祠堂、石碑、石表等文物、遗迹，这类实物性传统家训文化资源中也承载着家训及族规、乡约内容，而这方面的抢救性挖掘保护工作同样存在难度。

第二，传统家训文化内容甄别与取舍难。如前所说，传统家训文化浩如烟海、思想丰富，其中不仅有很多超越时空价值永存的精神内涵，同时也存在与时代发展不符的、过时的、带有封建糟粕的部分，究竟哪些内容是需要我们继承发扬的，哪些是需要清醒辨认并及时剔除的，是在传承发展过程中不可回避的问题。

第三，传统家训文化内容开新与重构难。传统家训文化毕竟是历史的产物，古代家庭教育的方法、内容、原则不能生搬硬套进现代家庭教育实践中，在对传统家训文化的选择与运用上不能犯形而上学的错误。

开新与重构实际是建立在对传统家训文化挖掘整理、甄选取舍基础上的，将其与新的时代背景、新的现实条件相结合，增添新的内容，丰富其内涵，扩展其外延的一个层层递进的过程。在对传统家训文化进行开新与重构时，如果站位不高，不能对大众文化需求进行深入分析，不能平衡传统与现代之间、传统与西方之间的内在关系，不能以新的形式和内涵激活传统家训思想，便难以实现传统家训文化的现代转换，这也是当前开发利用传统家训文化资源最大的困难。

（二）传统家训文化社会宣传普及较弱

近年来，中华优秀传统文化在党和国家的大力号召下，迅速复苏并大放异彩，传统书法、绘画、中医药等中国传统文化元素不仅在国内掀起阵阵热潮，我们还将传统文化传播到了国门之外，在国外办起了孔子学院，很多国家将汉语作为学校必修课程。种种迹象表明，我们正在逐渐找回丢失的文化自信，中西文化碰撞交锋初期的文化自卑心理已经慢慢被取代。然而，相比传统文化其他元素的"热火朝天"，传统家训文化作为它的一个重要部分却是"不温不火"。直到十八大以后，习近平总书记多次强调家庭、家风、家教，才将家训文化搬上了一个新台阶。随后在 2017 年中央出台了《关于实施中华优秀传统文化传承发展的意见》

（以下简称《意见》），《意见》进一步明确地指出"广泛开展文明家庭创建活动，挖掘和整理家训、家书文化，用优良的家风家教培育青少年"，这就将传统家训文化从历史舞台真正搬到了现代舞台之上。也正是由于在近几年的时间内国家和社会才更加注重家庭、家风、家教，所以当前对有着三千年发展历史的传统家训家风的传播与普及等各项工作还处于初始阶段，对传播弘扬传统家训文化的方式、载体的运用还总体上处于摸索调试期，手段较为单一，在较短时间内难免难以综合运用报纸、书刊、电台、电视台、互联网站等各类载体，融通多媒体资源，统筹宣传。

而载体或方式的选择与创新在文化传承中起到十分关键的作用，是传承发展传统家训文化的桥梁，直接关系到家训文化在人民群众中的吸引力、影响力、关注度，关系到人民群众在文化传承中的参与感、获得感和认同感。特别是对于青年群体而言，他们不仅是传统家训文化传承发展的受益者，也必将是传统家训文化的建设者、弘扬者，如何用更加有效的方式在青年群体中引起最大程度的共鸣，是我们在普及、传承家训文化时的难点和关键。加之，传统家训文化的社会宣传与普及还有赖于国家政策支持与机制保障，而现阶段相关的政策制定、财政支持、项目建设等具体方面还未落实落细，这对于家训文化在全社会的宣传、弘扬也造成一定影响。

总之，宣传力度不够，难以号召大众主动去做文化的传承者、创造者，因此全面、持续、深入地普及与宣传传统家训文化任重而道远。

（三）传统家训文化教育及师资欠缺

传统家训文化的传承发展是一个由客体、载体、主体、环境、机制等要素构成的系统工程，在这些基本要素中，传统家训文化传承发展的客体是基础、载体是手段、机制是保障、环境是依托，而主体则是关键。在前文中，我们说传统家训文化传承发展的主体是具备传承与发展能力，能够积极发挥主观能动性，推进家训与时代同呼吸、共进步的人。在这个层面上说，社会中的个人、群体、民间组织、家庭、学校、政府等都可以作为家训文化的主体。主体的关键之处在于作为传者的主体，通过教育有意识、有目的、有计划地将传统家训文化的核心内涵、价值观念、基本精神等内容传递给受教育者，提高和改善受教育者的道德品质，引发受教育者强烈的文化认同，从而进一步实现传统家训文化的代际传承，因此，主体及其培养人才的教育实践活动在家训文化的传承发展工程中起着至关重要的作用。

关于教育，人们往往将其片面理解为在某一空间中进行的实践活动，例如学校教育、家庭教育。其实，教育有广义和狭义之分，狭义的教育指专门组织的教育，即学校教育，而广义上的教育则泛指社会上一切影响人们的思想品德、知识与技能、智力和体力的社会实践活动。

当前有这样一种误区，认为家训文化是只能活跃于个体家庭中的一种教育形式，家训的延续只能依靠家庭教育落地生根，不适合搬到学校、搬到社会，这样就把"家训"囿于父母和子女之间，因而家训的主体就只能是家长了，这种观点未免过于狭窄。不能否认，家训起初就是父母长辈训诫子孙晚辈的一种教育方式，家庭是家训产生的策源地，家训伴随着家庭的出现而产生，又是在家庭道德实践中不断丰富发展。但是，当代家庭在结构、功能、伦理规范等方面发生的诸多变化表明，家训作为一种精神文化遗产仅仅依靠个体家庭进行传承弘扬是远远不够的，况且不同家庭的家长在能力、素质、知识等方面差异较大，难以保证教育效果。所以，我们说传统家训文化如此浩瀚、资源如此丰富，完全可以将其作为一门传统文化课程放到学校教育、社会教育中进行推广、传承。并且学校教育具有基础性、系统性、稳定性、连贯性等特点，在文化传承中具有特殊作用，是培养人才的主要途径。不过，在当前的学校教育中，尚未充分认识到传统家训文化作为中华传统文化的重要组成部分所具有的特殊性，未能将传统家训文化有机融入课堂教学和课外实践中，在幼儿、小学、初中、高中、大学各时段中还尚未对其进行统筹安排，课程和教材体系尚未制定。并且，当前传统家训文化师资队伍结构仍需改善，传统家训文化素养有待提高，面向全体教师的传统家训文化专题培训与指导亟需加强，等等，这些都是我们在传承发展传统家训文化中所要面对的难题。

总之，传统家训文化的当代传承与发展既面临社会变迁所造成的原生土壤的瓦解与剥离，使得传统家训文化赖以依存的经济基础、政治基础、思想基础遭受全面冲击，面临奄奄一息的状况；现代社会的急剧转型又使得传统家训文化的生成中心——家庭的结构、功能与伦理道德呈现出诸多新变化，使社会出现普遍的价值冲突与道德危机，导致传统家训文化隐没于现代社会；再加上在传承发展传统家训文化过程中存在着来自资源、宣传、教育等多方挑战。因此，当下传统家训文化所面临的多重掣肘因素启示我们，传统家训文化在新时代的传播、继承、创新性转换、创造性发展还有很大的探索空间，只有积极应对、综合施策，才能破解困局，发挥出传统家训家风的当代价值。

第四节　中国优秀传统家训文化创新发展的路径选择

一、发挥中国优秀传统家训文化传承发展的主体力量

主体是传统家训文化教育的发动者、接受者、传承者和创造者，是传统家训

文化传承发展活动中的一切能动性因素，同时也是最关键的因素。积极发挥主体在中国优秀传统家训文化中的力量，深刻把握文化传承规律，以高度的文化自觉承担文化传承责任，对于传统家训文化的继承和发展来说具有重要的现实意义。

（一）动员全社会力量广泛参与传承

中共中央国务院办公厅关于印发《关于实施中华优秀传统文化传承发展工程的意见》指出："传承发展中华优秀传统文化是全体中华儿女的共同责任"，"调动各方力量，推动形成党委统一领导、党政群协同推进、有关部分各负其责、全社会共同参与的中华优秀传统文化传承发展工作新格局。"传统家训文化是传统文化的一部分，文件中所提出的要求也是传承发展传统家训文化的题中应有之意。动员全社会力量广泛参与传统家训文化的传承发展，应当始终坚持中国共产党的领导、充分发挥政府的主导作用和各种社会团体的组织作用、发挥青少年群体的生力军作用，也要充分尊重工人、农民、知识分子的主体作用等，只有集中一切力量参与传统家训文化的传承，提升大众的文化自觉，形成人人传承传统家训文化的生动局面，才能进一步激发传统家训文化传承发展的活力，加快构建传统家训文化传承发展体系。

第一，中国共产党是传统家训文化传承发展的领导力量。中国共产党是中国特色社会主义事业的领导核心，是各项事业建设取得成功的根本保证。中国共产党在长期的革命、建设和改革的伟大实践中，孕育出了革命文化和具有中国特色的社会主义先进文化，以极其高度的文化自觉和文化使命感带领人们进行社会主义文化建设，自觉承担起继承传统文化、弘扬传统文化和创新传统文化的历史重担，极大地增强了文化自信，为文化发展做出了重要贡献，是文化事业建设的坚强领导核心。在传统家训文化传承中，只有牢牢坚持党的领导，坚决贯彻党和国家在文化建设方面的政策、决定，才能保证始终遵循文化建设规律、始终有主心骨、始终坚持以人民为主体、不断满足人民群众的精神文化需求，同时只有正确处理好中国传统文化与马克思主义的关系和与外来文化的关系，才能发挥出传统家训文化的现代价值，不断增强人们的文化认同、文化自觉、文化自信。

第二，充分发挥政府的主导作用和社会团体的组织作用。政府是国家权力机关的执行机关，政府的主导作用主要体现在对公共事务的规划、指导、服务、强制执行等方面，在文化领域政府具有宣传马克思主义基本理论、引导人们抵御各种错误思想的影响、提升全民族的思想道德素质和科学文化素质、促进科教文卫等事业的发展，提升国家文化软实力的职能。而各种团体组织由公民自愿组成，按照一定的章程组织开展活动，作为政府和基层群众的纽带也能够广泛发动群众、引导群众。习近平同志强调："各级党委和政府要充分认识家庭文明建设的重要性，负起领导责任，切实把家庭文明建设摆上议事日程。工会、共青团、妇联等群众团体要结合自身特点，积极组织开展家庭文明建设活动。"传统家训文化的传承发展离不开政府的支持和引导，在具体的工作中，政府要加强顶层设计，保持高位推动，提供资金保障、政策支持，持续加大宣传力度，为传统家训文化的传承发展营造良好的社会环境。各有关部门要按照责任分工，制定实施方案，完善工作机制。同时，也要发动多种社会团体，利用各种时机和场合，组织开展形式多样的活动，吸引群众广泛参与传统家训文化传承活动，以团体的力量推动以文化人、以文育人。

第三，充分发挥青少年群体的生力军作用。青少年群体是国家和民族的希望，他们富有朝气、富有梦想，有无穷的想象力和创造力，是各项事业发展的有生力量。习近平总书记对青年群体寄予厚望，他说："青年是标志时代的最灵敏的晴雨表，时代的责任赋予青年，时代的光荣属于青年。广大青年要勇做时代前列的奋进者、开拓者、奉献者。"

传统家训文化的传承和发展也离不开青年群体，他们既是传统家训文化教育的受益者，也是传统家训文化的传播者、建设者。青少年群体要在家庭教育、学校教育和社会教育中认真汲取传统家训文化中的思想精华，深入学习传统家训文化以德修身、以德齐家、以德处世的核心内容，加强道德修养，自觉肩负起文化传承重任，树立远大志向、培育美好心灵，要注重从知行合一上下功夫，从我做起、从现在做起、从小事做起，使传统家训文化的优秀思想内化为自己的基本遵循，并身体力行将其推广到社会中去，为传统家训文化的发展输入源源不断的能量。

第四，充分尊重工人、农民、知识分子的主体作用。工人、农民和知识分子代表着社会的不同阶层，对社会的政治、经济、文化等各个方面具有极大的影响力和推动力，在传统家训文化的传承中，也承担着重要角色。例如，在农村中要广泛发动村民，挖掘传统家训文化中的乡约、族规等思想精髓，重建新型乡规、村约，继承传统乡规族约中的德业相劝、过失相规、礼俗相交、患难相恤的优良传统，增强村民共同体意识，培育文明村风和新乡贤文化，从而大力推动农村文化繁荣和农民精神文明建设，推动移风易俗，让文明乡风传承致远。再如，知识分子阶层是精英文化的代表，而精英文化在精神上与中国传统的士大夫文化一脉相承，以天下为己任，承担者社会教化的使命，发挥着价值规范导向的功能。

在古代社会，传统家训文化得以代代传承的一个重要原因就在于士大夫阶层的推动，因此，要尊重知识分子社会良知的角色和地位，通过知识分子对现实社会的积极介入和热切关怀来传播和辐射传统道德精神、价值理念，向社会提供更多精神文化产品，为传统文化和传统家训文化的发展注入持久的文化支撑力。

（二）加强传统家训文化师资培训

传统家训文化的有效传承不仅要依靠家庭和家长，进入家庭教育中，而且还要进校园、进课程、进课堂，使教师承担起重要责任。师资队伍是传统家训文化传承发展的牛鼻子，要让传统家训文化通过教师的指导和教育的推动在广大学生群体中引起兴趣、产生共鸣，从而真正深入学生的精神和灵魂，激发出学生的自觉传承意识。因此，建设传统家训文化教育师资队伍，大力加强传统家训文化培训，提升教师的专业化水平势在必行。

2018 年中共中央国务院颁布了《关于全面深化新时代教师队伍建设改革的意见》，随后 2019 年教育部等五部门又印发了《关于加强新时代中小学思想政治理论课教师队伍建设的意见》的通知，接连两个有关于教师队伍建设的文件的出台表明教师是教育的根本，教师关系到教育的成败，关注教师综合素质的发展，合理安排教师结构成为大中小幼等各类学校的重点问题。在《关于加强新时代中小学思想政治理论课教师队伍建设的意见》中，提到"健全专题培训制度，重点加强中华优秀传统文化、革命文化、社会主义先进文化和相关学科知识的学习，促进中小学思政课教师不断更新知识储备。"

加强传统家训文化教育师资培训要以提升能力为根本。采取灵活多样的培训方式，强化培训力度，提升教师专业能力。以合理的形式将传统家训文化引入到传统文化培训中，具体而言可以通过传统家训经典篇目学习、学术研讨会、专家讲座、实践教学等多种培训形式满足不同地域、不同条件、不同阶段的教师的学习需要，积极推动教师参与到相关培训项目中，让参训教师深刻感悟传统家训文化的思想魅力，加深教师对传统家训文化的了解，提升传统家训文化理论素养以及组织相关课堂教学、安排教学活动的能力，也为教师提供互相交流、学习的平台，切实提升培训效果。只有教师充分认识到传统家训文化的重要价值，认识到其所蕴含的道德教育资源对学生道德素质、个人成长所具有的重要作用，并能够以自身所具备的传统家训文化知识来传授学生、引导学生，才能真正带动学生自觉继承和发扬传统家训文化。

二、强化中国优秀传统家训文化传承发展的内容建设

内容是传统家训文化教育的基础，任何教育活动的组织和开展都是以内容的充实和完善为前提的。系统完整的内容客观全面地展现了传统家训文化的基本思想，传递了中华传统美德和中华人文精神，对于促进教育者更好地把握教育内容、增强受教育者对传统家训文化的兴趣，从而对于提升教育效果来说都是非常重要的。新的时代背景下，要深入挖掘整理传统家训文化资源，并在此基础上下大力气研发传统家训文化课程及教材，全面加强中国优秀传统家训文化内容建

设，为传统家训文化教育活动的顺利开展打牢地基。

（一）挖掘整理传统家训文化资源

传统家训文化作为传统文化的一部分，其资源十分丰富，不仅有帝王将相家训、名称仕宦家训还有平民百姓家训、女诫女训；其内容包罗万象，不仅有修身、治家、处世思想还有治学、为官、交游、治生之道；其形式不一而足，除了诗词、散文、书信还有规章、条例、格言、遗言；其范围也很广泛，从家训、家规、家法到乡约、乡规、族规；而从时间跨度看，它横跨了从先秦到晚清三千年……不管选取哪一个角度，传统家训文化都是中华文化五千年历史中的一颗璀璨明珠，而与其他文明相比，也成为世界文化中独具特色的文化样式，世界上没有任何一个国家能像我国一样，有如此发达的、丰富的家庭教育思想。在今天这个社会，传统家训文化不该被人们遗忘，它的价值不该只属于传统社会，而是历久弥新，对传统家训文化资源的挖掘与开发在当前成为一个刻不容缓的问题。

大力挖掘开发传统家训文化资源具有重要的实践和理论意义。首先，从传统家训文化教育活动来说，资源的丰富性和可利用性是开展其他一切工作的前提和基础。传统家训文化的传承发展工程实质是对受教育者、包括社会大众所进行的传统家训文化教育活动，教育活动的开展必然要有充足的教育资料、教育资源。当传统家训文化教育者将准确的、优秀的家训资料传递给受教育者，并对受教育者产生了一定的影响时，教育活动才是有效的，也是有意义的。因此，传统家训文化内容是教育过程必不可少的要素。其次，挖掘开发传统家训文化资源也是进行相关理论研究的内在需要。当前我们对传统家训文化的梳理、分类、归纳还处于前期阶段，已有的研究成果多是对个别的名篇家训、名人家训的研究，例如我们所熟知的《颜氏家训》《袁氏世范》《朱柏庐治家格言》等备受人们青睐，学术研究面较为狭窄，相当多的家训篇目还没有得到足够重视，深入开发传统家训文化资源，将陈列在古籍、家书、家谱、族谱、乡约等载体中的相关的训诫、劝告、法规等家训内容呈现出来并加以归纳，将会大大促进相关理论研究，对于更好地传承传统家训文化是十分必要的。

挖掘整理传统家训文化资源应当是一场社会范围内的有组织的、有计划的文化遗产保护行为，本文认为在具体工作开展中，应当注重以下几点。

1. 保留传统家训文化本色，坚持原汁原味地传承

传承传统家训文化首要的是将传统家训文化的本来面貌呈现出来，而不是作过多的包装或者是有意的删减。特别是在某些民间的传统家训文化传承上更应该注意尊重原创，切忌刻意拔高，从而失去了平民家训的草根特色。同时也需要明确的是，原汁原味地传承不代表一成不变地传承，当我们将收集到的家训资料传

授给社会大众，进一步发挥传统家训的现代价值时，还要考虑如何进行适当转换、辩证取舍，以利于大众接受的问题，而在这之前，资料的完整性和原始性是在挖掘资源过程中不能忽视的问题。

2. 尊重传统家训文化个性内容，坚持个性和共性的统一

贯穿不同家训文化的中心思想始终是修身齐家处世这三个方面，家训作者都是为了达到所谓"提升子孙"的目的而制定家训，尤其是在代表性的家训著作——《颜氏家训》问世以后，后代家训更是将此作为模板来借鉴、参考，这是传统家训文化的共同之处。除了这些共性之外，不同的家庭背景、生活习惯、地区差异、宗教信仰等也使古代家训呈现出许多个性色彩，如"有的家族素有从军从戎的传统，鼓励子孙保家卫国成为其家训鲜明特色；有的家族强调尊重女性，视女性为家宝；有的家族以商贾为业，讲求买卖公平、和气生财……"等。

因此，要特别注重保护传统家训文化的特色，特别是要注重加强对少数民族传统家训文化资源的挖掘与整理。在传统家训家风中，个性的、具有民族特色的内容增添了传统家训文化的色彩，是重要的组成部分。

3. 坚持广度和深度的统一

扩展传统家训文化资源的广度是指要广泛收集不同朝代的家训著作，不仅要重视官方推崇的名人名篇家训，更要下大力气搜罗民间家训，并且乡约族规、家谱族谱中包含有大量的对族人的训诫以及一些具有法律性质的规章条例，当前对这部分资源的开发亟需加强。延伸传统家训文化资源的深度是指要深入挖掘每一份家训著作的历史背景、作者情况、写作目的以及重要影响，还要深入挖掘部分地区传承家训文化的民间仪式，如寿庆仪式、家族公祭仪式、续修族谱仪式、族人议事活动，等等，仪式作为传统家训文化的活动载体和特殊的传承方式，有助于帮助我们更好地了解传统家训文化。

（二）研发传统家训文化课程及教材

课程问题是教育教学的中心问题。党的十八届三中全会制定了关于《完善中华优秀传统文化教育指导纲要》（以下简称《纲要》），明确提出了对青少年加强传统文化教育的重要性和紧迫性，指出开展传统文化教育要"在课程建设和课程标准修订中强化中华优秀传统文化内容"，"修订相关教材和组织编写中华优秀传统文化普及读物"，从而引导青少年全面准确地认识和了解传统文化，培养传统文化的继承者和弘扬者，推动文化的传承与创新。2017 年《意见》也明确地提出"以幼儿、小学、中学教材为重点，构建中华文化课程和教材体系"，"推动高校开设中华优秀传统文化必修课"，"加强中华优秀传统文化相关学科建设"等内容，再次强调了课程和教材在传统文化传承中的重要作用，是我们开展传统文化

教育活动的基础和根本。文件的相继出台对开展传统家训文化传承教育活动提供了具体的行动指南，新时期实现中国优秀传统家训文化的传承发展必须全面融入国民教育中，加强传统家训文化课程及教材体系建设。

研发传统家训文化课程及教材是一项复杂的、精细的工程，在传统家训文化课程设置和教材研发中应当首先遵循如下几个原则。

1. 坚持阶段性与系统性相结合的原则

在传统家训文化课程及教材建设中坚持阶段性与系统性相结合的原则，就是要充分认识和尊重学生的身心发展特点，有针对性地对不同学习阶段的学生设置课程标准和安排教学任务，并使各学段的课程形成一体化、系统化格局。学生对于知识和客观世界的认知有一个循序渐进、逐步加深的过程，在传统家训文化教育活动中把握学生的认知规律，设置相适应的教学内容，编写适当的教学教辅读物，并选择合适的教学方法，才能有序开展教学活动，收到良好的教育效果。另外，中小学以及高等学校的课程设置和教材编写应按照由易到难、由浅入深的原则，统筹规划传统家训文化教育内容，使其形成一个层层递进、系统完整的教育教学规划。

2. 坚持传统家训文化教育与时代精神和社会主义核心价值观相结合的原则

国家大力弘扬的时代精神和社会主义核心价值观都是国家精神的集中体现，在传统家训文化中蕴含着中华民族仁爱孝悌、谦和好礼、修己慎独、精忠爱国、勤劳节俭等传统美德，要在教学中深入挖掘这些传统精神的时代价值，并与当前社会所倡导的时代精神和主流价值观相结合、相衔接，从而使学生有代入感、现实感。

3. 坚持课堂教育与实践教育相结合的原则

在传统家训文化教育中，课堂教育与实践教育是密不可分、互相促进的，其中课堂是理论教育的主渠道，使学生获得关于传统家训文化的基本认识，而实践教育则是课堂教育的重要补充，使学生在社会大课堂中体悟传统家训文化的魅力。

4. 坚持传统家训文化主课程与其他学科教学相结合的原则

传统家训文化主课程也就是我们所要设置的相关课程，是专门讲授传统家训文化的课程，而在其他学科的教学中也应当适当加入传统家训文化的部分，尤其是中小学的文史类课程，高等学校的哲学、教育学、文学等，有机融入不同学科中以扩大传统家训文化的影响面，增强教育效果。但是，如果仅仅依靠其他学科的渗透而没有独立学科和课程的话，则很难收到实效。

依据上述四个原则，在具体的实施工作中，可以从国家课程、地方课程、校本课程三个板块入手建设传统家训文化课程及教材体系。

首先，集中一流专家、学者大力开发传统家训文化国家课程。一般来讲，国家课程是国家委托有关部门或机构制定的基础教育的必修课程或称核心课程的课程标准或大纲。国家课程是基础教育课程体系中的主体部分，具有权威性和强制性。传统家训文化国家课程就是国家有关部门针对不同学段学生的实际情况统筹安排、顶层设计，制定培养目标或教学大纲，编写相关教材，使全体学生都能够在国家课程内享有获得传统家训文化知识的权利，并达到相应的国家课程标准。事实上，在我国的三级课程体系中，"国学"类、"传统文化"类以及"经典诵读"类课程在部分地区和部分校本课程中都有所涉及和安排，但是这类课程并没有上升为国家课程，而国家课程的设立对于开展传统家训文化教育活动具有规范和指导作用，因此，在新的时代背景下，我们要长期有效地传承传统家训文化，将其纳入国家课程是十分必要的。

其次，充分利用本地资源开发地方课程，编写本地特色教材。地方课程是地方自主研发并且只在本地区实施的课程，具有明显的地域性，地方课程充分体现本地的教育发展水平，紧密结合本地的社会、经济和文化发展现状，具有较强的针对性。并且地方课程是在国家课程标准下开设的，是对国家课程目标的具体化，不仅是国家课程的一种有效补充，而且更加符合本地教育教学实际。传统家训文化地方课程，就是充分发掘本地区传统家训文化资源，使学生认识和了解当地的文化遗产、民俗风尚和文化传统，以本地区富有特色的名人家训、名篇家训滋养学生心灵，在更为贴近实际生活的本地文化中感受和体验传统家训文化的思想精神，切实发挥地方课程的育人功能。

最后，促进传统家训文化校本课程的开发。校本课程是我国三级课程体系中的一个部分，是在学校本土生成的，既能体现各校的办学宗旨、学生的特别需要和本校的资源优势，又与国家课程、地方课程紧密结合的一种具有多样性和可选择性的课程。

校本课程就是学校自己研发的课程。传统家训文化校本课程也就是由本校教师在掌握国家课程标准、地方课程方案和学生发展需要基础上自主研发的有关于传统家训文化的相关课程。传统家训文化校本课程设置应当区别于理论知识学习的课程方式，而以综合性信息和直接经验为主要内容，以学生自主参与的实际操作和社会服务等活动为主要学习方式，注重在实践中学，获取直接经验，因此，实践性是传统家训文化校本课程的基本特征，由于校本课程的制定主要依赖于学校教师，因此教师的素质和能力就成为传统家训文化校本课程开发的关键。校本课程的开发既要符合国家课程标准和学生发展需要，又要充分发挥出本校课程的灵活性、多样性。

三、丰富中国优秀传统家训文化传承发展方式

传承发展方式是我们在传承发展中国优秀传统家训文化时所用到的方法、手段、媒介、工具等载体的总和。在文化的传承或任何一项实践活动中，方式方法起到非常重要的作用，它是联系教育者和受教育者的桥梁和纽带，毛泽东将之形象地比喻为"过河的桥"，恰当地采取传承方法能够促进传统家训文化的传播，取得事半功倍的效果。在历史上，受社会历史条件的限制，传统家训文化的传承主要依靠家长耳提面命式的谆谆教导，以及文字记载、典籍收录、封建统治阶级的倡导等形式。在今天，社会各方面发展迅速，提供了诸多有利条件，文化传承的途径和方式也逐渐增多。对于传统家训文化而言，我们不仅要运用教育教学、口传身授等传统形式，而且还要充分利用网络新媒体技术等现代载体促进大众对传统家训文化的认知认同以及自觉传承。

（一）传统家训文化教育传承

教育是我们在进行传统家训文化教育教学活动时最基础、最传统的手段和方法。教育是传递社会经验并培养人的社会活动，教育传承或教育普及在传统家训文化传承发展中具有举足轻重的地位，是传承传统家训文化的关键环节。中国优秀传统家训文化只有通过有效的教育普及，才能使人们逐步地加强认知和了解，进而发展为心理认同，并最终外化于行，成为传统家训文化活着的基因，延续传统家训文化连绵不断的文脉。

通过教育传承中国优秀传统家训文化，应当清晰界定教育传承的性质定位。《意见》中明确指出教育不能"复古泥古"，不能"简单否定"，在教育普及中，要在马克思主义和中国特色社会主义思想指引下，秉持辩证唯物主义和历史唯物主义观点，一分为二、全面客观地认识传统家训文化，拒绝复古守旧，坚持守正出新。要对受教育者讲清楚传统家训文化的历史渊源、思想理念、发展脉络、重要价值，深刻阐明传统家训文化是中华文明的重要组成部分，是社会主义核心价值观的精神源泉，是精神文明建设的丰厚滋养，明确教育的目的是以传统家训文化教育社会大众，提升民族道德素质，传承优秀传统家训思想，增强文化自觉和文化自信，这是教育普及传统家训文化的根本目标之所在。通过教育传承中国优秀传统家训文化，应当准确把握教育普及的侧重点。《纲要》指出："对中华优秀传统文化教育重要性的认识有待进一步提高、教育内容的系统性、整体性还明显不足，重知识讲授、轻精神内涵阐释的现象还比较普遍……"在传统家训文化教育中，首先应当更加注重精神内涵的讲授，而避免一味地传授理论知识。须知，传统家训文化教育包括知识、技能、礼仪规范和思想理念、人文精神、传统美德

两个层面的内容，而后者才是教育普及的重点，是传承发展传统家训文化的关键。如果偏重知识、技能和礼仪规范教育，就会出现主次不分、舍本逐末的行为，这对于传统家训文化传承来说是不利的。其次，教育普及应以立德树人为根本任务，而避免形式化、表面化。立德树人是中华民族永恒的教育价值追求，立德是树人的基础，树人是立德的目的，立德树人是每个教育工作者都必须明确的基本观点。

在传统家训文化教育中，要将立德树人作为出发点、落脚点、支撑点、着力点，贯穿大中小幼教育过程中。在社会上，诸多教育机构也是弘扬传播传统家训文化的载体，我们要避免那种以文化教育为噱头粉饰门面，只重形式而忽视内容，只重盈利而严重偏离教育本质的庸俗化做法。通过教育传承中国优秀传统家训文化，还要突出身教的重要作用。传统家训文化在古代社会之所以能够起到教化子孙、整肃门风的重要作用，不仅仅是教育者谆谆教诲、耳提面命的结果，而且也更加离不开教育者以身作则、以身示范的榜样作用。在今天，想要发挥教育在传统家训文化传承中的重要性，不仅要言传，更应该身教，言行一致才能保证理论教育不落空。

（二）传统家训文化活动传承

在传统家训文化教育中，除了课堂教学外，还应当注重实践养成。传统家训文化活动传承就是通过开展形式多样的实践活动来继承和弘扬传统家训文化。在实践活动中寓教于乐，引导受教育者学以致用，将获得的理论知识应用于实践，在实践中深化认识，进而变成一种内在的文化信仰，自觉用传统家训文化中的教育理念约束自我行为，提升道德素质，从而实现传统家训文化以文化人的目的。

以活动为载体，促进传统家训文化的传承发展是坚持马克思主义实践观的基本要求。在认识论中，马克思恩格斯将实践看作是认识的来源，是认识的目的，是认识发展的动力和检验认识真理性的唯一标准，充分强调了实践活动在人类认识和社会发展中的重要作用。马克思的实践观也启示我们，实践活动在传统家训文化的传承发展中也具有十分突出的作用。

第一，实践活动是人们认同、接受传统家训文化思想观念并使之内化为自身价值态度的重要环节。传统家训文化教育不能仅仅局限在理论知识讲授层面，换句话说，仅仅依靠课堂知识讲授并不能有效检验教学效果，而应该通过开展活动来促进人们对知识的内化和理解。也只有在现实的实践活动中，受教育者才能从对传统家训文化的表层认识深化到体悟贯穿其中的精神内涵。

第二，实践活动能够激发受教育者的积极性、主动性，有助于真正产生对传统家训文化的兴趣。课堂教育尽管是传统家训文化十分重要的传承方式，发挥着主渠道的作用，但是传统的知识讲授模式不免缺乏新意，在吸引学生注意力方面有所欠缺，课外实践活动很好地弥补了这一弊端，丰富多样的活动形式足够调动起学生主动感受传统家训文化、践行传统家训文化中"修齐治平"的精神理念，这对于增强传统家训文化传承效果来说是大有裨益的。

第三，课外实践活动也是受教育者自我教育的重要方式。活动载体的显著特征就在于实现了教育和自我教育的统一，使受教育者在教育者的要求和自身思想矛盾运动中进行自我反思、自我评价和自我学习。传统家训文化是关于如何修身、如何齐家、如何处世的一门学问，通过开展多种课外活动，可以使受教育者在与人交往中提高自我认识、自我评价和自我控制的能力，学会在社会道德规范框架内为人处世。

能够成为传统家训文化传承发展的实践活动形式，必须是融知识性、趣味性、组织性、目的性于一体的寓教于乐的活动，需要教育者精心设计、科学安排。《纲要》指出："利用学校博物馆、校史馆、图书馆、档案馆等……挖掘其独特的文化育人作用……依托少先队、共青团、学生党支部、学生会、学生社团等，开展主题教育、理论研讨、社会实践、志愿服务、文艺体育等形式多样、丰富多彩的活动。"《意见》也同样指出："广泛开展文明家庭创建活动""积极举办以中华文化为主题的青少年夏令营、冬令营以及诵读和书写中华经典等交流活动"，等等。

无论是何种形式的教育活动，都应当坚持三个基本原则。一是加强对相关活动的支持和引导。学校要保证在活动的各种具体事项上做好保障和支持工作，包括经费、场地、设施、师资、制度等，为活动的顺利、持续开展创造有利条件。教育者或活动的组织者也要对各项活动加强指导，使每一项活动都具有明确的可操作性。二是活动应因地制宜、吸引力强、讲求实效。任何一项活动的开展都要从实际出发，在注重提升吸引力上下功夫，使活动活泼而不死板，精简而不繁杂，避免过于形式化、只重数量而缺少质量，造成资源的浪费，从而既花费了精力、物力、财力，又没有收到一定的教育效果。三是要注重受教育者主观能动性的调动和发挥。在具体的活动步骤中，教育者和组织者应该适当给予受教育者一定的自主权和自由活动空间，激发受教育者的创造性，也吸引更多的人参与到传统家训文化的各项活动中。

（三）网络新媒体技术传承

除了传统的教育方式和活动方式外，网络新媒体技术也是传统家训文化传承发展的重要方法，并且发挥出越来越重要的作用。网络新媒体技术传承，就是指通过互联网和新媒体向用户提供传统家训文化信息，以帮助人们了解传统家训文化的思想理念、道德规范以及重要价值，从而促进传统家训文化传承发展的新兴媒介的统称。网络新媒体是继广播、电视、报刊等传统媒体之后兴起的新型媒体，作为传统媒体的延伸和迭代，已经成为信息时代重要的媒介形态。网络新媒体因其强大的技术特性而得到迅猛发展，据第 47 次《中国互联网发展状况统计报告》显示："截至 2020 年 12 月，我国网民规模达 9.89 亿，较 2020 年 3 月增长 8540 万；互联网普及率达 70.46％，较 2020 年 3 月提升 5.9 个百分点；我国手机网民规模达 9.86 亿，较 2020 年 3 月增长 8885 万，网民使用手机上网的比例达 99.7％。"这个数据直观显示出我国移动互联网使用持续深化，互联网普及率持续上升，也启示我们网络是可以传播传统家训文化的重要阵地，利用大众喜好的网络媒介传播传统家训文化，促进传统家训文化传承方式的创新是一个重要契机，同时也是一项重要课题。

网络新媒体与传统教育方式和传统媒介相比，有其突出特点。

第一，网络新媒体具有交互性。传统的报纸、广播、电视等载体是一种自上而下地传递信息的媒体形式，是以教育者或传播者为中心的单向度传播模式，在这种方式下，教育者与受教育者无法及时沟通交流，教育效果并不显著。而网络新媒体突破了这种不对等的文化传播方式，提供了一种双向的、多向的信息互动传播方式。通过微博、微信、短视频等多样性的复合媒介，教育双方可以实现及时的交流互动，有助于帮助教育者及时收集反馈信息，也有助于受教育者自主选择相关教育内容，并发表个人观点。对于传统家训文化来说，网络新媒体能够提供诸多便利，更加有助于相关内容的传播。

第二，网络新媒体具有多样性。网络新媒体可以依托文字、动画、音频、视频、图片、数据、虚拟情境等多种形式来直观地展示传统家训文化，大大丰富了传统家训文化传播方式，有助于综合调动受教育者的视觉、听觉、触觉等感官，对于青少年群体而言也更加具有吸引力。

第三，网络新媒体具有即时性。网络新媒体强大的技术性也极大地加快了信息传播的速度，能够打破时空限制，实现信息的即时传播，实现了对传统媒体传播速度上的超越。

此外，网络新媒体还具有虚拟性、共享性等特性，在信息的传播、受众的范围、形式的吸引力、内容的广泛性等方面具有显著优势，正在颠覆传统传播方式，成为尼古拉斯·尼葛洛庞帝口中"传统媒介的掘墓人"。只要准确把握、合理利用这些特点便能够有效地传播传统家训文化。

习近平强调："互联网是传播人类优秀文化、弘扬正能量的重要载体。"互联网的快速发展为传统家训文化的现代传承提供了有利契机，充分利用网络新媒体，促进网络新媒体与传统家训文化的深度融合，可以从以下几个方面着手。

第一，搭建传统家训文化网络教育平台。要发挥出多种网络新媒体在传统家训文化传承发展中的重要作用，统筹规划、搭建实用、高效的网络教育平台是基础。网络教育教学平台，顾名思义是通过互联网技术手段进行网上课程开发、课件制作和网络教育教学，向学生传递传统家训文化相关知识的在线学习平台。网络教育教学平台是对传统课堂教学的延伸，具有自主性、互动性、开放性等特征，在教学形式上也具有诸多新意，借由移动网络客户端，学生可以利用碎片化时间自由地登录平台，进行传统家训文化相关内容的学习、讨论。教师也可以根据教学安排和工作实际灵活采用录播、直播的方式。例如，近年来慕课（MOOC）成为非常流行的大众学习平台，传统家训文化教育者可以通过慕课这种在线教育形式上传相关教学课程和视频，以达到深度共享教学资源、最大限度传播传统家训文化的目的。建设传统家训文化网络教育平台，还需要加强网络师资队伍建设，保证网络师资既熟悉网络技术操作又有过硬的业务能力，同时还要加强体制机制建设，为网络教育平台的良性运转提供多重保障。

第二，拓展传统家训文化新媒体传播方式。网络新媒体具有多种形态，移动互联网、微信、微博、短视频等网络载体为传统家训文化的传承发展和方法创新提供了许多新的生长点和发力点，并且网络新媒体在传播速度、深度、广度等多个方面具有明显优势，也是青年学生比较喜欢的社交方式。在对青年学生传递传统家训文化信息时，要充分迎合学生这种心理特点，积极与流行文化元素和网络新技术相衔接，适应分众化、差异化传播趋势，创新传统家训文化传播形式，通过微博、微信、社交媒体、手机客户端等多种渠道，积极推介相关音频、短视频、纪录片、微电影，进行相关信息的传播和互动，最大限度地利用网络新媒体，满足学生的多样化、个性化学习需要。

尽管互联网以及多种新媒介为人们的日常生活提供了诸多便利，并发挥出越来越大的作用，但是技术只是手段而非目的，并且技术一旦超出人们的控制，也会发生异化，从而阻碍目标的实现，甚至带来恶劣的影响。对于传统家训文化的传承来说，互联网技术以及新媒体的应用是协助教育者实现教育目标的手段，但不能过分夸大技术的作用，而忽视传统教育手段以及人的重要作用，传统方式与现代方式之间应当是并行不悖的，文化传承方式没有优劣之分，而在于如何灵活、恰当地运用。

四、优化中国优秀传统家训文化传承发展环境

传统家训文化传承发展环境是相对于传统家训文化传承发展活动而言的，与之发生密切联系的一切外部环境因素的总和。传统家训文化传承发展环境具有多维性、复杂性、可创性等明显特征，按照不同的标准可以划分为不同的类型，整体地看，传统家训文化的传承发展总是在一定的环境中进行的，环境起到了不可忽视的作用，是传统家训文化传承发展体系不可缺少的一环。

（一）以家庭为起点塑造优良家风

家庭是人成长的起点，是人生第一所学校，也是个体走向社会的阶梯。不论时代如何变迁，家庭始终担负着培养人、教育人的重要责任，在青少年的成长中期起着不可替代的作用。在古代社会，由于缺乏正规系统的学校教育，个体的教育不得不依赖于家庭，因而家庭承担了更多的职能，在教化子孙方面做出了许多有益的尝试，积累了许多丰富的经验，这也是传统家训文化产生、发展的过程。

从历史上来看，不管是在哪个时期，家庭（或家族）一直是传统家训文化得以绵延不息、代代传承的最原始、最基础的场域。而家庭功能的发挥，离不开良好的家庭环境，营造良好的家庭环境是传承传统家训文化的有力保障。

家庭环境是区别于学校环境、社区环境等其他环境类型的一种特殊场域。家庭环境的特殊性体现在它是个体接触时间最早，同时也是接触时间最长、最稳定、最亲近的一种环境类型，家庭环境在个体成长发展中占有十分重要的地位。具体说来，家庭环境对人的影响有如下几个特点。

第一，家庭环境对人的影响是持久的。每个人从出生起就生活在家庭中，在未成年时与父母长辈生活在一个家庭中，成年后又与配偶、子女组成了新的家庭，在一定程度上讲，家庭伴随了人的一生，所以家庭是个体身处时间最长一种组织形式，家庭环境对人的影响是长期的、持久的。

第二，家庭环境对人的影响是潜移默化的。在日常生活中，父母的言行举止、待人接物、生活习惯以及家庭成员之间的关系、家庭氛围等都对个体产生了潜移默化的影响，使个体在耳濡目染中不知不觉发生改变。

第三，家庭环境能对人有针对性地施加影响。父母是最了解子女的人，在朝夕相处中，父女长辈可以针对子女性格特点施加针对性的指导，这对于子女的成长来说是独一无二的。

第四，家庭环境使教育具有亲和力。古人言："大同言而信，信其所亲；同命而行，行其所服。"天然的血缘亲情，使子女更为相信亲近的人，信服父母长辈的教诲，这也是家庭教育的优势之所在。家庭环境所具有的这些特点，要求我们必须努力创造优良的家庭环境，充分发挥环境育人的重要作用。

首先，家庭环境的营造与优化需要家长提高对子女道德教育的认识。在家庭结构、家庭功能、家庭伦理道德等方面发生巨大变化的现代社会，若要使家庭还如古代社会一样，在子女的教育上如此费尽心力撰书立训，似乎很不现实，这是时代发展对家庭造成强烈冲击的结果，当然也与家长的思想认识有很大关系。现代家庭的父母重视子女智力、成绩甚于重视素质、修养。层出不穷的社会乱象也与家庭教育、家庭环境息息相关。家长是家庭教育的主导者，只有促使家长转变观念，提高对子女道德教育的认识，帮助孩子系好人生的第一粒扣子，树立正确的三观，才是做好家庭教育的第一步，也是家庭教育成功的关键。

其次，积极建设优良家风。传统家训文化的传承还是需要依靠家庭这个基本的场域，传承不是在家庭中去复现家训这种传统教育形式，当今社会家长与子女处于平等地位，不可能再如从前旧社会一样，家长高高在上，子女惟命是从。但是，学习传统家庭教育教子婴稚、严爱相济、言传身教的教育方法，传承传统家训孝悌、仁爱、和善、谦让、节俭、诚信、廉洁的价值理念和传统美德，从生活习惯、日常小事注重子女的德行养成，从而推动形成爱国爱家、相亲相爱、向上向善、共建共享的社会主义家庭文明新风尚，是每一个家庭都不能忽视的方面。良好的家风不仅能够有利于人的发展，也能带动和谐社会风气的建设。

（二）以学校为阵地加强校风建设

学校是在一定空间范围有组织、有目的、有规划地向受教育者传授知识、技能、社会规范、价值观念的组织形式。各级各类学校承担着为社会主义现代化建设事业输送合格人才的重担，是培养人、教育人、发展人、完善人的基地，同时又是传播思想、传承精神、弘扬文化的重要场所。学校环境是学校育人的重要载体，从广义上讲学校环境是指学校内部对学生成长发展造成影响的全部因素，包括课堂教学、课外实践、师资、硬件设施、规章制度以及校园文化、学校风气等，通常以物质环境和精神环境来划分。物质环境，是学校的各种基础设施，包括教室、实验室、活动场地等物质形态的环境，而精神环境则指校风、学风、班风、师德师风等隐性的影响因素，是学校环境的深层结构。学校环境作为教育环境之一，是传统家训文化传承发展的重要阵地。学校环境作为一种无声无形而又无时无刻影响人的特殊课堂，以其独特的校园文化深刻影响着教师和学生，潜移默化地改变着师生的思想观念和行为方式。

学校环境的育人功能主要表现为：导向功能、熏陶功能、激励功能、约束功能四个主要方面。

1. 学校环境具有导向功能

不管是学校有形的物质环境还是无形的精神文化环境，都蕴含着明确的教育目的，对学生的发展起着直接或间接的作用。特别是学校的精神文明活动，从活动的组织计划到有序开展无不是在引导受教育者完成既定的教育目标。学校环境的导向性功能体现了学校教育的规范性、组织性。

2. 学校环境具有熏陶功能

在与校园环境长期的接触中，学校的建筑、设施、绿化等各种文化符号时刻都在浸润着受教育者，陶冶其情操、锻炼其品格、提升其审美，各种类型的知识讲座、丰富多彩的课外活动也在经年累月中逐渐熏陶了受教育者。

3. 学校环境具有激励功能

优良的校园文化环境会使人产生一种积极、奋进的力量，特别是在同辈群体之间极易形成示范效应、模仿效应，良好的学习风气、班级风气、校园风气会促使受教育者强化竞争意识、进取意识、赶超意识，激励受教育者努力提高自身的知识能力、创造能力和道德修养。

4. 学校环境具有约束功能

学校环境能够对人的言行举止形成一种较为普遍的、无形的约束力，这种约束力往往通过舆论作用和环境氛围使身临其中的人自我代入，进行约束，人们的言行会在周围人群中产生舆论评价，形成人们对自己行为的参照系，并以此调整行为的方向。

学校环境在学生的发展过程中起到了重要作用，传承发展中国优秀传统家训文化必须重视学校环境建设，使学校成为其传播的重要阵地。发挥学校环境在传统家训文化传承发展中的阵地作用，应重点抓好校风建设。校风是学校在办学过程中长期积淀而成的基本风气，全面地反映了学校的精神风貌，集中体现在学风、班风、师德师风、领导作风等方面，因此也可以认为校风是一所学校各种风气的总和。良好的校风既是学校办学理念和治学精神的产物，同时又对学校的教学和管理带来积极的影响，能够起到塑造人、鼓舞人、培育人的作用，受教育者只有处在良好的校风中才能接受正确的价值引导，逐步树立正确的价值观念。校风建设在实质上是一种精神建设、文化建设，以传统家训文化来促进校风建设，就是通过开设相关家训文化类课程和课外实践以及对教育者开展传统家训文化培训，坚持育人为本、德育为先，将传统家训文化中的思想精华、教育理念、理想追求转变为校训、班规、学生守则、师德师风建设，彰显学校立德树人的价值理念，促进学校形成热爱祖国、诚实守信、仁爱友善、积极进取、开拓创新、文明守法的教书育人风气，发挥以文化人的价值功用。此外，也要注重校园文化环境的建设，利用学校的建筑、基础设施、人文景观等隐性教育资源，赋予其鲜活思想，有机融入传统家训文化元素，使学校的一景一物都能够起到润物无声的启迪、熏陶、感召作用。

（三）以社会为依托培育良好风尚

社会环境是一个较为宏观的概念，是对我们所处的政治环境、经济环境、文化环境等宏观因素的总称，在这里社会环境主要指向除家庭环境、学校环境之外的那部分环境。马克思深刻阐明了人的本质问题，指出人是社会关系的总和，社会性是人的根本属性，人的成长就是一个不断被社会塑造的过程。人的发展总是在一定的社会环境下进行的，良好的社会环境能够提供积极向上的氛围，推动人的各方面发展，反之，不利的环境因素也会限制人的发展。因此，积极营造有利的社会环境，以社会为依托传承发展传统家训文化，对于促进人的道德修养的提高和社会道德文明进步具有重要的现实意义。

以社会为依托传承发展传统家训文化，就是要在全社会内大力发扬传统家训文化精神理念，不断净化社会环境，培育良好的社会道德风尚，提升全社会的道德水平，使全社会传承传统家训文化精神内涵的自觉性不断提高，思想水准、文明素养显著提升，在经济、文化发展和道德领域呈现出健康向上的良好态势。为此，可以从以下几个方面加强社会道德文明建设。

一是培育和践行社会主义核心价值观。营造良好的社会环境需要持续深化社会主义核心价值观教育，加强宣传引导，增进大众认知认同，使社会主义核心价值观成为社会大众立身处世的价值信条和根本遵循。前面我们提到，传统家训文化优秀的精神理念也为培育社会主义核心价值观提供了丰厚滋养，二者有许多相通之处，体现了文化的一脉相承，因此培育和践行社会主义核心价值观有助于推动传统家训文化的弘扬和传播。二是以传统家训文化加强领导干部家风建设。领导干部家风是新时代家风的重要组成部分。党的十八大以来，习近平多次对领导干部家风建设作出重要指示，强调领导干部的家风，不是个人小事、家庭私事，而是领导干部作风的重要表现。领导干部手中握有人民赋予的权力，在社会中具有一定的影响力，只有坚定理想信念，加强领导干部家风建设，才能时刻坚守思想防线，树立党员的正面形象，在全社会起到表率作用，营造风清气朗的政治生态。传统家训文化中的为官之道是重要的思想资源，要促使党员干部加强传统家训文化理论学习，提高自身道德修养。三是以优良家风选树典型，发挥榜样示范引领作用。家庭是社会的基本组织，家风是社风的组成部分，只有千千万万个家庭建设好家风，才能推动形成优良的社会风气。为此，要在全社会大力宣扬优良家风，选树家风典型，开展最美家庭评选活动、家庭文明创建活动，向大众积极传递正能量，带动普通家庭重视传统道德、家庭美德，发挥家风在社会风气建设中的基础性作用。四是以传统家训文化滋养文艺创作。文艺作品具有传承文化、传播价值观念、感染人、改变人的力量，以传统家训文化滋养文艺创作，要坚持将社会效益放在第一位，推出更多讴歌修身律己、崇德向善、勤劳节俭、诚信友爱等传统美德的文艺作品。用积极向上的文艺作品引领社会风尚，振奋民族精神、净化大众心灵，传播真善美的道德理想追求。

五、健全中国优秀传统家训文化传承发展的机制

传统家训文化传承发展机制是为促进相关教育活动和实践活动顺利开展而制

定的制度、政策、规范等。传统家训文化传承发展是一个长期的、循序渐进的过程，而不可能一蹴而就、立竿见影，而机制是管长远、管根本的事情，精准的、完善的、可操作性强的制度体系能够保障传统家训文化实现有效的、持续的传承与创新。

（一）完善传统家训文化传承发展的政策保障机制

传统家训文化的传承发展是一个复杂的系统工程，机制是构成该系统的要素之一。传统家训文化传承发展机制运行的基本逻辑即通过制定规则、程序、制度等措施来协调传统家训文化传承发展中的其他要素并进行有效配置，以实现预先设定的传承发展目标。制度化传承是优秀传统文化传承的核心方式，它的本质是使文化以制度的方式或得到政治的庇佑而得以传承。

实际上，中国古代社会的文化传承便高度依赖于制度化形式，儒家思想之所以能够延续两千多年并始终占据传统文化主流地位，与儒家思想观念在社会各种制度中的渗透是分不开的。然而社会是不断发展变化的，当今社会显然已经不具备古代社会的制度化条件，文化传承在当下只能是获得制度上的支持而不是建构，对于传统家训文化而言，就是在国家政策层面上给予更多的支持，通过政策的制定获得制度上的保障。

制定和完善传统家训文化传承发展的政策保障机制，需要着力从资源配备、人力保障、宣传推广、课程建设等方面构建长效机制。具体而言，国家和政府要更加重视传统家训文化遗产，进一步强化针对传统家训文化的相关扶持政策和阶段性发展规划的制定与实施，加大支持力度，加强传统家训文化资源挖掘和保护工作，积极调动各方力量，充分利用各种载体，在全社会大力宣传和弘扬优秀传统家训文化及其思想理念、道德规范，积极推动传统家训文化进入各级各类学校中，鼓励相关课程和教材的研发与推广，同时也要加强传统家训文化师资队伍建设，给予相关项目以资金支持和政策支持，为传统家训文化的传承发展扫除障碍，指明方向。总体上看，近年来我国在民族文化保护传承方面取得了突出的成绩，这与国家和政府的积极引导密切相关，2017 年《意见》的出台标志着国家对传统文化的重视达到了新的高度，并提出了一些具体的政策措施，对于推动传统文化传承具有里程碑式的意义。国家相关政策的制定与实行，为传统家训文化的传承发展创造了有利的外部环境和硬性保障。

（二）建立传统家训文化传承发展的评估督导机制

针对传统家训文化传承发展各方面积极性不高、内在动力不足，特别是传统家训文化学校教育在课程、师资、管理等方面可能出现的潜在问题，建立相应的评估督导机制是十分必要的。传统家训文化传承发展的评估督导机制是采用特定的评价方法，对传统家训文化传承发展体系的各个要素、活动效果及其影响进行价值判断和评估，从而及时加强督促引导传统家训文化传承发展活动良性开展的基本制度。评估督导机制在传统家训文化的有效传承与发展中具有重要作用，集导向作用、鉴定作用和激励作用等于一体。导向作用是指可以引导传统家训文化传承发展活动适应主体和社会的发展需要，确保活动高效、有序，实现个体价值和社会价值；鉴定作用是对传统家训文化传承发展活动效果的好坏、价值的大小和方向的对错做出评价和判断，以防止传承发展活动偏离方向，使传统家训文化传承发展活动始终按照教育目标来运行；而激励作用，则是指通过对评估对象的实践活动及其效果的肯定，调动、激发其积极性和创造性。总体上看，评估督导机制直接影响到传承发展过程中各要素功能的发挥、各个环节的信息反馈、教育活动的调整以及传承发展目标的实现，是保障传统家训文化传承创新的最后一道屏障。

评估本质上是一种价值判断活动，包含了评价主体、评价标准、评价内容、评价方法等方面，通过对某事物或实践活动总体、客观地评价做出某种定性或定量分析。对学校开展的传统家训文化教育实践活动进行评估，就是判断此类活动是否达到了预期目标、实现了应有的价值以及实现的程度如何。只有通过分析和评估，我们才能收集到全面、客观的信息，对具体的教育工作作出准确合理的衡量和判断，以此为基础不断地对传统家训文化课程、教材、师资等进行调整和完善，激发出教师和学生的积极性，引导传统家训文化教育活动良性运转。而督导则是在评估的基础上侧重于对传统家训文化教育实践活动进行监督、检查、督促，目的是保障相关政策的落实和执行，促进教育质量的提高，因而督导机制只是手段而不是目的。由于传统家训文化教育传承活动是一项长期工程，将其纳入学校教育的督导体系，完善督导办法，建立督导制度，从而推动传统家训文化教育活动的反馈和改进是十分必要的。

第八章　中国优秀传统家训文化融入高校思想政治教育的实现策略

第一节　中国优秀传统家训文化融入高校思想政治教育的原则

将优秀传统家风融入大学生思想政治教育，需要我们立足我们的民族、尊重我们的历史，在时代发展中正确把握其历史发展进程，坚持辩证思维，对不符合历史发展要求且具封建糟粕的内容进行选剔，力求优秀传统家风文化的系统完整性，并保持较好的延续性，以创新性思维促发展、促繁荣、促传承。

一、坚持历史性与时代性相结合

历史是一个民族整体的记忆，尊重历史就是尊重我们自己，就是尊重我们的未来；而现实是我们重要的立足点，现实就是要一切从实际出发，要求我们实事求是。近年来，一些人出现了历史虚无主义思想，他们否认历史、否认历史的作用，过分放大现实存在；还有一些人出现以古非今、简单复古思想，这些都不利于我们民族的发展，不利于我们文化的繁荣。因此，我们对大学生进行优秀传统家风教育时坚持历史性与时代性相结合。

坚持历史就是坚持我们民族的根，我国是四大文明古国中唯一延续至今没有停断的国家，支撑我们民族延绵不绝的魂是我们的文化，虽然朝代不断更替、外侵不断袭扰，但中国文化始终支撑着我们不断向前。新中国成立，我们的历史摆脱了半殖民半封建的社会性质，开辟了新纪元，使支撑我们的文化更加繁荣、我们民族的向心力更加凝聚，因为我们尊重历史、尊重现实。经济基础决定上层建筑，现实是我们改革发展的重要基点，我们文化要发展就要基于现实的政治、经济等条件，随着封建与殖民的消灭，我们建立起符合自身发展的中国特色社会主义制度，那么文化发展的条件也发生了变化，因此，我们要顺应时代发展新要求。而且，经济环境与社会环境的变化使家庭的格局也发生了很大的变化，自由、民主、平等、法治等思想使得家风基础也摆脱原有发展基础，因此，我们发展优秀传统家风要坚持历史与现实并重，我们对大学生进行优秀传统家风教育要坚持历史性与现实性并重。

二、坚持辩证性与系统性相结合

我国文化内容丰富、博大精深，她以其强大的选择、吸收、包容、整合、创新等特质形成强大的文化体系，在这之中既有积极、革新、进步的一面，也有消极、保守、落后的一面，对于传统家风文化也是如此，因此，我们要坚持科学的辩证法思想，正确运用辩证否定观，对传统家风中封建、保守思想内容进行有效甄别，对具有民主、自由等正确的家风内容进行保留。

除此之外，我们还要保持家风教育的系统完整性。我们要保障传统家风教育内容的系统完整性，既要包含传统家风教育的形成历史、内容，也要包含其发展方向；既要讲理论，也要讲故事；既要提倡优秀，也要记载糟粕，保障历史的完整性，让大学生在完整的历史体系中对比，使其正确理解价值判断与价值选择。而且，我们还要正确把握优秀传统家风教育的方向性，结合现有"两课"教育教学内容，将优秀传统家风有机结合在相关学科教育中，提升系统协同性。

因此，我们在对大学生进行优秀传统家风教育时要坚持辩证性与系统性相结合，积极提升大学生人文素养。

三、坚持连续性与创新性相结合

坚持连续性就是坚持教育内容、教育方式、教育时间、教育理念的连续性。对于教育内容连续性就是坚持内容的历史性与教育内容在一定时期内的相对稳定性；对于教育方式连续性就是坚持教育手段与教育方法空间上的连续性，增强理论课程与实践活动的结合，增强教育的实效性；对于教育时间连续性，就是保障大学生在校期间可以接受长期的潜移默化的优秀传统家风的学习教育，使优秀传统家风思想植根于大学生的思想观念中；对于教育理念连续性就是要求高校将优秀传统家风教育作为一个长期教育任务来看待，加强对大学生进行有效优秀传统家风教育的计划性。

坚持创新性就是坚持对教育内容、教育方式、教育理念的创新。对于教育内容创新性就是要求对内容适时更新，保证内容的科学发展，使其不僵化；对于教育方式创新性就是要求大力进行教育手段、教育方法、教育途径的不断探索出新，充分结合科学技术与信息手段，有效利用社会平台进行教育等；对于教育理念创新性就是增强创新意识，不断优化优秀传统家风教育。除此之外，创新性还决定了优秀传统家风融入大学生思想政治教育的灵活性，可以激发大学生对优秀传统家风的学习热情，增强内化性。

第二节　中国优秀传统家训文化融入高校思想政治教育的内容

对于优秀传统家训而言，根据新时代新要求、思想政治教育自身教育教学内容与大学生现实面对或将要面对的一些现实问题等，立足现实、坚持问题导向，从修身立德之智、睦亲齐家之法、仁礼处世之态、治国安民之志、发扬传承之责五个方面，对优秀传统家训融入大学生思想政治教育要素进行分析

一、修身立德之智

"自天子以至于庶人，壹是皆以修身为本。"在古文中，我、己、身等时常联系在一起，体现修身的核心作用。现阶段，由于大学生接触信息庞杂、良莠不齐，读书与现实出路之间的落差加大，抗压能力不足等问题，致使出现传统美德丢失、思想空洞迷茫等现象。因此，加强优秀传统家训教育应从修身立德开始，以使其增益智慧、克服迷茫、树立正确的价值观。

（一）修身立品、守心立德

《论语》有云"人者，仁也。"儒家思想对中国传统文化的影响是深刻的，对中国传统家风的影响更是深入骨髓的，是中国传统家训中的核心精神之一。孔子的"仁"思想就是儒家思想的核心，这里的"仁"既是一种主观化的道德修养，又是一种客观的道德评价标准，也是我们当代大学生需要学习、体悟、思考的修身核心内容之一。在当代，一些大学生不断追求新奇事物，而对道德修养疏于重视，甚至是对自身的要求都松懈下来。而修身包含的内容丰富广泛，主要是通过学习、思考等使自身形成正确的价值认识，使自己的品行端正、待人谦和、处世稳健等。

苏洵曾说"正己始可修身"，内心清，身方正。"仁"是一种思想，它是基于人"心"的，也就是我们所说的主观意识。诸葛亮曾经"躬耕于南阳，不求闻达于诸侯"，他以静修身、以俭养德，保持内心的清净，培养自己的德行；范仲淹将"慈"作为修身核心，缺少"慈"就会远离仁道；三国姚信围绕"善"著《诫子》一书，他认为真善应该是发自内心的，是人应该拥有、内化、表现的，始终如一的。

这些优秀传统家训都是以修身为本，基于自己的内心进行自我教育，使自己能够修身立品，以至守心立德，因此我们需要以史为鉴，学习前人、严于律己、内化于心，形成自己独立且正确的价值观。

（二）强心明智、洁身自省

大学生处于人生的关键转折阶段，进入大学首先面临独立生活，随之而来的是处事做事，毕业又面临就业，对大学生的心理造成巨大压力，甚至一些大学生产生挫败感，因此增强大学生心理承受能力与抗压能力，提升大学生对事物的辨别能力是至关重要的，同时要使大学生面对复杂的社会交往能够坚持本真，不断自省。

诸葛孔明曾写下《诫子书》等，他劝解后辈为人处世不能一味寄希望于他人，应该自己努力，要学会在困境时具有强大的心理屏障，在孤立无援时不要有巨大的心理落差；晚清著名军事家彭玉麟告诫后辈遇到挫折不要发牢骚，不能心生怨气，产生戾气，使自身离心离德；明朝著名谏臣杨继盛被诬陷入狱经过严刑拷打仍然坚守本心，并在弥留之际为其儿子提出立身处世的规劝直言，让其增强内心承受能力，不被困难吓倒，增强判断能力，不能被眼前利于所蒙蔽，学会用智慧去摆脱困境；曾国藩对其子女也说："一定要经风霜磨炼。"梁启超则告诫家人遇到困难不要有过度的悲观态度。

"天将降大任于斯人"对大学生进行有效的优秀传统家训教育，可以有效帮助大学生提升抗挫折能力，提高其判别能力。黄炎培曾说，"事烦勿慌"遇事不慌张，要保持冷静，这也就需要坚定的心态与非凡的气度。与此同时，大学生应该学会"吾日三省吾身"从为人、交友、学习等方面自查自纠，严格要求自己，做到"濯清涟而不妖"全面提升个人素质。

（三）勤勉苦读、治学求进

学习是学生的主要任务，也是一个人毕生应该伴其左右的习惯，其实除了看书，人可能很多时候都在学习，但由于环境等因素，我们可能无法静心学习，甚至还有很多学生学了那么多年书，始终没有明白应该怎样学习。其实，在优秀传统家训中有很多讲到了学习。

晚清著名军事家彭玉麟认为学习不只是为了考试，应该讲明白书中说的为人处世的道理，读书不能偏其根本，忽视德行修养，出现本末倒置。纪晓岚认为要勤读，了解知识与智慧的重要性，要探索与掌握知识。颜之推则认为读书不应贪多，要明辨书中的道理。梁启超认为学习要时时修勤学，从容治学。孔子十世玄孙孔臧认为学习重在积累，通过学习可以提升人的品行。而陆游提倡学习应使用一些方法。但更多的家训则提倡"勤"，提出刻苦勤学是提升人知识与修养的关键方法，要勤于治学。除此之外，有些优秀传统家训提出要对知识溯源，理解其实质内涵，对书籍的理解要深刻，要有所悟，不可对其内容的理解牵强附会，要培养人格气意，并且要注重态度，养成终身学习的习惯。

对于现在大学生而言，应该通过学习来修身明志，真正理解读书学习的目的，优化读书学习的方法，养成终身学习的习惯。

（四）脚踏实地、谨言慎行

知行合一，通过学习增强心智、提升智慧、以修身立德，而最终需要通过言行来体现出来。知是规范言行的基础，言行是人德行的具体表现。"慎独"是很多名士的选择，谨言慎行是他们为人的箴言。

北宋著名理学家邵雍认为"行善不可知足"；清代陈廷敬则从诚信方面做出约束，言出必行，要言而有信，言行要一致；东汉马援则认为言多必失，对别人的事、国家的事要看清本质，对不了解的事不要妄加议论，要保持谨言慎行的态度；李商隐也强调在言行上不能做一些损坏他人的事情。班昭作为中国历史上第一位著名的女历史学家，她认为女子应该规范自己的言行，体现自己的自身修养，保持自己在家庭中的独特地位，提升自身格局。

大学生应该具有当代知识青年的朝气与格局，在言行上自己进行约束，真正做到脚踏实地，谨言慎行。

二、睦亲齐家之法

家庭是家训的基础，因此，对于齐家内容而言，是家训的关键内容之一。父系氏族社会开始，夫妻关系逐渐稳定下来，夫妻关系成为人伦纲常的开始，是家庭的基础，随后有了父子关系等伦理关系。而后有了对长辈的孝与对儿孙的教，随着家庭成员的增多，从家到家族、世祖等，家庭关系更加复杂，家庭矛盾更加突出，"和"成为家兴的关键。现阶段，恋爱观不正、家庭意识不强，还有高离婚率现象等的出现，使得给即将步入社会的大学生进行有效的家庭观、恋爱观教育显得格外重要。而且，大学生往往因为远离父母，又不会节制自己，有必要对其进行优秀传统家训教育，使其养成科学健康的生活、出行习惯，提升优秀传统家训教育的实效性。

（一）夫妻和睦、勤俭持家

传统夫妻往往是父母之命、媒妁之言，夫妻之间可能存在血缘关系，但多数没有近亲血缘关系或是没关系，这些人走到一起，风雨同舟、相伴一生；从近现代以来，特别是从开始重视妇女地位以来，自由恋爱成为婚姻的前期关键阶段。要对大学生进行婚姻观教育，使大学生重视婚姻、珍视家庭，首先要端正其恋爱观，使其能够以爱情促亲情，组成幸福家庭，和睦相处、相敬如宾，并能够一起勤俭持家、终其一生。

现在一些大学生不懂勤俭，攀比之风盛行，造成了一定程度的资源浪费，因此有必要对其生活上进行教育，使其日后能够相互节制，勤俭持家。中国有名孝子之一何伦提出夫妻应该同心勤俭，相互配合，注重节流；曾国藩不喜张扬，"誓不以军中一钱寄家用"，其妻亲自劳作，相敬如宾；班昭则抛开家本身的物质性，认为家是一种精神寄托，是夫妻勤勉相持共同营造的一种环境。

因此，大学生应该懂得家庭的意义，形成正确的恋爱观与婚姻观，为日后成家、持家打下良好的思想基础。

（二）孝待长辈、德育儿孙

上孝父母长辈、下教子孙儿女是每一个组成家庭的人都应该担负起的家庭责任与社会责任。

"孝文化"是中华传统的重要代表，为人当孝，古代还有"以孝治天下"，可见孝道的地位。但是，古代的孝以"愚孝"为主，家长是决定一切家庭事务的，子女对父母必须言听计从，但随着思想的不断解放，"孝文化"逐渐将封建的愚孝剔除。林则徐提出"为人不孝则鬼神不亲"一个不知道反哺，不知道对给予自己生命的父母孝顺，尊重神鬼都没有用，因为，神鬼都不会与你亲近，可见孝是做人的基本。现阶段，由于家庭经济基础的变化，"小家庭"代替了传统的家族群居，由于工作、生活习惯等因素很多子女与父母分开居住，空巢老人逐渐增多，很多由于家庭矛盾与老人关系紧张等现象较为普遍，因此，对大学生进行传统孝道教育，有利于增强大学生尽孝意识，使孝文化不断传承。

德育儿孙也是优秀传统家训的重要内容。"苟不教，性乃迁。教之道，贵以专""养不教，父之过"对于孩子的教育应该是家庭教育的重要组成部分。郑燮认为对子女的教育是父母爱子女的表现，子女幼年缺乏辨别善恶的能力，因此父母应该以正确引导，以敦厚仁爱之心护佑，使孩子能够做到为人忠厚。梁启超则认为对孩子的教育应该是全方位的，其中对于孩子的学业，父母应该过多注重他们收获的知识，不能过分强调孩子的学习成绩，打击孩子的兴趣，可能正是因为他的这一家训思想使得梁思成成名成家。

因此，优秀传统家训教育有效增强了对大学生的传统美德教育，使其树立正确的家庭责任意识。

（三）敬亲互让、以和为贵

"小家庭"时代，家族成员居住距离空间拉大，避免了以往三姑六婆之间很多不和谐现象，但由于家庭经济等因素，有一些家庭出现近亲属之间的关系紧张，互相往来较少，出现一些亲情淡化现象，对孩子的影响也是很大的。而优秀传统家训倡导，家和万事兴，亲属之间应相互礼敬，以和为贵，维系家庭声誉。

"本是同根生，相煎何太急"血浓于水的亲情是珍贵的，父母生养多个子女，是为了能够相互扶持相互帮助，共同撑起一个大家，兄弟间为了一点点小的摩擦在所难免，而因为一点点小的利益而产生嫌隙就是对亲情的亵渎，对父母的不敬。

（四）科学生活、合理外出

大学生由于远离家庭，外出求学，父母对其的约束力就有所松弛，加上抗诱惑能力偏弱，一些大学生放松了学习，养成了熬夜打游戏、贪食贪睡等不良作息习惯，对自身身体危害加大。除此之外，结伴或独自旅行成为大学生喜爱的活动，不良的出行习惯出现了很多危险，对自身、家庭以及学校、社会都造成了不良后果。

现代科技的发展，使得交通很便捷，空间距离在时间上大大缩短，旅游成为一种时尚，那么对于大学生进行外出旅游，家训对其也有一定约束规范作用。清代名臣蔡新认为，游历天下可以增长见识，增益智慧；明朝名臣杨溥认为出行要警惕，注意自身安全；马援教育子侄，郊游要节制，因为人的心性良莠不齐，经常外出可能会沾染一些恶习，影响自身德行发展；刘基则提出，不管出行在外多远多久，都要时常与父母互通信息，时常询问家庭情况；苏洵特别强调，外出应该告知父母，使父母安心等。

三、仁礼处世之态

人离开家庭即走入社会，家庭是社会的细胞，社会是家庭的延伸。一个人在家庭中受到的家训教育对人的修身齐家进益良多，当走入社会，扮演不同的社会角色时，也会不失分寸。也只有人们普遍具有较高的品质，接受良好的家训教育，社会才会安定和谐。大学生即将走入社会，能够对大学生进行有效的优秀传统家训教育，是社会保持长治久安的重要保障。

（一）宽厚谦恭、真诚待人

宽厚谦恭是为人处世的一种态度，有利于维系良好人际关系。大学生不管是在学校还是走向社会，态度是对他人的一种尊重，也是衡量自己人格高度的重要标准。

马援认为，为人要敦厚、谦卑，待人要淳朴诚实、客观公正、对人和善；曾国藩则认为要与人为善，人生在世需要力处于世，与他人交往必须以善为贵、待人真诚；朱熹强调宽容忍让，要懂得坦坦荡荡、严于律己、宽以待人。现阶段，大学生同学之间出现的不和谐现象，归根到底是因为同学之间关系淡化，处世原则不正确。除此之外，大学生对待老师，要抱有虚心求教、谦卑求学的态度，"一日为师，终身为父"纪晓岚在四戒四益中强调要敬师，这里的敬师不单单指尊敬老师，还有对古之圣贤及其智慧的崇敬之意。尊师重教是大学生应该习以为常的准则，但也有一些师生关系紧张的负面信息，因此，强调尊师敬道，也是对大学生待人原则的强调教育。

（二）谨慎交友、与人为善

手机、微信、QQ 等电子设备与电子软件的使用，使人的交往更加频繁，交友渠道更加广泛，这就带来了很多交友问题，交友安全、交友态度成为一个热点话题。在优秀传统家训中，对于交友有很多警示。

"君子之交淡如水。"范质认为，人与人交往要讲究方式方法，即使是志同道合的朋友，也会有很多分歧，因此，应该以善交友，平淡相处，而且朋友之间不能意气用事，要明辨是非。张英强调要简交游，要避免过分交往，以影响对方生活，不能打听对方隐私，要保持清净之心进行往来；而杨溥认为交心要慎重。嵇康则强调，要会拒绝，要善于合理拒绝。在交友过程中，对于不可结交之人或不可答应的朋友之请，要拒绝有道。

交友要以共同的兴趣爱好为基础或是脾气秉性为衡量，交友要以诚相待，不可以利、以财、以权相交，三国名臣向朗告诫儿子与人要保持"和"，这是立身处世的根本；姚信、曾国藩等特别强调要与人为"善"。

（三）明辨是非、宽仁处世

在社会上，人与人交往关系频繁，信息量庞杂，但每个人看待事物与处理事务的方式与态度不尽相同，一些事必须经过正确的价值判断与价值衡量才可辨清是非曲直。大学生接触到的信息量较大，近期，大学生陷入网络骗局、传销等事件频发，多数是以金钱诱之，除此之外，部分网络信息宣传歪风邪气，大学生成为网络信息评价的重要群体，评价内容与质量优劣有别，因此，大学生需要增强明辨是非的能力，也需要以宽仁的态度处世。

明初政治家杨荣《训子篇》中强调辨事结合两面、优势不可自恃，要结合事物多方面进行综合判断，不可根据自身好恶进行判断。彭玉麟认为"人之动于正义"，我们应该以正义的态度处世，也应该站在正义的角度看待事物，去辨别其优劣；白居易教育自己的子女时特别强调不应该随便议论他人、对待事物不可以根据自身好恶主观判断等。陶渊明教育子女，不可奉迎，遇人遇事应该辨明是非，不可因权贵而一味迎合，失去判别能力。张纮告诫儿子不要轻信歪理，一些对真理扭曲的歪理，大学生应该自觉抵制查看、抵制传播并进行举报，使其不要混淆视听，影响其他人的正确观念；李商隐则说不聊他人私事，真理自在人心，他人的私事不要轻易议论等。清代陈廷敬在对子女教育中提到，要宽宏体谅以容人，以宽仁的态度与情怀进行处世交往，遇事要体谅他人为。

（四）知恩报恩、助困救难

我们还要培育大学生感恩意识与志愿服务精神，提升大学生个人素养与人生格局，增强大学生的综合素质。

"滴水之恩当涌泉相报"知恩报恩是我们的传统美德之一，左宗棠教子要用实际行动来报答帮助过你的人；但韩愈强调，如果恩和义同时出现，应该取义，不能因为报恩而丢了仁义；李鸿章则强调知恩要重报。在助困救难方面，朱熹强调扶弱济贫，不管自己多么卑微，只要有能力帮助他人，济一时之困，都要伸出援手；于成龙教子要当知济贫，"广施善舍"能使人生更加快乐；清朝理学家朱柏庐强调，要接济贫苦，既要直接帮助，也要体谅摊贩辛苦，不贪占小便宜，以善意行动回馈穷苦之人。

因此，大学生不仅应该对他人的帮助有所感激，有所回馈，还应该从小事做起、从点滴做起，伸出援助之手，用智慧帮助需要帮助的人。

四、治国安民之志

不管是在现代化文明程度比较发达的今天，还是在文明程度高度发达的未来，家风始终应是一个国家现代化、精神文明面貌、文化发展状况的重要内在尺度，对民族复兴有着基础性作用。现阶段，一些父母过分强调家庭成员个人发展与自身家庭发展，对国家与民族的责任感淡化，拜金主义、享乐主义等不良家风对子女也产生消极影响，而在优秀传统家训中，热爱祖国、立志报国、敬业守业、勤廉自守等思想可以对其给予纠正。

（一）一脉相承、热爱祖国

在封建社会，往往家与国是统一的，也就是"家天下""家国同构"，忠君爱国是传统政治最高也是最基本的信条，而不管什么时候，爱国是始终不能改变的。

因此，在对大学生进行优秀家训教育时，应加强爱国主义教育，使他们以古为鉴、以古为训，增强爱国情怀，提升爱国热情。

（二）不忘初心、立志报国

"位卑不敢忘忧国""岳母刺字，精忠报国"这些名篇与故事是我们耳熟能详的，报效祖国应该是我们每个青年应该立志做到的，立志报国是热爱祖国的具体表现。

左宗棠教育子孙，言谈之间不忘国家，要时刻以国家事为重，要时刻保持自己立志高远。张之洞则教育子孙要做一个对国家与民族有用的人。李世民则强调要有忧患意识，不能固步自封。李鸿章则教育子孙要主动承担起对国家、对万民、对天下的一份责任，敢为人先，用实际行动报效国家。

对于青年大学生，应该努力学习，增知识、增才干、时刻准备报效祖国，增强忧患意识、敢为人先、不忘初心、以实际行动为中国特色社会主义事业而奋斗。

（三）敬业守业、恪尽职守

敬业是社会主义核心价值观的重要内容，也是优秀传统家训重要的教育内容。

孔子最早提出要"敬事而信"，做工作要聚精会神。司马迁受宫刑，但他依然坚守本职之责，写下《史记》；雍正帝一生勤于政事，每天睡眠不足四小时，每年只有自己生日当天才会休息，并教育子孙要勤政；明代苏州府学训导林岩，从事训导工作几十年如一日，敬业尽责，忠于职守。我们还有很多百年老字号或非物质文化遗产，他们的传承人坚守祖训、敬业守业，为我们树立了良好的榜样。

（四）勤廉自守、以民为本

在中国传统家训中，关于为官之道的内容极为丰富，有些内容对党员干部依然很有教育意义。一些大学生未来会走向公务员岗位，从优秀传统家训文化中汲取营养，帮助其树立正确的价值观可以使他们清正廉明更好地服务于人民，报效社会。

包拯向自己的子孙直言："为官贪腐非我子孙。"做官应刚正不阿、严于律己，为官应为民请命、清正廉洁；陆游对自己的子女寄予厚望，告诫子女不能妄起贪念，贪念一起就会迷乱心智，为官要清廉，要心忧天下；五代十国著名将领章仔钧曾说不能独占公利，要以全民为先；雍正曾颁布《圣谕广训》上教皇族下教百姓，对皇族与大臣写到，要重视广济天下，重视底层民众。

"民可载舟亦可覆舟"对大学生进行相关优秀传统家训教育，可以有效提升大学生思想政治觉悟，树立正确世界观，为大学生成才发展奠定坚实的思想保障。

五、发扬传承之责

家风作为一种家庭风尚，对每个人的教育是潜移默化的，大学生从小在家庭环境熏陶下形成独特的做人处世原则，价值选择与价值评价标准，因此，大学生在家庭教育中对家训的感知是对家风认知的基础，对家风文化认同的基础。在感受家风基础上，如果使大学生学习家风，可以使其识别家风、明辨家风；优化家风、创新家风；知行合一、传承家风，使家风文化在中华大地上更加灿烂辉煌。

通过高校对优秀传统家风教育与大学生自主学习优秀传统家风，可以提升大学生对什么是优秀家风、如何培育家风等的认识，端正大学生对家风的价值判断与价值选择，使其能够全面认识自己的家风，明辨自身家风的利弊，对其进行不断优化与创新，将不良家风因素剔除，注入适合自己家庭发展的优秀家风因素，通过自身努力，树立榜样意识，影响家庭成员。通过优秀传统家风教育，使大学生提升人文素养，将优秀传统家风精神实质内化于心、外化于行，做到知行合一，肩负起发展与传承优秀家风的责任与担当。

第三节　中国优秀传统家训文化融入高校思想政治教育的策略

将优秀传统家训融入大学生思想政治教育，是一项复杂的系统工程，需要国家、高校、社会、家庭、大学生等多主体共同努力，以使大学生以优秀传统家训教育为起点，明晰融入目的，促进其养成自我学习、自我提升的习惯，自觉学习优秀传统家训，自觉传承优秀传统家训，提升人文素养，形成稳定、科学的"三观"。

一、加强政策扶持，提升融入力度

大学生思想政治教育是国家主导的，是国家意志的体现，因此，国家通过加强政策资金保障、推进相关理论研究、规范统一相关教材等一系列行为，可以有效保障优秀传统家训融入大学生思想政治教育工作的，提升融入的力度。

（一）加强政策资金保障

中共十九届五中全会着眼战略全局，明确提出到 2035 年建成文化强国。在全面建设社会主义现代化国家的新征程中，传承和弘扬中华优秀传统文化，夯实文化自信根基，让中华文化影响力进一步提升，是必不可少的重要内容。优秀传统家训既是中华优秀传统文化的组成，又是其传承的重要载体之一，也应该给予重视，但优秀传统家训一直以来被认为是家庭教育的范畴，没能被得到应有的重视，因此，在相关政策要求中应该对优秀传统家训的校园教育有所体现，以增强优秀传统家训融入大学生思想政治教育中去的力度，同时，在相关专项资金中，应该对此项教育支出有所配额，以提升融入力度。

（二）推进相关理论研究

家训由于其具有历史性、独立多样性等特点，加之文化自身的特征，使我们感觉家训在我们身边又看不透、摸不着，家训所包含的抽象感使我们望而生畏。家训基于家庭的存在而存在，是一种文化细胞，因此，加强对优秀传统家训的相关理论研究，可以使我们对中华家庭、家训文化的精神实质与精神核心进行了解，增强我们对中国古代劳动人民的智慧的敬仰，以增强我们的文化自觉与文化自信，提升我们的文化自豪感。

（三）规范统一相关教材

关于优秀传统家训的书籍，现阶段主要是名人家训故事、家书与家训读本、相关家训故事等，关于家训相关理论在中国传统文化类书籍中有所涉及，对于家训类书籍中，其内容多数是按照"修身、齐家、治国、平天下"的顺序，但里面的内容不尽相同，除一些大家耳熟能详的家训故事外，还有很多家训实例。通过查找，暂时没有官方指定的规范性教材，面对品种繁多的相关书籍，大学生在选择时可能会很困难，也可能遇到很多阅读问题，因此，相关主管部门可以有力整合与调配优秀资源，如优秀专家、优秀教师、丰富素材等，根据相关理论研究，规范整理出一本适合于大学生阅读的家训读物或教材，以丰富马克思主义理论研究和建设工程重点教材体系，指导大学生科学正确地进行阅读。

二、完善机制建设，保障融入质量

高校是大学生思想政治教育的主阵地，承担着立德树人的艰巨任务，将优秀传统家训融入大学生思想政治教育，高校应从组织领导实施机制、资金设备保障机制、教师队伍建设机制、课程教学构建机制、校园文化联动机制、相关配套评价机制等多方面进行积极构建，以保障优秀传统家训融入大学生思想政治教育的有效、高质完成。

（一）组织领导实施机制

各高校的党委是负责本高校思想政治理论教育的领导核心，因此，各高校党委应该加强相关教育的组织领导工作，根据相关文件要求，结合学校办学宗旨与教学特点，组织相关负责领导，广泛深入听取"两课"教师、辅导员老师及各级团组织老师意见，结合学生现实情况，制定出符合本校实际的融入教育计划，组织相关部门与人员召开动员，保障计划顺利实施，并确保计划的针对性与实效性。

（二）资金设备保障机制

高校应加强配套资金与设备的保障。首先，在资金保障方面，应该加强对教师的课堂教学经费与相关科研经费的配套力度，增加对各级团组织学生活动经费的预算，同时，为保障学习资源的丰富与充足，应该同时对校园图书馆等增加相关资金的投入。其次，在配套设施方面，应该对图书资源进行扩充，增强优秀传统家训类图书的馆藏数量，同时增加一定的电子阅读设备；在学校设施环境允许的情况下，尽可能满足学生相关活动的场地及设备使用请求等。

（三）教师队伍建设机制

教师是教学的主体，加强教师队伍建设，提升教师队伍质量是保证优秀传统家训融入大学生思想政治教育质量的关键。首先，应该加强"两课"教师对优秀传统家训课堂教育的重视，通过自身家训体验与相关家训知识储备，结合所授课程实际，言传身教，在课堂上向大学生潜移默化地传递优秀传统家训思想。其次，加强辅导员队伍建设，辅导员老师负责大学生在校的具体生活、学习等，事无巨细，而班级就像是一个大集体、大家庭，辅导员进行日常管理就像是大家庭的长辈，辅导员老师的个人修养与处世原则通过班级日常管理工作直接会影响到大学生，因此，提升大学辅导员的优秀传统家训修养，也可以起到对大学生的影响教育作用。再次，加强各级团组织老师的优秀传统家训教育意识，通过组织相关学生活动，可以有效引导大学生进行家训学习。最后，应该完善学生助教制度，加强学生助教队伍建设，通过聘用具有优良品格与榜样作用的在校大学生或研究生为助教，使他们在协助老师教学过程中与同学们产生互动，增强大学生崇拜榜样、学习榜样的意识，激励大学生创优精神。

（四）课程教学构建机制

通过课堂教育，增强大学生对优秀传统家训的学习。首先，对原有课本关于家训的内容进行教育，在此基础上，结合课程内容，将优秀传统家训内容与实例融人其中，对家训中修身、处世、爱国等内容进行扩展教育，丰富思想政治理论课程内容，同时起到优秀传统家训教育作用。其次，开设优秀传统家训选修课程，在课堂上充分运用多媒体技术，结合现实社会中的热点话题进行教学，增加实践教学环节，让大学生通过自己讲述等形式体验家训、传播家训，同时增加家庭实践内容，使大学生在回归家庭中做到知行合一。最后，通过开设相关论坛与讲座，丰富课堂教学内容，通过邀请名家、学者、老党员或优秀家训传承者等为同学们举办讲座，以身说教；还可以以宿舍、班级、专业或社团为单位进行讨论，说家训、倡家训，真正做到自我教育等。

（五）校园文化联动机制

完善校园文化联动机制，需要从加强相关校园文化宣传与丰富大学生课余文化活动两方面着手。相关校园文化宣传方面，在宿舍、教室、图书馆、操场、餐厅、办公区等学生经常聚集的地方悬挂相关标语、名人名言等或是通过校园广播进行校园宣传，特别是在宿舍和餐厅，应该在学生生活的细微之处张贴小贴士，时刻提醒学生养成好的生活习惯等。丰富大学生课余文化活动方面，应该在团日活动、社团活动、志愿服务活动中积极倡导学习优秀传统家训，例如，在志愿服务活动中，可以通过敬老活动，深入退休教师家庭或是到敬老院等地，帮助老人，听老人讲传统、讲家训；可以通过主题征文、辩论、趣味运动会、知识竞答等竞赛类与非竞赛类活动等。对于相关校园文化宣传与丰富大学生课余文化活动还可以找准结合点，充分利用中国优秀传统节日或具有地方特色、民族特色的传统节日，例如重阳节、端午节等，具有地方特色的如福州的孝顺节等，通过宣传与校园活动，深刻体会家训文化，使大学生体验节日习俗、体悟节日精神、传承节日传统。

（六）相关配套评价机制

对于相关配套评价机制的建立，目的不是为了应付相应检查，获取相应学分，而是为了适时考评优秀传统家训融入大学生思想政治教育的必要性、真实进行情况与其实效性，结合评价结果，及时调整融入方式与内容。对于教学内容与教学方式的考评应该注重内容是否与现有教育内容有冲突、与现有内容的相关程度、是否可以帮助大学生解决出现或面对的现实问题、是否造成教育资源浪费、是否过于增加教师与学生负担等。对于学生方面，不能仅通过考试、测验、学分等对其进行强制性约束，以使其教育结果偏离最初宗旨，并使大学生产生抵触或功利性心理，应该以大学生的实践性、知行合一来看待其学习效果，应以家长、辅导员老师、同学及其自身对其受优秀传统家训教育后的变化为标准，结合课堂情况综合分析。

三、营造社会氛围，优化融入环境

社会环境对大学生的影响是全方位的，尤其是网络与电子信息设备的应用与普及，使大学生足不出户就可以了解社会，社会庞杂的信息量使得大学生疲于阅览，良莠不齐的信息却使大学生陷入迷茫，因此，对于优秀传统家训教育的融入，需要集全社会力量，全方位净化舆论与宣传环境、发挥基层组织引导带动作用、树立社区优秀家训榜样标杆、倡导家庭文化宣传志愿服务。

（一）全方位净化舆论与宣传环境

不管是优秀传统家训，还是其它关于教育内容，其社会大环境对大学生的教育都是影响深刻的，面对良莠不齐的信息，大学生逐渐失去其客观判断能力。质疑历史、质疑文化、诋毁名人，不过传统佳节、崇尚洋节，历史虚无主义思想与个人利己主义思想的新闻频现，使得大学生跟风、拜金、盲目崇拜，因此，国家大力净化网络与传统传媒，使一些不良思想得到了有效控制。但还有一些为博人眼球或其它动机的人还是顶风作案，因此，我们需要不断努力，坚决抵制不良信息，全方位净化舆论与宣传环境，为大学生接受优秀传统家训教育营造良好的社会舆论环境。

（二）发挥基层组织引导带动作用

基层党组织与基层群众自治组织是与广大人民群众保持最直接联系的，肩负着村庄与社区文化建设的重任。政府宣传部门、文明办、团委及相关社会社团组织、相关协会等应该与基层组织紧密合作，加强基层组织对其所辖村庄和社区居民的宣传教育，加强村庄与社区家训文化建设，积极组织开展相关家训宣传活动，及时调解家庭与邻里矛盾，大力倡导以优秀传统家训治家处世。基层组织干部也要以身作则，在家庭树立良好的家训，对外树立良好的家训形象，以身说教，用实际行动引导与带领各家各户延续或形成自家独特的、正确的家训观。

（三）树立社区优秀家训榜样标杆

2020 年，中央精神文明建设指导委员会部署开展了第二届全国文明家庭评选表彰活动，对 499 户全国文明家庭进行了表彰，这些家庭都是最普通，也是最和谐的，他们传承与发展着自己的优秀家训。对于每个村庄和社区，我们也应该选出自己身边的优秀家庭，他们就是身边的榜样、身边的标杆，这样就会激励周边的家庭去比较、去学习，不断提升家训、不断优化家训，以点带面、以面连片，使整个大风气变得更加美好，为大学生形成优秀家训观奠定坚实基础。

（四）倡导家庭文化宣传志愿服务

十九大报告强调"推进诚信建设和志愿服务制度化。"志愿服务本事就是一种优秀家风传统，助人为乐、扶危济贫、奉献自我，都是一种高尚的品质与处世方式。首先，通过家风文化宣传志愿服务，其本身就含有处世与爱国报国的优秀传统家风内容，通过志愿者无偿的付出，会更有利于优秀传统家风精神的传播。其次，通过优秀家庭成员、发挥余热的老干部老退休工人以及一些相关协会组织的志愿服务，进社区、进工厂、进学校，可以带动社会学习优秀传统家风、倡导优秀传统家风、践行优秀传统家风的良好风气。

四、巧用宣传媒介，拓宽融入渠道

现代信息传播的途径多样、速度极快，人与人、人与社会的关系更加紧密，传统传媒技术与新媒体技术各自展现着自己独特的优势，我们应该充分运用各种传播形式与方式对大学生进行有效的优秀传统家训教育，增强教育效果。

（一）运用传统传媒技术方式

对于传统纸媒，报纸、杂志等逐渐被电视、电脑、手机等冲击，但对于很多人而言，阅读报纸和杂志是一种生活习惯，对于优秀传统家训的宣传，我们还应该依托这些传统纸媒，通过传统与现代的视觉冲击，对其进行有效宣传。电视与广播大家并不陌生，对于家训类节目，近期有关于阅读类、亲子类等节目深受广大观众的喜爱，因此，增加家训类节目或是相关节目数量与质量，潜移默化地引导观众树立正确的家庭观念，也是至关重要的；对于广播，校园广播与车载广播应该是大家比较熟悉的，在闲暇之余讲一些传统或是当前的优秀家训趣事，也是不错的宣传教育方式，这不仅仅对于大学生会产生影响，可能还会影响更多的人。

（二）发挥新媒体技术的优势

运用现代交流软件，通过班级、社团等信息交流群进行优秀传统家训故事等相关信息的定时发送，时刻提醒大学生，让大学生不断感受优秀传统家风教育，也会潜移默化地改变大学生的一些习惯。除此之外，还可以建立一些优秀传统家训的兴趣交流群、兴趣交流平台等，以对优秀传统家训文化感兴趣、有研究的名人或是高校老师等为牵头人，以文会友，增强趣味性，同时还可以建立专门的网页，供大学生自由浏览等。

（三）发掘"寓教于乐"新形式

大学生几乎都有自己的兴趣爱好，有些对网络游戏感兴趣，有些对音乐感兴趣、有些对诗歌感兴趣等，我们可以以此为切入点，例如，在设计开发一款以家庭生活或故事为线索的游戏、以家训故事为背景的益智类游戏，或在歌词中注入优秀传统家训元素、以家训为题的朗朗上口的诗歌等。现阶段，网络直播成为一种时尚，而一些大学生对明星的崇拜是狂热的，也有一些大学生对公众人物是极为关注的，因此可以邀请一些公众人物或是充满正能量的明星进行有关优秀传统家训内容的直播，吸引大学生自觉学习优秀传统家训。

五、促进家校联动，搭建融入平台

家庭教育与学校教育相互促进、相互补充，为了更好推动对大学生进行优秀传统家训教育，增强学生与家长互动也是必不可少的，为此，我们需要促进家庭与高校互联互通，为大学生搭建起接受优秀传统家训教育的优质平台。

（一）增强老师与家长的沟通

往往学生进入大学，家长与老师的沟通就到此为止了，除非有一些特殊情况，一般，家长很少会和高校辅导员与任课老师联系，这就造成家长与学校沟通不畅，有时就会出现一些问题，为防患于未然，也为更好地使大学生接受教育，增强老师与家长沟通是很有必要的。家长需要让老师大致了解学生的问题，老师需要及时向家长反映学生出现的反常举动。在优秀传统家训教育方面，老师可以帮助家长对大学生进行家庭教育不足的弥补，家长也要及时反馈大学生接受优秀传统家训教育后的变化。

（二）增加学生与家长的互动

很多时候，孩子进入高校，家长很难了解学生的情况，除节假日外，家长很长时间可能都无法与孩子见面，除正常通信外，家长与孩子的互动会很少。如果这个时候，以学校教育为途径，鼓励或引导大学生与家长互动，可能比家长本身要求互动会更有效，因为我们相比之下较为含蓄，还有就是大学生的叛逆心理。更多地，我们可以通过学生活动拉近学生与家长的关系，例如，通过亲情类素质拓展、家长与孩子一起参加的互动性讲座、在特定活动中录制小视频等都可以激发孩子对家长的爱，激发对家庭的热爱，激发对家训的感触。

（三）家长间接接受相关教育

家长在与老师、学生互动过程中，会及时了解家训对家庭、对自己、对孩子的重要性，提高对家庭家训的重视，并且可以有效判断自己的家训是否正确，是否对孩子的影响有帮助，同时，根据学生的表现，家长还可以反观自身，查找自身不足，及时给予改正等，因此，从这一侧面而言，家长可以间接接受优秀传统家训教育，提升与完善自我，为大学生养成优秀家训习惯助力。

参考文献

[1] 龙献忠，李红革. 中华德文化的现代践行研究 ［M］. 北京：光明日报出版社，2020.

[2] 陈延斌. 江苏家训史 ［M］. 南京：江苏人民出版社，2020.

[3] 曾仕强. 中国式家风 ［M］. 北京：北京时代华文书局，2020.

[4] 孙云晓. 家校合作共育 中国家庭教育的新趋势 ［M］. 北京：中国人民大学出版社，2020.

[5] 杨威. 以德齐家 ［M］. 北京：人民日报出版社，2020.

[6] 宸冰. 中国家书家训 ［M］. 沈阳：辽宁人民出版社，2019.

[7] 潘晓明. 中国古代家训与中国传统文化的大众化 ［M］. 武汉：湖北人民出版社，2018.

[8] 付言文. 传统家风建设 ［M］. 北京：线装书局，2019.

[9] 刘芹，岳松，付安玲. 坚持文化传承 创新文化建设 ［M］. 青岛：中国海洋大学出版社，2019.

[10]《诗礼传家》编委会. 诗礼传家 第1辑 ［M］. 北京：商务印书馆，2019.

[11] 张凤池，胡守钧. 道德教育的方法与实践 ［M］. 上海：上海社会科学院出版社，2019.

[12] 肖卫东. 南丝路铜河文化家风家训研究 ［M］. 成都：四川人民出版社，2019.

[13] 王爽. 中国家训 2018版 ［M］. 海口：海南出版社，2018.

[14] 陈晓霞. 新时代传统文化创新性发展研究 ［M］. 北京：中国国际广播出版社，2018.

[15] 姚青锋. 写给孩子的国学经典 第2辑 朱子家训 教子斋规 ［M］. 哈尔滨：哈尔滨出版社，2018.

[16] 方建新. 中国家风 家训 家规 ［M］. 北京：中国书店，2018.

[17] 范静. 中国传统家训文化研究 ［M］. 长春：吉林大学出版社，2017.

[18] 张建成. 中国传统文化经典导读 家训篇 ［M］. 银川：宁夏人民出版社，2017.

[19] 张泰. 传统文化与人生智慧丛书 齐家智慧 ［M］. 杭州：浙江人民出版社，2017.

[20] 姜兵，魏雪峰，韩霞. 中国传统文化读本 ［M］. 成都：电子科技大学出版社，2017.